胡杨和灰杨繁殖生物学

李志军 等 著

国家自然科学基金项目（30060007、31260072 和 U1803231）
973 计划前期研究专项（课题）（2009CB426303 和 2012CB723204） 资助

科 学 出 版 社

北 京

内 容 简 介

本书是作者近20年对胡杨和灰杨繁殖生物学特性的研究积累，系统介绍了胡杨和灰杨开花传粉特性、胚胎发育特点、生殖构件数量格局特征、种子散布及繁殖的时空特征、种子萌发及幼苗生长规律、克隆繁殖器官分布及克隆生长特征、克隆繁殖的发育解剖学特点及克隆分株种群的数量格局特征等，阐述了这两个物种种子繁殖和克隆繁殖与环境的关系。

本书可供植物学、生态学领域的科技工作者参考，尤其是可以为从事新疆极端干旱区植被恢复、荒漠河岸林保护和干旱区生态建设管理的工作人员提供理论指导。

图书在版编目（CIP）数据

胡杨和灰杨繁殖生物学/李志军等著. —北京：科学出版社，2019.11
ISBN 978-7-03-061532-9

Ⅰ. ①胡… Ⅱ. ①李… Ⅲ. ①胡杨–繁殖–研究 ②灰杨–繁殖–研究 Ⅳ. ①S792.119.04

中国版本图书馆CIP数据核字（2019）第108671号

责任编辑：王 静 付 聪 / 责任校对：郑金红
责任印制：吴兆东 / 封面设计：刘新新

科学出版社 出版
北京东黄城根北街16号
邮政编码: 100717
http://www.sciencep.com

北京虎彩文化传播有限公司 印刷
科学出版社发行 各地新华书店经销
*
2019年11月第 一 版 开本：787×1092 1/16
2019年11月第一次印刷 印张：13
字数：308 000

定价：128.00元

（如有印装质量问题，我社负责调换）

《胡杨和灰杨繁殖生物学》
著者名单

李志军　焦培培　郑亚琼

赵正帅　周正立　李　倩

梁继业　吕瑞恒　韩占江

序

胡杨（*Populus euphratica* Oliv.）和灰杨（灰胡杨、灰叶胡杨）（*Populus pruinosa* Schrenk）同属于杨柳科（Salicaceae）杨属（*Populus*），是胡杨组（Sect. Turanga，原称胡杨派）的两个姊妹种，分布于亚洲中部、欧洲、非洲北部的干旱地区（共同分布区是中亚、伊朗和中国新疆）。其中，新疆塔里木盆地是胡杨和灰杨在世界的主要分布区。胡杨和灰杨是荒漠地区特有的珍贵森林资源，它们常年生长在沙漠地区，具有耐寒、耐旱、耐盐碱、抗风沙等抗逆特性，生命力很强，有"沙漠英雄树"的美称。千百年来，胡杨守望着风沙，守护着大漠绿洲，也被人们誉为"沙漠守护神"。胡杨和灰杨构建的荒漠河岸林生态系统，对于稳定荒漠河流地带的生态平衡、防风固沙、绿洲气候的调节和森林肥沃土壤的形成，均具有十分重要的作用，是荒漠地区农牧业发展的天然屏障。

胡杨和灰杨是杨属植物起源后早期向西传播过程中演化出的耐干旱的次生类群。拥有"生而不死一千年，死而不倒一千年，倒而不朽一千年"美誉的胡杨，不仅其抗逆特性是人们研究的热点，而且它们对于沙漠的变迁、荒漠河岸林的发生和发展，以及古地理和古气候的变化、河流的变迁、植物区系的演化、古代经济和文化的发展也都有着重要的科学研究价值。长期以来，围绕胡杨的研究工作较多，关于胡杨的期刊和论文在国内就有 3000 多篇（含社会科学文章），而且研究工作仍在继续，仅 2017 年发表的就有 150 多篇。相比之下，关于灰杨的期刊和论文不多，总共才 80 多篇。涉及胡杨与灰杨研究的 50 多篇论文中，绝大部分来自塔里木大学，其中以李志军教授为首的科研团队的论文数量为最多。

我本人最早接触并学习有关胡杨与灰杨的一篇论文是秦仁昌先生发表在中国科学院新疆综合考察队和苏联科学院地理研究所主编的《新疆维吾尔自治区的自然条件》（论文集）中《关于胡杨林和灰杨林的一些问题》（1959 年），这篇论文可能很多人都未看过，该论文研究内容丰富，是我国最早的有关荒漠河岸林全面、系统的一篇调查研究报告，可以说是我认识和熟悉胡杨与灰杨的启蒙资料；然后我接触的是新疆维吾尔自治区农垦总局编印的小册子《沙荒盐碱地造林优良树种——胡杨和灰杨》（1978 年），除此之外也有相关的专著，如魏庆莒的《胡杨》（1990 年）、王世绩等的《胡杨林》（1995 年）、刘群录等的《胡杨耐盐生理机制及分子基础研究》（2002 年）等。总览这些论文和专著可以看出，有关胡杨和灰杨繁殖生物学的研究报道基本都是以李志军教授为首的科研团队发表的。

塔里木大学以李志军教授为首的一批青年教师们，在认真做好教书育人本职工作的同时，也积极针对珍稀濒危物种开展科学研究，为边疆植物学科的发展做出了贡献。2001 年以来，他们先后申请并获准了 8 项针对胡杨和灰杨研究的国家自然科学基金项目和 2 项 973 计划前期研究专项（课题）（其中 5 个项目与该专著的研究内容密切相关）。《胡杨和灰杨繁殖生物学》包括了胡杨和灰杨种子繁殖与克隆繁殖的诸多研究成果，许多内容填补了对胡杨和灰杨研究的空白，也为胡杨和灰杨的有效保护与合理利用提供了科学依据。尤其是在生态建设中，该书能为有效地开展胡杨与灰杨的繁殖更新，以及对自然种群的科学管护提供指导和帮助。与此同时，这也是李志军教授团队给国家支持的科研项目提交的一份有一定显示度的答卷。

本人应邀为《胡杨和灰杨繁殖生物学》作序，深感荣幸和欣慰。一是我与胡杨也有缘分，1972 年我开始从事科研工作后，首先参与研究的对象就是胡杨种子育苗和沙拐枣植物引种，可以说对胡杨情有独钟。二是我始终鼓励和支持李志军教授团队要坚持对胡杨和灰杨的深入系统研究，一直关注他们发表的相关论文和取得的科研进展，终于看到他们撰写的《胡杨和灰杨繁殖生物学》即将问世，可以先睹为快，提前了解他们的研究成果。在《胡杨和灰杨繁殖生物学》即将出版之际，我在祝贺李志军教授为首的科研团队的同时，更要赞扬他们为新疆野生植物研究做出的新的贡献。有人称胡杨是“铮铮铁骨千年铸，不屈品质万年颂”“沙漠英雄树”；也有人将胡杨这种在逆境中顽强生长的独特品质称为“胡杨精神”。我认为长期扎根在塔克拉玛干大沙漠边缘的李志军教授研究团队就是“胡杨精神”的代表，《胡杨和灰杨繁殖生物学》一书正是对他们为边疆的教育与科研事业努力奉献的最好证明。我也相信，在国家自然科学基金项目的资助下，他们对胡杨与灰杨其他方面的研究肯定还会有新的专著诞生。

潘伯荣
新疆植物学会名誉理事长
中国科学院新疆生态与地理研究所研究员
2018 年 4 月 20 日

前　言

胡杨分布横跨欧、亚、非三个大陆，其分布的显著特点是分布区的不连续性和沿河两岸呈走廊状的天然林带。天然胡杨林是干旱荒漠地带涵养绿洲水源，保护农牧业生产的天然屏障，是维护干旱荒漠地区生态平衡最主要的组成部分。1993 年 6 月召开的联合国粮食及农业组织（FAO）林木基因资源专家组例会确定了世界最急需优先保护的林木基因资源，其中分布于北亚和中亚的杨属物种便在优先保护的名单之中，而胡杨、滇杨、缘毛杨、墨西哥杨是干旱和半干旱地区保护的重点。胡杨林的重要性以及亟待保护的现状，已经引起相关国家和国际组织日益广泛的关注。

天然胡杨林的恢复需要基于其自身繁殖特性与环境条件的巧妙结合。胡杨和灰杨种子萌发、幼苗定居和建群过程需要地表湿润或短期积水作为必要条件，而胡杨和灰杨的克隆繁殖则依赖于地下水位。只有掌握胡杨和灰杨的繁殖特性与环境的关系，才能采取充分利用干旱区有限水资源的有效措施，促进胡杨和灰杨林的保护与更新，从而有助于稳定极端干旱区荒漠河岸林生态系统的平衡、改造极端干旱荒漠区的自然面貌、保存人类共同的自然财富。

本书是国家自然科学基金项目、973 计划前期研究专项（课题）资助的研究成果，是塔里木大学、新疆生产建设兵团塔里木盆地生物资源保护利用重点实验室——省部共建国家重点实验室培育基地胡杨研究团队，对胡杨和灰杨繁殖生物学研究成果的系统总结。全书以胡杨、灰杨的繁殖特性为切入点，阐明种子繁殖和克隆繁殖的机理及生态适应策略。全书共分三篇，第一篇为第 1～第 3 章，综述了胡杨和灰杨繁殖生物学研究现状；第二篇为第 4～第 8 章，介绍了胡杨和灰杨种群开花传粉特性、胚胎发育特点、生殖构件数量格局特征、种子散布与萌发及幼苗生长规律；第三篇为第 9～第 13 章，介绍了胡杨和灰杨克隆繁殖器官的分布特征、克隆繁殖的解剖学特点、克隆生长特征及其与内外因子的关系、克隆分株种群数量格局特征。

本书相关的研究工作及出版承蒙国家自然科学基金项目“塔里木河流域胡杨、灰叶胡杨不同居群繁育特性研究”（30060007）、“塔里木盆地濒危物种灰叶胡杨克隆生长的生态适应机制”（31260072）、“塔里木河流域胡杨雌雄干旱适应差异的生理与分子机制”（U1803231），973 计划前期研究专项（课题）“塔里木河流域胡杨林群落时空特征研究”（2009CB426303）、“塔里木河流域荒漠河岸植被变化及水文生态效应的驱动机制”（2012CB723204）的资助，特此致谢！

本书在撰写过程中，得到中国科学院新疆生态与地理研究所潘伯荣研究员、中国农业大学李健强教授、中央民族大学龙春林教授的悉心指导。在此向关心支持和帮助本书撰写的各位专家表示衷心的感谢！向参与研究工作的塔里木大学诸多研究生、本科生表示衷心感谢！特别向提供封面照片的塔里木大学赵双喜先生表示衷心的感谢！

撰写《胡杨和灰杨繁殖生物学》一书是我们胡杨研究团队一直坚守的一个目标。我们努力工作，适时总结，但由于知识水平所限，书中难免存在遗漏和不足之处，敬请广大读者批评指正。

李志军
2018年5月30日

目　　录

第一篇　胡杨和灰杨概述及相关研究进展

第二篇　胡杨和灰杨种子繁殖

第三篇　胡杨和灰杨克隆繁殖

第一篇　胡杨和灰杨概述及相关研究进展

第 1 章　胡杨和灰杨概述

1.1　分类学地位

胡杨在植物分类学上定名是在 1801 年。1801 年植物学家 Guillaume-Autoine Olivier 新发现一种杨树，定名为 *Populus euphratica*。国际杨树委员会认为，胡杨派只有一个种，即 *Populus euphratica* Oliv.，其他属于同物异名，或不宜独立划分为种，涉及的名称有 *Populus diversifolia*、*Populus ariana*、*Populus mauritanica*、*Populus bonnetiana*、*Populus litwinowiana*、*Populus glaucicomans*、*Populus illicitana*、*Populus pruinosa*、*Populus ilicifolia*、*Populus denhardtiorum*（王世绩，1996）。中国的杨树分类学家倾向于胡杨派包含两个种，即胡杨（*Populus euphratica* Oliv.）和灰杨（*Populus pruinosa* Schrenk，也称灰叶胡杨、灰胡杨）（徐纬英，1960；中国科学院中国植物志编辑委员会，1984；新疆植物志编辑委员会，1993）。

1.2　地 理 分 布

1.2.1　世界地理分布

1. 胡杨

胡杨的分布范围横跨欧、亚、非三个大陆，聚集在地中海周围至我国西北部和蒙古国干旱、半干旱荒漠地带。胡杨分布的国家有中国、蒙古国、哈萨克斯坦、吉尔吉斯斯坦、乌兹别克斯坦、土库曼斯坦、塔吉克斯坦、巴基斯坦、阿富汗、印度、伊朗、伊拉克、叙利亚、以色列、土耳其、埃及、利比亚、阿尔及利亚、摩洛哥和西班牙，横跨经线约 110°的 20 个国家（王世绩等，1995；王世绩，1996）。除此之外，在巴勒斯坦、约旦海拔 250～2400m 的地区也有分布（赵能等，2009）。位于赤道线上的肯尼亚有胡杨分布，但属于一个孤立的分布区（王世绩等，1995；王世绩，1996）。

天然胡杨林分布的特点是地域跨度大、不连续，分布地气候条件差异大，预示着其拥有较大的遗传变异性。胡杨的主要分布区是中亚、西亚和地中海地区（Viart，1988）。根据分布区气候特征来看，全球胡杨分布可划分为 6 个区域（张宁等，2017）。区域一为摩洛哥、叙利亚、伊拉克、土耳其等地。其中，摩洛哥北部、叙利亚、土耳其西南部为地中海气候，夏季炎热干燥，冬季温和多雨。伊拉克位于热带沙漠气候带，终年干旱炎热。区域二为肯尼亚及其周边地区，处于东非赤道附近，为热带草原气候，全年高温，有明显的干湿两季。区域三为伊朗等地，位于亚热带大陆性干旱与半干旱气候区，冬冷夏热，全年干燥，雨量稀少，温差较大，呈现大陆性气候特征。区域四为巴基斯坦和哈萨克斯坦等地，该区域气候复杂，为典型的干旱大陆性气候和热带沙漠气候，炎热干燥，终年降水稀少。区域五为中国新疆，该区域具有大陆性干旱气候冬冷夏热的特点，在塔里木河、叶尔羌河与和田河两岸及塔里木盆地南缘许多河流的下游最为集中。区域六为中国甘肃河西走廊等地，该区域地处内陆，位于中国季风的西缘，冬季受蒙古高压控制，具有冬寒长、夏热短、春暖快、秋凉早的特点。总体来看，全球6个胡杨分布区域气候条件存在较大差异。

从分布数量上看，全球胡杨林面积为648 719hm^2，世界上60.9%的胡杨分布在中国，30.8%的胡杨分布在中亚，剩余的小部分分布在伊朗、伊拉克、叙利亚、土耳其、巴基斯坦、西班牙等地（表1-1）（王世绩，1996）。

表1-1　胡杨林在世界各地的分布面积

地区	面积/hm^2	占世界总分布面积的比例/%
中国	395 200	60.9
苏联（中亚部分）	200 000	30.8
伊朗	20 000	3.1
伊拉克	20 000	3.1
叙利亚	5 818	0.9
土耳其	4 900	0.8
巴基斯坦	2 800	0.4
西班牙	<1.0	—
合计	648 719	

资料来源：王世绩，1996

2. 灰杨

灰杨在世界上见于中亚、西亚、中国等地，多沿河道分布（《新疆森林》编辑委员会，1989）。

1.2.2　中国地理分布

1. 胡杨

中国是当今世界上胡杨分布范围最大、数量最多的地区。中国的胡杨林分布在西北地区的新疆、内蒙古西部、青海、甘肃和宁夏5个省（自治区），全国91.1%的胡杨林面积集中在新疆（表1-2）（王世绩，1996）。

表1-2　胡杨在中国各地的分布面积

地区	面积/hm^2	占世界总分布面积的比例/%
塔里木盆地	352 200	89.1
准噶尔盆地	8 000	2.0
内蒙古西部	20 000	5.1
甘肃西部	15 000	3.8
青海及宁夏	零星分布	—
总计	395 200	100

资料来源：王世绩，1996

2. 灰杨

灰杨在中国仅在新疆有分布，主要分布于塔里木盆地西南部（《新疆森林》编辑委员会，1989）。

1.2.3 新疆地理分布

1. 胡杨

新疆是当今世界上胡杨林最集中分布的地区。新疆胡杨林面积约占全国胡杨林面积的91.1%，共有36.02万hm^2，其中，塔里木盆地胡杨林面积约占全国胡杨林面积的89.1%，面积达35.2万hm^2，为世界最大的胡杨林分布地（王世绩，1996）。

胡杨在新疆主要分布于37°～47°N（特别集中在37°～42°N）（魏庆莒，1990），塔里木河流域为集中分布区，占全疆胡杨林面积的60%～80%。

在塔里木河流域胡杨形成走廊状的沿河森林。从叶尔羌河、阿克苏河与和田河汇合处开始，零星分布到新疆生产建设兵团第一师十四团，断续向东至阿拉干，散生到低洼的罗布泊平原及特马湖。塔克拉玛干沙漠南缘的克尼亚河、安迪尔河、喀拉米兰河、尼亚河等地有小片胡杨林，向北分布到天山南坡冲积扇下缘，孔雀河两岸、拜城盆地西南边、轮台、二八台、策达雅、野营沟呈小块状分布。此外，在焉耆盆地及吐鲁番盆地均有零星或小块状分布。胡杨林在准噶尔盆地分布不集中成带，奇台北塔山下，玛纳斯河、四棵树河、奎屯河、乌尔禾白杨河、伊吾县的淖毛湖呈小片生长。这些地区的胡杨林，都是几经破坏之后形成的次生林（《新疆森林》编辑委员会，1989）。

从垂直分布来看，胡杨因受水热条件限制，各地垂直分布范围差异颇大。在塔里木盆地为海拔800～1100m；在准噶尔盆地为海拔250～750m；在伊犁河谷地的伊犁河阶地为海拔600～750m；在海拔最低的吐鲁番盆地，可分布到海拔170m的艾丁湖洼地；在帕米尔东坡可上升到海拔2300～2400m；在天山南坡海拔则高达1500～1800m。胡杨最适宜分布的界限为塔里木盆地海拔800～1000m、准噶尔盆地海拔500m上下。在我国，胡杨垂直分布最高为柴达木盆地，海拔3000m左右（《新疆森林》编辑委员会，1989；魏庆莒，1990）。

2. 灰杨

灰杨在新疆集中分布于37°～41°N、75°30′～82°E的叶尔羌河、喀什河、和田河一带；向东分布到拉依河湾阿拉尔、奥干河等地，即86°53′E；南抵若羌瓦石峡之西，北达达坂城白杨河出山口，伊犁河也有少量分布（《新疆森林》编辑委员会，1989）。灰杨垂直分布不高，在叶尔羌河为海拔800～1100m，最高上升到海拔1300～1400m，比胡杨低些。海拔1028～1394m的区域，水平和垂直分布范围都很狭窄，在塔里木盆地的分布区域也远远小于胡杨的分布区域（《新疆森林》编辑委员会，1989；魏庆莒，1990）。和田河下游是灰杨分布最集中的地区，与叶尔羌河下游的河岸林组成欧亚大陆面积最大的灰杨林分布区（《新疆森林》编辑委员会，1989；魏庆莒，1990）。

灰杨分布于河漫滩或地下潜水位较高的河流沿岸地带。按其森林现状、生态条件可划分为3个分布区（《新疆森林》编辑委员会，1989）。

（1）叶尔羌河灰杨林区　包括下马力、下河、亚苏克3个分布区。

巴楚县下马力林区：以灰杨中幼林较多，在河漫滩上常有幼林崛起。在离河床较远的高阶地、沙地或盐碱滩上，灰杨减少，胡杨侵入（约占30%）。

巴楚县下河林区：以过成熟林较多，中幼林较少，林地水分条件较差，胡杨比例增加（约占40%），只有在老巴扎、塔布尔寺叶尔羌河新河道一带的岸边分布着灰杨幼龄林。

阿瓦提县亚苏克林区：灰杨和胡杨各占50%，在水分较好的新河漫滩上有少量的灰杨中幼林，一般生长旺盛，林分密度较大。

（2）喀什噶尔河下游灰杨林区　林分稀疏，多为残次林。

（3）和田河中下游灰杨林区　和田河是一条常受风沙埋填的动荡河流，河床浅宽，河心有大沙洲，其上为灰杨幼龄林，两岸为多代萌芽中龄林。成熟林很少，分布在麻扎山以下干河床上，多为积沙的疏林。

1.3 生物学特性

1.3.1 形态学特性

胡杨为杨柳科杨属落叶乔木，高10～20m，树冠球形；树皮厚，纵裂，为淡灰褐色。小枝灰绿色，幼时被毛。幼树及萌枝叶披针形或条状披针形，全缘或疏生锯齿；叶柄长2～4cm；成熟植株叶为卵形或阔卵形，上部有锯齿。果序长达9cm；果为蒴果，长卵圆形，无毛。种子小，黄褐色或红棕色，椭圆形或橄榄形种子基部着生多数白色丝状毛。花期3～4月，果期7～8月（中国科学院中国植物志编委会，1984；《新疆森林》编辑委员会，1989；魏庆莒，1990；新疆植物志编辑委员会，1993；王世绩，1996；李志军等，2003；周正立等，2005）。从形态特征来看，胡杨与其他各派杨树显著的区别是幼树与成年树的叶形明显不同，同一株成年树树冠上部和下部枝条上的叶形也不同，所以有“异叶杨”之称。

灰杨与胡杨同属杨柳科杨属的落叶乔木，树冠开展；树皮淡灰黄色。小枝和萌枝密被灰绒毛。与胡杨相似，灰杨叶叶形有变化，在幼树、成年树基部萌生条及长枝上叶呈长椭圆形，叶边缘波状无缺，质厚柔软，叶脉羽状；叶面密生白色绒毛；叶柄短，呈灰绿色。成年树上的叶片除了椭圆形还有圆形和阔卵形，全缘或先端疏生2～3齿，两面密被绒毛呈灰蓝色；叶柄较长。果序长5～6cm；花序轴、果柄及蒴果均密被绒毛；果长卵圆形。种子小，红褐色，长圆形，基部稍尖，先端钝，种子基部着生多数白色丝状毛。花期3～4月，果期7～8月（魏庆莒，1990；胡文康和张立运，1990；王烨，1991；杨昌友等，1992；李志军等，2003；周正立等，2005）。

1.3.2 生长特性

以种子繁殖的胡杨在1～5龄生长很缓慢，树高1～1.5m，树高与根系之比为1∶2；

在 10 龄以后生长渐快；10～12 龄时树高生长出现高峰；到 25～30 龄时树高生长逐渐趋于缓慢，而胸径生长持续增加；30 龄后树干易患心腐病；60～65 龄进入成熟期，立地条件不良的情况下萌蘖胡杨林。胡杨和灰杨个体生长发育可以划分为以下几个阶段（魏庆莒，1990；王世绩等，1995）。

（1）幼年阶段：从种子发芽到 3～4 龄的幼株。此阶段特征为地上部分生长慢，地下根系生长快，尤以前 1～2 年为甚。在第 1 年，地上部分生长 6～8cm，地下部分根系下伸 15～20cm。第 2 年和第 3 年地上部分高度分别为 20～30cm、30～40cm，地下部分根系分别长为 40～60cm、60～80cm 及以上。叶形为线状披针形。

（2）干材阶段：4～14 龄。为胡杨和灰杨高生长期。一般树高达 4～7m，胸径 6～10cm。树冠为狭卵形，树顶端为尖塔形。这一时期在土壤水分条件好、盐碱较轻的情况下，树叶的形状绝大部分还是披针形，只有树冠边缘出现少数叶缘有疏而小的锯齿；随着生境条件的变差，带锯齿的叶片提早出现，数量也相应地增多。

（3）中年阶段：15～35 龄。为胡杨和灰杨干径生长期。在土壤水分条件较好的情况下，树高达 10～14m，胸径 15～30cm。树冠为阔卵形，顶为尖塔形。中部出现卵形和亚肾状卵形的叶片，顶部嫩枝上的叶为阔披针形。

（4）成熟阶段：35～60 龄。树高 14～18m，胸径 30～50cm。树皮粗糙，有很厚的栓皮层，纵裂深，部分呈条状剥落。树冠为圆卵形，圆顶或钝顶。主干下部枝条枯死，特别是林木郁闭度大的环境下，自然整枝枯死现象严重。叶多呈肾圆形。

（5）老熟阶段：60～80 龄，如在良好的水土条件下，可延续到 100 龄。树高可达 20m，胸径 50～70cm，最大可达 100cm 以上。树皮极粗糙，厚者可达 10cm 以上，深纵裂，剥落。主干上很少有小枝（或枯枝）存在，树冠稀疏破裂，不对称。心材常枯腐甚至中空（特别是立地条件差的情况下），生长缓慢甚至近于停顿。

（6）衰老（或死亡）阶段，树冠枯顶或全部枯死。树干僵立，经久不倒。在良好的自然条件下，胡杨的天然寿命可达 150 年以上，树高可超过 25m，胸径达 130cm。

1.3.3 繁殖物候期

胡杨年生长发育规律是与气候节律相一致的，一般从 2 月中下旬起，当日平均气温 0℃以上时，树液开始流动；3 月上旬日平均气温 3℃时，花蕾膨大；4 月上旬日平均气温 7℃时，开始开花；从开花期开始到全部果熟约需 5 个月（《新疆森林》编辑委员会，1989）。胡杨是先花后叶的风媒植物，从开花到种子成熟历时长达 150 天，其中花期持续时间最短，果熟期持续时间最长（王世绩等，1995）。在新疆，胡杨每年 5 月下旬花芽开始分化，至翌年 3 月上旬花芽分化成熟，3 月下旬花芽萌动进入开花期，近 4 月中旬花期结束，蒴果 7～8 月成熟。有研究报道，塔里木河中游胡杨果实成熟的最早时间为 5 月 25 日，果熟飞絮的最晚时间是 10 月 13 日，果实成熟的平均持续时间为 33 天（买尔燕古丽·阿不都热合曼等，2008）。

灰杨具有迟发芽、早封顶的特性，如果当地春季气温上升较快，变化较大，对灰杨发芽不利，一般要延至 5 月中旬才发芽；秋天温差大，降霜早，故在 8 月中下旬即封顶，这是灰杨长期演化形成的生态适应特性。灰杨也是先花后叶的风媒植物。在塔里木盆地同一立地条件下，灰杨开花物候期晚于胡杨 5～7 天，而雄株开花物候早于雌株开花物候 2～3 天。灰杨花芽每年的 5 月至 6 月下旬开始分化，至翌年 3 月上旬分化成熟，4 月中旬花期结束，7 月蒴果成熟。灰杨果实成熟期较胡杨短（尹林克等，1991；周正立等，2005）。

1.3.4 根系特征

在土壤水分条件较好的情况下，胡杨的主根不发达，侧根构成的水平根系很发达，长十几米，向四周扩展。各级侧根密集于地表土层 30～50cm，构成强大的根系网。水平根系有很强的萌蘖能力（克隆繁殖能力），常靠根蘖繁殖形成小片纯林。灌溉、挖沟、断根可促使根蘖苗大量繁殖，这种方式是恢复、更新和发展胡杨林的途径之一（李护群，1984）。但是，在极度干旱的土壤条件下，胡杨的主根能扎得很深。据调查，在塔里木河故道，地下水位 13.5m 仍可见胡杨根系。发达的根系是胡杨适应各种立地条件的重要保障。

洪水期过后，距河床 10km 以内，地下水位普遍在 1.5～2m，枯水期下降至 2～4m，灰杨主要根系的垂直空间分布基本上与地下水的埋藏深度相吻合（孙万忠，1986）。灰杨主根上的一级横走侧根与主根排列成近 90°角，在土壤中进行水平方向营养生长和扩展，生长到一定阶段在特定的空间位点垂直下扎；同一主根上不同的一级横走侧根，其水平扩展部分分布于距地表 10～100cm 的土层中，并集中分布于 20～40cm 的土层中（郑亚琼等，2013）。

1.3.5 自然更新

在自然条件下，胡杨和灰杨均能通过种子繁殖和克隆繁殖（根蘖繁殖）方式实现种群更新。种子繁殖必须具备 3 个条件：一是要有河水漫溢和淤积形成的河漫滩；二是种子着床时要求河漫滩地表有一层薄而松软的淤泥，足量的水分；三是土表层无盐化或有轻微盐分。洪水期漫溢的河漫滩是胡杨、灰杨较理想的发生区。洪水汛期出现早，水情比较平缓，当年生长的幼苗就多；洪峰多次反复，成苗机会将减少。胡杨、灰杨为了繁衍后代，形成了种子成熟与洪水汛期节律同步调的规律，其种子繁殖形成的幼苗有早、中、晚 3 个生态型。在自然条件下，河漫滩幼林形成的最初阶段是生态选择，是演替过程中最重要的一个环节，在胡杨林和灰杨林的历史进程中占主要地位。

在干旱荒漠条件下，胡杨和灰杨种子繁殖很少，根蘖繁殖则是普遍的。在土壤水分条件较好、盐碱不太重的情况下，胡杨和灰杨能依靠其发达的水平根系产生不定芽进行根蘖繁殖（李志军等，2003；郑亚琼等，2013）。一棵胡杨母树在周围 20～30m 以内，可根蘖繁殖出数十株甚至更多的后代，形成团状的幼林。这些团状的幼林经多年生长，可以形成茂密的次生林，构成胡杨林特殊的林相（魏庆莒，1990）。胡杨、灰杨是强阳性树种，不能在大树和密灌丛蔽荫下更新，只能在自疏后的一定密度、林型和水分条件下才能进行。除河滩裸地易发生外，地下水位小于 4m、土壤表层未形成积盐层的林型中，根蘖更新较为普遍。只要地下潜水位小于 4m，土壤尚未演变成胡杨林盐土，就能保持林分的持续繁衍，这是胡杨林自然演替中的一个关键（《新疆森林》编辑委员会，1989）。

1.4 生物生态学特性

从系统发育的历史来看，胡杨系地中海-亚洲中部成分，是新疆荒漠中古地中海的典型代表。大致是因为古地中海干热气候的关系，从而形成胡杨喜光抗热、能忍受一定低温、抗大气干旱和抗风沙、耐盐碱、要求砂质土等适应荒漠条件的生物生态学特性。灰杨要求较高热量、充足的潜水，但不能忍受较久的低温、强盐渍化和黏重土壤（《新疆森林》编辑委员会，1989；王世绩等，1995）。

1.4.1 喜光、强阳性

胡杨在自然状态下，是河漫滩裸地上成林的先锋树种。苗期就能在全光照下生长，而在郁闭度大、光照弱的条件下生长不良，差异较大。胡杨在幼年阶段，树高和胸径随着郁闭度的增加而递减，枯木量也随之增大。在胡杨大树遮阴处，幼树更新很少，更新出来的幼树多分布在林间空地而不在其冠下。胡杨趋光性很强，其生长随着光照条件变化而变化，树木主干向最强光方向生长，向阳面年轮宽，背阴面的年轮窄。胡杨分布的地理现象表明，在光照充沛、年总辐射值 135～150kcal[①]/（$cm^2 \cdot a$）的地区胡杨能大片成林（《新疆森林》编辑委员会，1989；王世绩等，1995）。

灰杨是一个强阳性树种，从种子到裸地成林都在不遮阴条件下进行。很少见到在大树遮阴下有根蘖植株发生，即使在水分较好的条件下发生新株，也因不耐遮阴而难以生长。由于灰杨要求全光照条件，在林分中很难与其他乔木树种混生。河湾的灰杨幼龄林、杆材林中，基本上没有胡杨伴生，而在阶地生态差的林分中，因郁闭度低，胡杨可占 20%～30%或更多（《新疆森林》编辑委员会，1989）。

1.4.2 喜温暖能耐一定寒冷

胡杨对温度的适应幅度是新疆天然杨树林中较宽的一种。从胡杨分布来看，北界大致与 1 月的平均气温–17℃等温线相吻合，极端最低气温在–34～–31℃，南界大致与 1 月平均气温–10℃等温线相近，极端最低气温在–25～–20℃。胡杨适应于≥10℃年平均积温 2000～4500℃的温带荒漠气候，在年平均积温 4000℃以上的暖温带生长最旺盛，而且对温度大幅度变化的适应能力很强，能在年平均气温 5～13℃，极端最高气温 40～45℃，极端最低气温达–40℃的盆地和扇缘带生长。

灰杨喜高温，能耐一定寒冷。灰杨林集中生长于叶尔羌河一带，这里太阳辐射值最高，为 142～148kcal/（$cm^2 \cdot a$），日照时数达 2700～2800h；年平均气温 11.5～12℃，1 月平均气温–7.6℃，极端最低气温–19.1～–17.9℃，7 月平均气温 26℃，极端最高气温 40～

① 1cal=4.184J。

42℃，≥10℃年平均积温 4159～4368℃。这很可能是灰杨所喜欢的光照和气温生长环境（《新疆森林》编辑委员会，1989）。

1.4.3 喜带盐碱的砂壤土

胡杨生长在 pH 8.9～9.5 或更高的碱土上，叶内含有碳酸氢钠，K^+、Na^+含量较多，约为 17.4%，OH^-、CO_3^-含量分别为 1.3%、13.4%，属碱性土树种。胡杨种的系统发育过程，形成了它适应肥沃、碱性的砂壤土的习性。其天然分布局限于这类土壤。

灰杨喜生于比较肥沃的砂壤土。在此类土壤上，灰杨一般长势较好，如 35 年生的灰杨林，郁闭度 0.6，平均树高 13m，最高达 15m，平均胸径 24cm，每公顷 700 株。灰杨不宜在黏重土上生长，在地形一致的条件下，因局部土壤质地不同，其生长差异也较大（《新疆森林》编辑委员会，1989）。

1.4.4 耐盐力强但并非盐生树种

大量的调查资料证实，胡杨是耐盐植物，对盐渍化土壤有很强的适应能力，但并不是盐生植物。在自然条件下和人工栽培环境里，土壤含盐量少一些，胡杨生长得更好。特别在幼苗阶段，它们只能耐弱度盐渍化的土壤。

胡杨林地盐渍化较为普遍，盐渍化面积占林下土壤面积的 90%以上。干旱条件下，耐盐的胡杨具有旱生环境的复合特征，如气孔下陷，表皮具有厚的外壁，细胞间隙小，栅状组织发达，体内有特殊导管储水系统，一旦皮部受损，水分即外流，称为“胡杨泪”，含水率高达 73.8%，能淡化从土壤中吸收的盐分。生物积盐是胡杨的生态生理性决定的，胡杨通过自身的生理过程，把可溶性盐分吸收到体内，提高树体内各部分浓度，形成明显的渗透势。据测定，胡杨体内水溶性盐分占其体内水分含量的比例为：根部占 10.1%，树干占 14.2%，枝条占 17.8%，叶片占 43.3%。胡杨强烈的蒸腾作用，使土壤中的养分随水分进入其体内，供给其生长所需，可相应提高胡杨体内的盐分含量。

胡杨虽能耐盐，但在不同发育阶段，对盐分的反应不同，种子萌发至幼苗期具有很强的吸水能力、较弱的吸盐能力。研究表明，当土壤中可溶性盐总量大于 0.5%时，胡杨种子萌发受到抑制；当土壤中可溶性盐总量在 1%时，幼树生长不良；当土壤中可溶性盐总量在 2%以下，成年树尚可正常生长，2%～5%时成年树生长受到抑制。如果 0～100cm 土层中均匀分布 1.33%～2.25%的含盐量，则胡杨不能正常生长。当土壤平均含盐量达 3.23%时，胡杨胸径生长量明显下降，树梢枯死，长势衰退（王世绩等，1995）。也有研究报道，除地表盐结皮外，土壤总盐量为 1%、Cl^-含量在 0.2%以下时，胡杨大都生长良好；土壤总盐量大于 3%、Cl^-含量大于 0.7%时，胡杨生长受到抑制，出现枯梢现象；土壤总盐量大于 5%、Cl^-含量大于 1%时，胡杨根蘖能力完全丧失，甚至大片死亡（魏庆莒，1990）。

胡杨树体内含有很多盐分这一事实，说明胡杨在个体发育过程中，能够从土壤中吸收大量的可溶性盐类。由于胡杨的各个营养器官组织中盐分的聚集和增加，其细胞液渗透压也相应提高，特别是根细胞渗透压的提高，增强了胡杨的耐盐性和抗旱性。这种情况，在其他杨树中是绝无仅有的（魏庆莒，1990；王世绩等，1995）。

灰杨耐盐碱，但忍耐能力不及胡杨。在叶尔羌河河漫滩至漠境，土壤盐分生态系列是非盐化—轻盐化—强盐化，灰杨以非盐化—轻盐化数量最多、生长最好，多形成纯林；中盐化后，灰杨数量减少，胡杨相应增加；到强盐化后则为胡杨纯林。在深 1m 土层内，总盐量超过 2%时，长势极差且大部分都枯死。幼苗和幼树耐盐碱性较胡杨弱，只能忍受轻度盐渍化，土层盐分超过 1%时，不易成苗，幼树也大都枯萎（《新疆森林》编辑委员会，1989）。

1.4.5　喜湿润能耐大气干旱

胡杨幼苗阶段，其地上部分生长缓慢，地下根系迅速深入到土壤稳定的湿润层，以保证幼年阶段个体生长过程中水分循环的平衡。在长成以后，它们可依靠庞大的扩散水平根系从大范围的土地上吸收土壤水分（魏庆莒，1990）。胡杨根可塑性大，在水位较高的河漫滩，表现为浅根型，侧根发达；在沙丘上、距河岸较远或地下水位变深的地区，主根随地下水位的下降而向下延伸，直至扎入深水层，或侧根具有向潜水层（河岸）附近延伸的能力，这种现象被称为胡杨的“趋水性”（王世绩等，1995；张胜邦等，1996）。

胡杨以减少蒸腾或以其他特有的生理作用调节体内水分的平衡，增强抗旱性。胡杨的粗根通常含有 50%以上的水分，树干组织也含较多的水分，表明胡杨有储备水分的特性这是其他乔木树种所不具备的。这些水分，对胡杨在干旱或耗水量多的时候，调节水分和保证其自身正常的生理活动起了很大作用（魏庆莒，1990）。

胡杨为了适应干旱缺水的生境，在形态上表现为叶的异形性和革质化、叶面有蜡质覆被、叶硬而厚、小枝披有蜡质和短茸毛等有利于折射强光辐射和减少水分消耗等抗旱的形态特征。胡杨的异形叶和叶的革质化是值得注意的。在胡杨幼苗时期，由于根系还没有充分发展，对土壤水分的吸收有很大限制。在这一时期它所具备的条形叶，由于叶面积较小，有利于减少水分蒸腾散失。在成年后，革质化的树叶同样有利于减少蒸腾和耗水。叶片表皮由 2～3 层细胞组成、上下表皮内侧具多层栅栏组织（等面叶），充分显示出胡杨从叶片结构上适应荒漠气候干旱的生态特征（罗秀英和邓彦斌，1986；魏庆莒，1990；蒋进，1991；王世绩等，1995；李志军，1996）。

灰杨林分布范围的地貌显示出，它比胡杨更喜土壤湿润，不能在干河床上生长，常在河水漫溢的河滩上成为纯林，在地下水位 1～3m 土壤上，生长比胡杨快、通直、繁茂。10 年生灰杨林，郁闭度 0.8，平均树高 3.8m，平均胸径 4.5cm，每公顷达 2100～5150 株。在阶地上，随地下水位下降，灰杨生长缓慢，10 年生平均树高 4m，30 龄后衰老，枯梢、枯枝增多，心材变成棕黄色，逐渐中空。

灰杨能耐气候干旱，它长期生活在降水量极小（41～46mm）、蒸发量大（相当于降水量的 50 倍以上）、空气相对湿度低于 40%的荒漠地区。灰杨叶具有白色茸毛，角质层发达，解剖结构与胡杨相似。叶气孔下陷，气孔密度上表皮为 8.8 个/μm^2，下表皮上为 9.7 个/μm^2，总计 18.5 个/μm^2；上表皮气孔大小为 28.2μm×5.3μm，下表皮为 28.0μm×5.0μm，平均为 28.1μm×5.0μm（《新疆森林》编辑委员会，1989）。灰杨叶中黏液细胞数量多于胡杨，尤其是叶片下皮层细胞及部分栅栏组织细胞可成为黏液细胞，具较高的保水能力（李志军等，1996）。灰杨在幼年阶段嫩枝叶密生茸毛，也是荒漠抗旱植物特有的生态特征。

1.4.6 抗风耐腐蚀

胡杨、灰杨既有明显的主根，又有发达的水平侧根系，这种独特的根系结构，决定了其具有较强的抗风能力。加之，胡杨树干短粗、树冠稀疏、枝短叶稀、透风性强。因此，在各地胡杨林区内，除有些枯死的腐朽木之外，很少看到风倒木。可对流沙起到阻截作用。胡杨根蘖性强，可分蘖许多植株，具有“一棵胡杨一大片”的特点，这种繁殖特点是胡杨天然更新的一种重要方式，也是能在荒漠区生存的一个重要原因，所以可作沙漠固沙的优良树种。正是由于胡杨的这个特点，在沙漠前沿地带，流沙强烈移动，林内积沙逐年增加，生长在林缘的胡杨树干经常被沙漠所淹没，仅残留树冠于沙丘上，但胡杨仍具有强烈的生命力。胡杨失水后遗留的枯立木，很长时间仍屹立不倒，即使倒木也长时间不会腐烂。因此有“千年不死，千年不倒，千年不烂”之说，以形容它生命力旺盛、抗风耐腐蚀能力强的特性（魏庆莒，1990；王世绩等，1995；张胜邦，1996）。

1.5 林分构成及林型

1.5.1 森林群落结构组成

在塔里木盆地各大河流沿岸，存在胡杨林、灰杨林、胡杨灰杨混交林 3 种森林类型。典型的胡杨、灰杨成熟林一般有 3 层，即乔木层、灌木层和草本层。在这些森林类型中，伴生物种是随着土壤水分、盐分条件的差异而变化的。胡杨、灰杨分布区内常见的植物有 23 科 52 属 72 种，其中以柽柳科、藜科、豆科、禾本科和菊科植物居多。在植被组成中，以胡杨和灰杨占据重要地位而成为主要建群种的林内区，常见的种类还有柽柳（*Tamarix* spp.）、沙枣（*Elaeagnus angustifolia*）、铃铛刺（*Halimodendron halodendron*）、盐穗木（*Halostachys caspica*）、中亚沙棘（*Hippophae rhamnoides* subsp. *turkestanica*）、黑果枸杞（*Lycium ruthenicum*）、罗布麻（*Apocynum venetum*）、花花柴（*Karelinia caspia*）、洋甘草（*Glycyrrhiza glabra*）、芦苇（*Phragmites australis*）、苦豆子（*Sophora alopecuroides*）等（魏庆莒，1990）。

1.5.2 林型

依照森林群落的结构组成、林学特征和立地条件，塔里木盆地由胡杨、灰杨组成的森林可概括为如下林型（录叔德等，1980；《新疆森林》编辑委员会，1989；魏庆莒，1990；王世绩等，1995）。

1. 胡杨林型

（1）拂子茅-柽柳-胡杨林。出现在塔里木河、叶尔羌河及和田河的河漫滩和冲积地上，潜水位 1～3m，林型盐分 0.2%以下。灌木层仅有柽柳；草本层有莎草（*Cyperus* spp.）、灯心草（*Juncus* spp.）、蓼（*Polygonum* spp.）、拂子茅（*Calamagrostis epigejos*）、芦苇、蓼子朴（*Inula salsoloides*）。

（2）芦苇-柽柳-胡杨林。出现在塔里木河中游河间地段的河漫滩，潜水位 3～4m，林型盐分 0.2%。灌木层有多枝柽柳（*Tamarix ramosissima*）；草本层有芦苇、拂子茅、洋甘草、苦豆子等。

（3）甘草-柽柳-胡杨林。出现在塔里木河上游下段和中游的低阶地或洪沟，潜水位 1～3m，林型盐分 0.7%～1.0%。灌木层以多枝柽柳为主，并有少量刚毛柽柳（*Tamarix hispida*）、铃铛刺、骆驼刺（*Alhagi sparsifolia*）、黑果枸杞、盐穗木；草本层有胀果甘草（*Glycyrrhiza inflata*），其间混有骆驼刺、罗布麻等。

（4）甘草-罗布麻-铃铛刺-胡杨林。出现在塔里木盆地的冲积平原和河岸高阶地，潜水位 3～4m，林型盐分 1.0%～1.5%。灌木层以铃铛刺占优势外，还有黑果枸杞、盐穗木在林中形成小群聚；草本层含耐盐或盐生种类，甘草（*Glycyrrhiza uralensis*）渐被罗布麻、白麻（*Poacynum pictum*）替代。

（5）柽柳-胡杨林。分布广，面积大，遍布于河流阶地及冲积平原，潜水位 9m 以下，林型盐分 1.5%～2.0%。灌木层有多枝柽柳、刚毛柽柳，林下无草本植物。

（6）流沙柽柳（包）-胡杨疏林。出现在塔里木盆地的古河道，并常分布于沙漠边缘相邻的地段，潜水位 9m 以下，林型盐分 2%～3%。灌木层有柽柳（*Tamarix* spp.），林下无草本植物。

（7）芦苇-胡杨林。塔里木盆地扇缘地带分布最广泛的林型，潜水位 3～4m，林型盐分 3%～4%。灌木层有少量柽柳（*Tamarix* spp.）、盐穗木、骆驼刺等；草本层以芦苇为优势，有高秆和铺地两个芦苇生态型。

（8）盐穗木-胡杨林。出现在塔里木盆地边缘的扇缘地带，以及冲积平原河岸的低洼积盐地段，潜水位 6～8m，林型盐分 5%。灌木层以盐穗木占优势，其他盐生灌木还有柽柳（*Tamarix* spp.）、白刺（*Nitraria tangutorum*）、盐爪爪（*Kalidium foliatum*）等；草本层有芦苇、花花柴、碱蓬（*Suaeda* spp.）等。

胡杨林型与潜水位关系十分密切，对河漫滩裸地生境有极强的适应能力，是河漫滩裸地的先锋树种，成为单优森林群落，各林型都是在此基础上发展而来，其中拂子茅-柽柳-胡杨林是各林型发生的基础。

2. 灰杨林型

（1）河漫滩灰杨幼林。出现在塔里木河上游的河漫滩上。灌木层有柽柳（*Tamarix* spp.）、铃铛刺和中亚沙棘；草本层以拂子茅为主，其次为水烛（*Typha angustifolia*），还有少量的小花棘豆（*Oxytropis glabra*）、洋甘草和芦苇。

（2）沙棘-灰杨林。出现在叶尔羌河、和田河和塔里木河上游的阶地和冲积平原的砂质岸边。灌木层有沙枣、柽柳（*Tamarix* spp.）、中亚沙棘、铃铛刺；草本层有假苇拂子茅（*Calamagrostis pseudophragmites*）、白麻、芦苇等。

（3）芦苇-（柽柳）-灰杨林。出现在和田河、叶尔羌河和塔里木河上游的河漫滩上。灌木层有柽柳（*Tamarix* spp.）；草本层以芦苇为主，其他有少量甘草、罗布麻。

（4）盐化草甸草类-（铃铛刺）-灰杨林。出现在和田河、叶尔羌河、塔里木河上游，尤其是和田河沿岸的低阶地。乔木层有数量不等的胡杨、沙枣；灌木层主要有铃铛刺，少量柽柳（*Tamarix* spp.）、黑果枸杞和中亚沙棘等；草本层有洋甘草、白麻、芦苇、花花柴、戟叶鹅绒藤等。

（5）东方铁线莲-牛皮消-灰杨林。独特而少见的灰杨林类型，出现于和田河高阶地。灌木层有少量沙枣和柽柳（*Tamarix* spp.）；草本层有极为茂盛的东方铁线莲（*Clematis orientalis*）和戟叶鹅绒藤（牛皮消）（*Cynanchum acutum*），还有西北天门冬（*Asparagus breslerianus*）。

（6）柽柳-胡杨-灰杨林。在叶尔羌河上游水库以西及和田河河口向南，较普遍地分布着胡杨与灰杨混交林，这里基本上是它们的过渡地区。灌木层主要有柽柳（*Tamarix* spp.），还有少量铃铛刺、黑果枸杞、戟叶鹅绒藤等；草本层有洋甘草、白麻、芦苇、花花柴。

胡杨与灰杨混交林主要分布于塔里木河上游与和田河河口的高阶地，临河的低阶地是灰杨纯林，远离河床的古河道及沙漠边缘为胡杨林，和田河现代河道基本上没有胡杨纯林。

参 考 文 献

胡文康, 张立运. 1990. 克里雅河下游荒漠河岸植被的历史、现状和前景. 干旱区地理, 13(1): 46-51.

蒋进. 1991. 极端气候条件下胡杨的水分状况及其与环境的关系. 干旱区研究, (2): 35-38.

李护群. 1984. 恢复和发展南疆胡杨林的措施. 新疆农业科学, (5): 12-13.

李志军, 刘建平, 于军, 等. 2003. 胡杨、灰叶胡杨生物生态学特性调查. 西北植物学报, 23(7): 1292-1296.

李志军, 吕春霞, 段黄金. 1996. 胡杨和灰叶胡杨营养器官的解剖学研究. 塔里木农垦大学学报, 8(2): 21-25.

录叔德, 安佳文, 任伯建. 1980. 塔里木盆地胡杨林航视调查报告. 新疆林业, (6): 1-13.

罗秀英, 邓彦斌. 1986. 新疆几种旱生植物叶(同化枝)的解剖结构观察. 新疆大学学报(自然科学版), (1): 77-84.

买尔燕古丽·阿不都热合曼, 艾里西尔·库尔班, 阿迪力·阿不来提, 等. 2008. 塔里木河下游胡杨物候特征观测. 干旱区研究, 25(4): 524-532.

孙万忠. 1988. 和田河中下游地区的灰杨林. 干旱区地理, 11(1): 18-24.

王世绩. 1996. 全球胡杨林的现状及保护和恢复对策. 世界林业研究, (6): 37-44.

王世绩, 陈炳浩, 李护群. 1995. 胡杨林. 北京: 中国环境科学出版社: 13-25.

王烨. 1991. 14 种荒漠珍稀濒危植物的种子特性. 种子, (3): 23-26.

魏庆莒. 1990. 胡杨. 北京: 中国林业出版社: 7-9.

《新疆森林》编辑委员会. 1989. 新疆森林. 乌鲁木齐: 新疆人民出版社: 208-246.

新疆植物志编辑委员会. 1993. 新疆植物志 第一卷. 乌鲁木齐: 新疆科技卫生出版社: 122.

徐纬英. 1960. 杨树选种学. 北京: 科学出版社.

尹林克, 王烨. 1991. 灰杨在吐鲁番地区的生长发育规律. 干旱区研究, 8(3): 56-62.

张宁, 李宝富, 徐彤彤, 等. 2017. 1960—2012 年全球胡杨分布区干旱指数时空变化特征. 干旱区资源与环境, 31(7): 121-126.

张胜邦, 田剑, 闫超锋, 等. 1996. 柴达木盆地胡杨生境及生物生态学特性调查. 青海农林科技, (4): 28-30.

赵能, 刘军, 龚固堂. 2009. 杨亚科植物的分类与分布. 武汉植物学研究, 27(1): 23-40.

郑亚琼, 周正立, 李志军. 2013. 灰叶胡杨横走侧根空间分布与克隆繁殖的关系. 生态学杂志, 32(10): 2641-2646.

中国科学院中国植物志编辑委员会. 1984. 中国植物志 第二十卷 第二分册. 北京: 科学出版社: 76-78.

周正立, 李志军, 龚卫江, 等. 2005. 胡杨、灰叶胡杨开花生物学特性研究. 武汉植物学研究, 23(2): 163-168.

Viart M. 1988. Mini-monograph on *Populus euphratica* international poplar commission 18# session, Beijing P. R. China.

第 2 章　种子繁殖研究进展

2.1　开花物候研究

繁殖物候是植物长期进化过程中为了生存而不断适应环境的结果，也是植物与其所处环境相互作用的一个过程（Delph，1993），这种季节性的时间选择对于植物的繁殖十分关键，对于物种的存活也同样重要。植物开花物候（flowering phenology）是繁殖物候中最重要的一个环节，包括花芽的形成与发育、始花期、盛花期及持续时间等过程（Whitehead，1983；Willson，1983；Lovett D J and Lovett D L，1988），不同的物候特征对植物的生殖均有重要影响（Rathcke and Lacey，1985）。目前有关植物开花物候的研究，在国外主要集中在物候模式的系统发生和生活型的综合分析（Llerton and Lack，1992；Bronstein，1995；Petanidou et al.，1995；Mith-Ramirez et al.，1998；Devineau，1999）、共存种（coexisting species）的物候分化研究（Kephart，1987；Widen and Lindell，1995；Bosch et al.，1997）、生态异质生境中单个物种的种群物候变异（Primack，1980；Guitian and Sanchez，1992；Tarasjev，1997）及种群内的物候变异（Augspurger，1981，1983；Marquis，1988；Abe，2001）等方面；在国内主要集中在开花传粉及交配系统（繁育系统）等方面的研究（Liu et al.，2001，2002；He and Ge，2001；Wang and Chen，2001；Zhou et al.，2001；Huang and Guo，2002）。植物开花物候对于植物能否形成种子，并最终生殖成功使其种群延续有着至关重要的作用，植物散粉期和可授粉期的开始日期和结束日期、持续时间的长短及开花强度、开花的同步性都与种子产量和品质密切相关（张华新等，1995；张华新和陈丛梅，2001；肖宜安等，2004）。

胡杨和灰杨是先花后叶的风媒植物，繁殖物候中开花期持续时间最短，果熟期持续时间最长（王世绩等，1995；买尔燕古丽·阿不都热合曼等，2008）。处于同一立地条件下的胡杨、灰杨，在不同年份均表现出胡杨的开花物候早于灰杨，雄株开花物候早于雌株（周正立等，2005），胡杨为“大量、个体相对集中，群体相对分散，雌雄异步开始，近同期结束”的开花模式（张昊等，2007）。在相同的生态条件下，胡杨不同龄级的个体群经历盛花期的时间有所不同，以老龄林（胸径≥60cm）最早，中龄林（胸径30～50cm）次之，幼龄林（胸径≤30cm）最晚（吴平等，2005）。花粉生活力持续时间的长短对有效地完成授粉受精作用有直接的影响，胡杨、灰杨成熟花粉在 4℃条件下贮藏比 20℃条件下贮藏的生活力持续时间长，在 20℃、4℃贮藏条件下，灰杨花粉生活力持续的时间均长于胡杨花粉，表明较低的温度有利于花粉生活力的保持（李志军等，2002）。对于风媒传粉的胡杨亚属植物，花粉生活力、花粉散布节律、基因流动和邻群大小等对于实现有效的传粉结实具有极其重要的生物学意义。

2.2 胚胎学研究

20 世纪 70 年代以来，随着生殖生物学理论和实验手段的不断丰富，杨树有性生殖过程、雄性不育机理、杨树种间杂交不亲和性、杨树生殖工程等方面的研究得到快速发展（张志毅和于雪松，2000）。其中，以杨属大叶杨派、青杨派、黑杨派、白杨派和胡杨派为代表树种，围绕大小孢子发生和雌雄配子体发育（Nagaraj，1952；刘玉喜等，1979；董源，1982，1988；樊汝汶，1983；Fan，1984；李文钿和朱彤，1988；朱彤和李文钿，1989a；张志毅和于雪松，2000；李艳华等，2005）、受精过程（董源，1984；李文钿和朱彤，1989；朱彤和李文钿，1989b）、胚乳和胚的发育（樊汝汶，1982；李文钿等，1982）、有性生殖过程的组织化学等方面的研究工作较为系统和深入，得到了杨属植物共性和规律性的研究结果。例如，胡杨派的代表植物胡杨，其花粉母细胞的减数分裂为同时型，四分体小孢子大多呈四面体形，少数为左右对称形，成熟花粉属于 2-细胞型。胡杨胚珠倒生，在发育的早期是双珠被，在大孢子母细胞减数分裂期内珠被滞育，并开始解体，最终成为单珠被。造孢细胞直接分化为大孢子母细胞，细胞核大而明显，经减数分裂形成四分体，呈“T”形或直线形排列，靠珠孔端的 3 个大孢子退化，合点端的大孢子延伸，最终发育成为八核胚囊。胚囊的发育属于蓼型，胚乳发育为核型，胚胎发生类型为柳叶菜型（李文钿和朱彤，1989；张志毅和于雪松，2000）。该方面的研究工作为杨属植物分类、杨树杂交育种提供了基础资料，同时也证实胡杨有性生殖细胞的形成过程不存在导致其濒危的因素。

2.3 生殖构件研究

植物生殖构件一般包括花、花序、果实、种子及其所着生的生殖枝等，在有性生殖过程，每种植物的生殖构件都有一定的数量格局动态（祖元刚等，2000），它是个体水平上植物生殖生态学研究的重要内容。目前，国内外的相关研究趋于从构件的结构特性描述到其形成的机制研究，反映在对生殖构件的时空分布格局及其数量动态（祖元刚等，2000；肖宜安等，2005）的研究，逐步扩展到对生殖构件数量特征和分布格局可塑性等方面的研究（边才苗等，2005；程伟等，2010），包括把生殖器官的着生器官——枝构件与生殖及其附属器官连接起来进行研究，从构件水平上揭示生殖构件的形成规律和认识生殖特征的形成机制（柴胜丰等，2009）。

关于胡杨派植物的生殖构件研究主要集中在生殖构件数量特征和分布格局可塑性等方面。对胡杨和灰杨不同种群花的空间分布及其数量特征的研究结果显示，胡杨和灰杨雄树的树高、最低花位、集花区下限、集花区上限、最高花位皆低于雌树。雄花序主要分布在树冠的中部，上部次之，下部最少；雌花序主要分布在树冠的上部，中部次之，下部最少（刘建平等，2004a）。胡杨和灰杨果穗、种子在树冠上的垂直分布和数量特征与雌花序的空间分布规律及数量特征相同，即树冠上层分布最多，中层居中，下层最少；

胡杨和灰杨各种群间单株果穗数及果穗果实数都存在差异，反映了环境因子对生殖构件数量有一定的影响（刘建平等，2005）。对胡杨不同龄级雌雄株花枝、果枝数量特征的研究表明，胡杨雌性不同龄级个体花枝、果枝数量特征有一定的差异，一定程度上反映出不同属性个体利用环境和光合能力（或体内营养物质贮藏能力）的差异。同性别不同龄级个体间花枝、果枝数量特征均呈现中龄个体＞老龄个体＞幼龄个体模式（张昊，2007）。胡杨和灰杨花、果实及种子在树体上层多、中层次之、下层最少的空间分布和数量特征，是适应风媒传粉实现种子繁殖的一种适应机制。

2.4　种子散布研究

种子是植物生活史中唯一能够迁移的一个阶段，植物种群的更新依赖于它的种子扩散到能够发芽并长成幼苗的地方（钟章成，1995）。在植物群落中，植物种子的空间分布决定着种子能够定居的范围，从而对随后种子的萌发、幼苗的存活和生长等一系列生态学过程产生决定性的影响（Clark et al.，1998；Nathan et al.，2000；Parciak，2002）。植物种子散布的空间分布格局是其自身种子传播特性和环境因子相互作用的结果，不同的物种构成不同种子扩散的模式，这一种子扩散模式直接影响到单个种群的变化、群落的物种组成，以及整个群落的格局和过程（Nathan et al.，2000；Rand，2000）。种子散布还会决定基因流动的速率，关系到种群内部和种群之间的遗传结构，从而对种群的适应、特化和生活史特征的演化产生重要作用（Dieckmann et al.，1999；Ouborg，1999）。因此，对种子散布的研究有助于深入了解植物群落的更新限制（recruiment limitation）和预测植物种群对气候变化的响应机制（Clark et al.，1999）。目前国内有关种子扩散格局的研究，主要以灌木和针叶乔木为代表，侧重于种子散布空间距离、种子雨空间分布密度等方面的探讨（Zou et al.，1998；Nathan et al.，2000；Fernando and Salvador，2002；Martin et al.，2003）。

林木种子雨在不同群落间存在散布时间的异质性，这可能是立地条件、林分起源的差异造成的（Silva Matos and Watkinson，1998；Vormisto et al.，2004；Yu et al.，2008；Cao，2009）。不同的胡杨林分亦有此特征（张玉波等，2005b），如胡杨同一林分，因个体发育状况受其在林内分布位置及光热资源的影响，种群内雌性个体间发育进程存在差异，从而引起雌性单株间开花、结实及成熟种子散布时间的异质性（周正立等，2005；张昊等，2007；买尔燕古丽·阿不都热合曼等，2012）。

植物种子散布的空间格局决定着种子能够定居的范围，从而对随后种子的萌发、幼苗的存活和生长等一系列生态学过程产生决定性的影响（Clark et al.，1998a；Nathan et al.，2000；Parciak，2002）。植物通过其种子雨在时间和空间上的分配构成了一个模板（template），这一模板直接影响到群落的物种组成、单个种群的变化及整个群落的格局和过程（Hamilton，1999；Harms et al.，2000；Nathan et al.，2000；Rand，2000；Hardesty and Parker，2002）。种子散布过程除受种子扩散方式、树高、种实形状、种实大小及种实产量等影响之外，还受到风、流水及地形等环境因素的影响，这些因素导致种子散布具有复杂的格局特征。有研究报道，风传播种子在种源边缘以外的传播曲线呈现出非常明显的尖峰态特点，如胡杨大部分种子落在母树附近，少部分种子能够进行长距离传播，种子的传播方式也属于尖峰态分布（张玉波等，2005）。种子散布与气温和风速有密切的关系，表现为随着气温的升高和风速的增大，其种子雨强度也有明显增大的趋势（张玉波等，2005），胡杨种子雨的散布强度与空气的相对湿度呈显著的负相关，较低的相对湿度有利于胡杨种子扩散（李俊清等，2009）。

2.5　种子萌发及幼苗生长研究

种子萌发是植物繁殖成功的关键，也是影响新植物体生长发育的重要阶段。在种子成熟季节，胡杨能够产生大量有生活力的种子，但胡杨种子寿命短暂，自然条件下，蒴果成熟后 1 个月种子萌发率接近零（黄培祐，1990）。自然落种后的胡杨种子在全光条件下的生活力只能保持 6 天，种子的发芽率每天平均下降 16.7%，第 1～第 4 天种子的发芽率下降最快，平均速度为 24%；处于遮阴条件下的种子寿命要远远长于全光条件下的种子寿命，大部分种子 40 天后丧失活力（李俊清等，2009）。胡杨种子散布后落于湿润地表后 6 小时即可萌发（华鹏，2003；张肖等，2016）。种子在水中浸泡 20 天以上，温度变幅在 6.2～35℃时，能保持 60%以上的发芽率（戴军，1992）。洪水退后的河漫滩是胡杨种子自然萌发和幼苗自然补充的最佳场所，洪水则是胡杨种子自然萌发及幼苗补充的一个必要条件。

胡杨种子散布后，在自然条件下能否繁殖成功取决于河滩地土壤水分和盐分的含量（高瑞如等，2004；张肖等，2015）。在水分充足的条件下，胡杨种子的发芽率可达到 86%，随着土壤中水分含量的降低，胡杨种子的萌发率也下降，当土壤中水分降到一定程度，种子无法从土壤中吸收水分，则种子全部死亡（张玉波等，2005）；土壤中的高含盐量是抑制胡杨种子萌发的原因之一，盐分含量越高，种子的萌发率越低（刘建平等，2004b；于晓等，2008）。胡杨种子萌发成幼苗以后，光照、土壤含盐量是影响幼苗初期定居的关键因素（李利和张希明，2002；刘建平等，2004a；张玉波等，2005），在盐胁迫下，胚根生长比种子萌发受到的抑制明显（李利等，2005；张肖等，2016），过高的盐分会导致已经萌发的胡杨幼苗死亡（刘建平等，2004b）。

前人对额济纳胡杨生长状况的研究结果表明，胡杨生长具有明显的阶段性（陈占仙，2009）。胡杨和灰杨幼苗生长阶段也表现出明显的阶段性，幼苗的株高生长与地径生长均符合“S”形曲线，其年生长可划分为生长初期、速生期与硬化期 3 个时期（刘建平等，2004c），这与李毅（1996）对胡杨无性系苗期年生长动态分析结果一致。胡杨、灰杨不同种源的株高、地径生长量在各个时期的表现不同，胡杨株高生长与地径生长进入速生期的时间要早于灰杨，但灰杨的速生期持续天数高于胡杨。从速生期生长速率来看，胡杨株高、地径生长速率均高于灰杨（刘建平等，2004c），反映了两个物种在幼苗生长阶段的种间差异。

参 考 文 献

边才苗, 金则新, 李钧敏. 2005. 濒危植物七子花的生殖构件特征. 西北植物学报, 25(4): 756-760.
柴胜丰, 韦霄, 蒋运生, 等. 2009. 濒危植物金花茶开花物候和生殖构件特征. 热带亚热带植物学报, 17(1): 5-11.
陈占仙, 张明铁, 菊花, 等. 2009. 额济纳胡杨生长规律的研究. 内蒙古农业大学学报（自然科学版）, 30(4): 65-69.
戴军. 1992. 塔里木河流域胡杨林与荒漠生态环境. 新疆环境保护, 14(1): 8-10.
董源. 1982. 毛白杨胚胎学观察Ⅰ: 花药的结构及花粉的发育. 北京林学院学报, 4(4): 80-92.
董源. 1984. 毛白杨胚胎学观察Ⅱ: 胚珠、胚囊的构造、受精作用及胚的发育. 北京林学院学报, 6(1): 83-94.
董源. 1988. 毛白杨小孢子发育的电子显微镜研究初报. 北京林业大学学报, 10(增刊): 109-111.
樊汝汶. 1982. 响叶杨种子发育的胚胎学观察. 南京林产工业学院学报, 3: 116-128.
樊汝汶. 1983. 美洲黑杨无性系Ⅰ-63 花粉粒的发育和超微结构. 南京林产工业学院学报, 3: 13-18.
高瑞如, 黄培祐, 赵瑞华. 2004. 胡杨种子萌发及幼苗生长适应机制研究. 淮北煤炭师范学院学报, 25(2): 47-50.
华鹏. 2003. 胡杨实生苗在河漫滩自然发生和初期生长的研究. 新疆环境保护, 25(4): 14-17.
黄培祐. 1990. 新疆荒漠区几种旱生树种自然分布的制约因素研究. 干旱区资源与环境, 4(1): 59-67.
李俊清, 卢琦, 褚建明, 等. 2009. 额济纳绿洲胡杨林研究. 北京: 科学出版社: 63-71
李利, 张希明. 2002. 光照对胡杨幼苗定居初期生长状况和生物量分配的影响. 干旱区研究, 19(2): 31-34.
李利, 张希明, 何兴元. 2005. 胡杨种子萌发和胚根生长对环境因子变化的响应. 干旱区研究, 22(4): 520-525.
李文钿, 朱彤. 1988. 胡杨花粉和胚囊的发育. 林业科学研究, 1(2): 132-137.
李文钿, 朱彤. 1989. 胡杨的受精作用和胚胎发育. 林业科学研究, 2(1): 1-8.
李文钿, 樊汝仪, 麦秀兰. 1982. 小叶杨种子发育的胚胎学观察. 林业科学, 18(2): 113-119.
李艳华, 马洁, 康向阳. 2005. 白杨大孢子母细胞减数分裂进程及其即时判别. 北京林业大学学报, 27(2): 70-74.
李毅. 1996. 胡杨无性系苗期年生长动态分析. 甘肃农业大学学报, 31(3): 252-256.
李志军, 于军, 徐崇志, 等. 2002. 胡杨、灰叶胡杨花粉成分及生活力的比较研究. 武汉植物学研究, 20(6): 453-456.
李志军, 周正立, 高山, 等. 2003. 胡杨和灰叶胡杨种子散布与繁殖的时空规律. 见: 中国植物学会. 中国植物学会七十周年年会论文摘要汇编. 北京: 高等教育出版社: 176.
刘建平, 周正立, 李志军, 等. 2004a. 胡杨、灰叶胡杨花空间分布及数量特征研究. 植物研究, (3): 278-283.
刘建平, 李志军, 何良荣, 等. 2004b. 胡杨、灰叶胡杨种子萌发期抗盐性的研究. 林业科学, 40(2): 165-169.
刘建平, 周正立, 李志军, 等. 2004c. 胡杨、灰叶胡杨不同种源苗期生长动态研究. 新疆环境保护, (S1): 107-111.
刘建平, 周正立, 李志军, 等. 2005. 胡杨、灰叶胡杨果实空间分布及其数量特征的研究. 植物研究, 25(3): 336-343.
刘玉喜, 张敦方, 陆志华. 1979. 中东杨(*Populus berolinensis* Dippel.)小孢子的发生. 东北林学院学报, (2): 1-4.
买尔燕古丽・阿不都热合曼, 艾里西尔・库尔班, 阿迪力・阿不来提, 等. 2008. 塔里木河下游胡杨物候特征观测. 干旱区研究, 25(4): 524-532.
王世绩, 陈炳浩, 李护群. 1995. 胡杨林. 北京: 中国环境科学出版社: 141-144.
吴平, 赵健, 王文丽, 等. 2005. 额济纳绿洲胡杨生物生态学特性的调查. 内蒙古草业, 17(3): 4-7.
肖宜安, 何平, 胡文海, 等. 2005. 濒危植物长柄双花木自然种群生殖构件的时空动态. 应用生态学报, 16(7): 1200-1204.
肖宜安, 何平, 李晓红. 2004. 濒危植物长柄双花木开花物候与生殖特性. 生态学报, 24(1): 14-21.
于晓, 严成, 朱小虎, 等. 2008. 盐分和贮藏对胡杨种子萌发的影响. 新疆农业大学学报, 31(1): 12-15.
张昊, 李俊清, 李景文, 等. 2007. 额济纳绿洲胡杨种群繁殖物候节律特征的研究. 内蒙古农业大学学报(自然科学版), 28(2): 60-66.
张华新, 陈丛梅. 2001. 油松无性系开花物候特点的研究. 林业科学研, 14(3): 288-296.
张华新, 卢国美, 李占和. 1995. 河南卢氏油松种子园开花物候重叠指数. 河北林学院学报, 10(3): 199-205.
张肖, 王瑞清, 李志军. 2015. 胡杨种子萌发对温光条件和盐旱胁迫的响应特征. 西北植物学报, 35(8): 1642-1649.
张肖, 王旭, 焦培培, 等. 2016. 胡杨(*Populus euphratica*)种子萌发及胚生长对盐旱胁迫的响应. 中国沙漠, 36(6): 1597-1605.
张玉波, 李景文, 张昊. 2005. 胡杨种子散布的时空分布格局. 生态学报, 25(8): 1994-2000.
张志毅, 于雪松. 2000. 杨树生殖生物学研究进展. 北京林业大学学报, 22(6): 69-74.
钟章成. 1995. 植物种群的繁殖对策. 生态学杂志, 14(1): 37-42.
周正立, 李志军, 龚卫江, 等. 2005. 胡杨、灰叶胡杨开花生物学特性研究. 武汉植物学研究, 23(2): 163-168.
朱彤, 李文钿. 1989a. 大叶杨胚囊及胚珠的形成和发育. 武汉植物学研究, 7(1): 13-20.
朱彤, 李文钿. 1989b. 大叶杨的受精作用和胚胎发育. 植物学报, 31(5): 355-360.
祖元刚, 毛子军, 袁晓颖, 等. 2000. 白桦的开花时间及生殖构件的数量与树龄和树冠层次的关系. 生态学报, 20(4): 673-677.
Abe T. 2001. Flowering phenology, display size, and fruit set in an understory dioecious shrub, *Aucuba japonica* (Cornaceae). Annals of Botany, 88(3): 455-461.
Augspurger C K. 1981. Reproductive synchrony of a tropical shrub: experimental studies on effects of pollinators and seed predators on *Hybanthus prunifolius* (Violaceae). Ecology, 62: 775-788.
Augspurger C K. 1983. Phenology, flowering synchrony, and fruit set of six neotropical shrubs. Biotropica, 15: 257-267.
Bosch J, Retana J, Cerdo X. 1997. Flowering phenology, floral traits and pollinator composition in a herbaceous Mediterranean plant community. Oecologia, 109: 583-591.
Bronstein J L. 1995. The plant-pollinator landscape. *In*: Hanssos L, Fahrig L, Merriam G. Mosaic and scapes and ecological processes. London: Chapman & Hall. Press: 256-288.
Cao D C, Li J W, Chen W Q, et al. 2009. Temporal heterogeneity of *Populus euphratica* seed rain in Ejina Oasis, China. Eurasian Journal of Forest Research, 12(1): 1-8.
Clark J S, Fastie C, Hurtt G, et al. 1998. Reid's paradox of rapid plant migration. BioScience, 48: 13-24.
Clark J S, Miles S, Ruth K, et al. 1999. Seed dispersal near and far: patterns across temperate and tropical forests. Ecology, 80: 1475-1494.
Delph L F. 1993. Factors affecting intraplant variation in flowering and fruiting in the gynodioecious species *Hebe subalpina*. Journal of Ecology, 81: 287-296.
Devineau J L. 1999. Seasonal rhythms and phonological plasticity of savanna woody species in a fallow farming system (southwest Burkina Faso). Journal of Tropical Ecology, 15: 497-513.
Dieckmann U O, Hara B, Weisser W. 1999. The evolutionary ecology of dispersal. Trends in Ecology and Evolution, 14: 88-90.
Fan R W. 1984. A comparison study of the development of the ovule and embryo sac of clones of *Aigeiros*

poplars. 南京林业大学学报(自然科学版), (3): 44-50.
Fernando B, Salvador T. 2002. Temporal and spatial patterns of seed dispersal in two *Cistus* species (Cistaceae). Annuals of Botany, 89(4): 427-434.
Guitian J, Sanchez J M. 1992. Flowering phenology and fruit set of *Petrocoptis grandiflora* (Caryophyllaceae). International Journal of Plant Sciences, 153: 409-412.
Hamilton M B. 1999. Tropical tree gene flow and dispersal. Nature, 401: 129.
Hardesty B D, Parker V T. 2002. Community seed rain patterns and a comparison to adult community structure in a West African tropical forest. Plant Ecology, 164: 49-64.
Harms K E, Wright S J, Calderon O, et al. 2000. Pervasive density-dependent recruitment enhances seedling diversity in a tropical forest. Nature, 404: 493-495.
He T H, Ge S. 2001. Mating system, paternity analysis and gene flow in plant populations. Acta Phytoecologica Sinica, 25(2): 144-154.
Huang S Q, Guo Y H. 2002. Pollination environment and sex allocation in *Liriodendron chinense*. Acta Ecologica Sinica, 20(1): 49-52.
Kephart S R. 1987. Phenological variation in flowering and fruiting of Asclepias. American Midland Naturalist, 118: 64-76.
Liu A Z, Li D Z, Wang H. 2001. Pollination ecology of a pioneer species: *Musa itinerans* (Musaceae) in Xishuangbanna, South Yunnan, China. Acta Botanica Sinica, 43(3): 319-322.
Liu L D, Zhu N, Sheng J H, et al. 2002. Comparatives studies on floral dynamics and breeding system between *Eleutherococcus* senticosus and *E. sessiliflorus*. Acta Ecologica Sinca, 22(7): 1042-1048.
Llerton J, Lack A J. 1992. Flowering phenology: an example of relaxation of natural selection? Trends in Ecology and Evolution, 7: 274-276.
Lovett D J, Lovett D L. 1988. Plant reproductive ecology: patterns and strategies. Oxford: Oxford University Press.
Marquis R J. 1988. Phenological variation in the neotropical understory shrub *Piper arieianum*: causes and consequences. Ecology. 1552-1565.
Martin D, Peter B R, Lee E F. 2003. Seed rain, safe site, competing vegetation, and soil resources spatially structure white pine regeneration and recruitment. Canadian Journal of Forest Research, 33: 1892-1904.
Mith-Ramirez C, Armesto J J, Figueroa J. 1998. Flowering, fruiting and seed germination in Chilean rain forest Myrtaceae: ecological and phylogenetic constraints. Plant Ecology, 136: 119-131.
Nagaraj M. 1952. Floral morphology of *Populus deltoids* and *P. tremuloids*. Botanical Gazette, 114(2): 222-234.
Nathan R, Safriel U N, Noy-Meir I, et al. 2000. Spatiotemporal variation in seed dispersal and recruitment near and far from *Pinus halepensis* Trees. Ecology, 81: 2156-2169.
Ouborg N J. 1999. Population genetics, molecular markers and the study of dispersal in plants. Journal of Ecology, 87: 551-568.
Parciak W. 2002. Environmental variation in seed number, size and dispersal of a fleshy-fruited plant. Effects on population persistence: the interaction between noise colour, intraspecific competition and space. Ecology, 83: 780-793.
Petanidou T, Ellis W N, Margaris N S, et al. 1995. Constraints on flowering phenology in a phryganic (East Mediterranean shrub) community. American Journal of Botany, 82: 607-620.
Primack R B. 1980. Variation in the phenology of natural populations of montane shrubs in New Zealand. Journal of Ecology, 68: 849-962.
Rand T A. 2000. Seed dispersal, habitat suitability and the distribution of halophytes across a salt marsh tidal gradient. Journal of Ecology, 88: 608-621.
Rathcke B, Lacey E P. 1985. Phenological patterns of terrestrial plants. Annual Review of Ecology and Systematics, 16: 179-214.
Silva Matos D M, Watkinson A R. 1998. The fecundity, seed, and seedling ecology of the edible palm Euterpe edulis in Southeastern Brazil. Biotropica, 30: 595-603.
Tarasjev A. 1997. Flowering phenology in natural populations of *Iris pumila*. Ecography, 20: 48-54.

Yu Y, Baskin J M, Baskin C C, et al. 2008. Ecology of seed germination of eight non-pioneer tree species from a tropical seasonal rain forest in southwest China. Plant Ecology, 197: 1-16.

Vormisto J, Tuomisto H, Oksanen J. 2004. Palm distribution patterns in Amazonian rainforests: what is the role of topographic variation? Journal of Vegetation Science, 15: 485-494.

Wang X F, Chen J K. 2001. Floral expression, pollination mechanism and mating system of *Sagittaria potamogetifolia*. Acta Phytoecologica Sinica, 25(2): 155-160.

Whitehead D R. 1983. Wind pollination: some ecological and evolutionary perspectives. *In*: Real L. Pollination Biology. Orlando: Academic Press.

Widen B, Lindell T. 1995. Flowering and fruiting phenology in two perennial herbs, *Anemone pulsatilla* and *A. pratnesis* (Ranunculaceae). Acta Universitatis Upsaliensis Symbolae Botanicae Upsalienses, 31: 145-158.

Willson M F. 1983. Plant reproductive ecology. American Scientist, 71(6): 646-647.

Yu Y, Baskin J M, Baskin C C, et al. 2008. Ecology of seed germination of eight non-pioneer tree species from a tropical seasonal rain forest in southwest China. Plant Ecology, 197(1): 1-6.

Zhou Y G, Wang H X, Hu Z A. 2001. Variation of breeding systems in populations of *Caragana intermedia* (Leguminosan) in Maowusu sandy grassland. Acta Botanica Sinica, 43(12): 1307-1309.

Zou C J, Xu W D, Liu G T. 1998. The Spatial-temporal distribution of seed rain in *Picea mongolica* population. Chinese Journal of Ecology, 17(3): 1619.

第3章 克隆繁殖研究进展

3.1 克 隆 生 长

克隆植物在种群构成上有两个结构水平，即克隆基株与克隆分株或克隆片段。伴随着克隆生长，克隆基株是由多个发育上重复、遗传结构一致的克隆分株组成。克隆基株的每一个独立分株又具有与非克隆植物相似的有机体构件性，即克隆分株可以产生自己的根系、地上枝、光合同化叶及花序，可以进行光合生产与资源吸收，具备潜在独立生活的能力，因而克隆植物具有双重构件性的特征（董鸣，1996a，1996b）。克隆生长（clonal growth）是克隆植物在自然条件下产生具有潜在独立性个体并进行空间拓展的营养生长过程（de Kroon and van Groenendael，1997），包括3个方面的含义：①克隆植物具有垂直和水平两个方向的扩张，克隆生长主要是指植物通过水平扩张增加分株（ramet）数量的过程；②克隆内的分株具有遗传同一性；③克隆内或克隆片段内的分株通过克隆器官相互联结形成一个生理和形态学单元，但其分株不同于有性植物的构件而具有潜在的独立生活能力。将分株看成基株的一个构件层次，分株的产生过程就是克隆构件的数量增长过程，是一个与非克隆植物相似的生长过程：如果将分株视为潜在的生理或形态学个体，分株的产生过程就是克隆母株新生后代的产生过程，属于克隆繁殖（董鸣，1996a，1996b；张大勇，2004）。克隆植物的双重构件性赋予克隆生长特殊和更广泛的内涵。

3.2 克隆植物生长构型及其可塑性

克隆植物的构型是由克隆生长过程中间隔物长度、分枝强度及分枝角度这3个形态性状决定的。这些参数的变化决定了克隆觅养生长格局，即克隆分株在水平空间的放置格局和配置形式，在地上表现为克隆分株的密集程度（密度），在地下表现为根茎或萌蘖根形态特征参数的差异（Bell，1984；王昱生和李景信，1992），从而表现出密集型、游击型或过渡类型的克隆构型。不同的克隆构型具有不同的利用资源的能力，具密集型克隆构型的短根茎丛生植物能极度地利用局部分布的资源（何池全等，1999），具游击型克隆构型的根茎和匍匐植物能利用散布的资源（董明等，1999；张道远和王红玲，2005）。由于根不具规则节间的生物学特性，根源型克隆植物的克隆构型相对复杂，可以是密集型克隆构型（高润宏等，2001a，2001b；金洪和高润宏，2003；田福东和刘果厚，2007），在资源条件改变时克隆构型会发生改变（徐德兵等，2008）。邻体植物主要通过遮阴来减少克隆的光照，通过竞争资源和空间的途径影响克隆的生长方式（陈尚等，1997），克隆构型的这些性状能够对资源水平发生响应，即通过形态上的可塑性使克隆植物改变其克隆构型（Dong and de Kloon，1994；李根前等，2001；罗学刚和董鸣，2001a）。

克隆可塑性（phenotypic plasticity）被认为是植物物种对异质环境的适应对策之一（Sultan，1987；Dong and de Kroon，1994），包括克隆生长及其克隆构型（形态）的可塑性（Hutchings and de Kroon，1994；董鸣，1996a，1996b）。对克隆形态可塑性的研究表明，大多数克隆植物分枝角度可塑性很弱，分枝强度随资源水平的增高而增大（陈尚等，1997；李镇清，1999），而对间隔物长度的可塑性因种类的不同变化较大，有的对资源水平不发生显著反应（董鸣和张淑敏，2000；Yu et al.，2002）；有的随资源水平增高而间隔物加长（李镇清，1999；李根前，2001）；有的随资源水平增高而间隔物变短（董鸣和张淑敏，2000；罗学刚和董鸣，2001b；单保庆等，2002；Luo and Dong，2002；岳春雷等，2002；李静等，2005；潘庆民等，2005）；在土壤养分高的生境中，觅养生长格局趋于密集型，分株密度高；在土壤养分低的生境中，觅养生长格局趋于游击型，分株密度低（罗学刚和董鸣，2001a）。在较低的光资源有效性条件下，隔离长度增加、分枝强度降低，生长格局倾向于"游击型"。克隆植物可根据立地条件中养分的斑块分布主动调节或形成与之相应的基株资源获取构件的斑块分布，即分株放置格局（de Kroon and Hutehings，1995）。这种通过克隆形态可塑性实现的植物觅食行为（foraging behavior），能够有效地促进基株对异质性分布资源的获取（Hutchings and de Kroon，1994）。

克隆生长可塑性普遍表现为随着土壤养分水平的提高，种群及其构件生物量、种群平均高度、种群平均基径、地上生物量分配也增加，地下生物量及其所占的比例随着土壤中养分含量的下降而增大（岳春雷等，2002；潘庆民等，2005）。随着土壤水分有效性的提高，种群的高径生长和生物量积累均增加（刘庆和钟章成，1996；杨允菲和李建东，2003；张淑敏，2003；朱选伟等，2005；贺斌等，2007a）；有些植物的克隆子株数量显著上升（李根前等，2001；贺斌等，2007），有些植物克隆子株数量减少但个体增大（刘庆和钟章成，1996）；在生物量分配策略上，随着土壤水分有效性的提高，克隆种群均加大了对地上部分的投资，减小了对地下部分的投资（刘庆和钟章成，1996；贺斌等，2007）。几乎所有的克隆植物在生长格局和克隆可塑性上均表现出同样的趋势，即在较高的光资源有效性条件下，植物高径生长和生物量均较大，地上生物量所占比例大，克隆生长格局倾向于聚集型；在较低的光资源有效性条件下，植物高径生长和生物量均较小，地下生物量所占比例大，克隆生长格局倾向于游击型（马万里和钟章成，1998；张淑敏和陈玉福，2000；岳春雷等，2001；王琼等，2003）。因此，在资源斑块性分布的环境内生长时，克隆植物可以通过克隆形态可塑性调节对生境异质性或资源供应水平做出的响应，以权衡植物生长、维持和生殖这些功能间的资源分配。这是克隆植株有效地逃避较为恶劣的生境，同时获取资源的一种生态对策（de Kroon and Schieving，1991）。

3.3　克隆整合作用

克隆植物的整合作用包括生理整合和形态整合。许多克隆植物同一基株的克隆分株形成以后，由于相连的克隆分株处于资源或环境条件相异的小生境时，相连分株所处的小生境中资源或环境条件水平梯度的存在将改变克隆植物原有的源-汇关系，从而发生生理整合现象（董鸣，1996a，1996b）。例如，de Kroon 等（1996）利用同位素氘（^{2}H）标记技术，研究了两种薹草属植物（*Carex hirta* 和 *Carex flacca*）相连分株间的水分共享，揭示出异质性水分供应是分株间发生水分共享的直接诱因，研究还定量分析了相连分株之间水分的吸收与利用，大大推进了该领域的发展。克隆植物的形态整合作用主要是通过隔离者长度、根茎分枝强度、分枝角度、分株数量等形态可塑性的调节对环境做出整合响应，以提高将分株（觅养点）安置在有利生境斑块的概率，避免安置在不利生境斑块的概率。形态可塑性和克隆整合体现了克隆植物的觅食行为，它们能够促进克隆植物对异质性分布的必需资源的获取，对提高分株的定居成功率、克服资源异质性、缓冲环境胁迫等方面具有重要的生态适应意义。

3.4 克隆植物生长格局的内部调节机制

陈尚等（1997）提出克隆植物生长格局（growth pattern）的内部调节机制，认为克隆植物通过体内激素平衡的变化，调节顶端分生组织和侧生分生组织的活动强度，控制克隆植物生长格局的变化。高润宏（2003）对棉刺的研究表明，克隆器官中细胞分裂素在克隆生长构型和克隆格局中占有重要地位，而生长素的作用却不明显。Tomlinson 和 O'Connor（2004）总结了顶端优势的形式和机理，提出：①生长素/细胞分裂素值与根和茎所处的环境条件有关，根周围的水分和营养、茎所处的光环境都是影响这个比值的信号物质；②细胞分裂素的产生与根中氮元素的含量有关，随着根中氮浓度的增加而增加，根中氮含量控制着侧芽的生长和发育；③氮在控制侧芽发育时的媒介作用是各个物种的典型特征；④芽的生长受营养成分含量的影响。研究表明，碳水化合物和氮含量变化对克隆植物（如根茎类禾草）的生长发育有较高的一致性，具有重要的生理作用（Fulkerson and Sleak，1994；白永飞等，1996；Gaudet et al.，1999）。此外，影响植物激素的产生、代谢和分生组织活动的环境因素（如施肥、剪割、遮阴）都可能引起生长格局的改变（周永斌等，1999；李静等，2005）。

3.5 胡杨和灰杨克隆繁殖

根蘖更新是根源型克隆植物无性繁殖的一种方式。胡杨和灰杨是干旱荒漠区能够以种子和根蘖方式进行繁殖的高大乔木，根蘖繁殖（克隆繁殖）基于横走侧根的生长扩散、不定芽的产生和生长发育。胡杨的根蘖苗（无性系子株/克隆分株）通常来源于距地表20～40cm 土层间的水平根，根蘖苗自身不发育主根，主要利用母株上水平延伸的根（李志军等，2003a，2003b；Wiehle et al.，2009）。调查研究表明，胡杨雌雄株均具有萌蘖能力，雌性株个体之间无显著差异；种群平均年龄及分布区域的地下水埋深和淤泥累计厚度等特征对其克隆特征有不同程度的影响（李俊清等，2009）。放牧会强烈影响胡杨的克隆繁殖，放牧压力的增加会减小克隆分株（根蘖苗）的分株密度和分株高度，以及影响分株年龄（Säumel et al.，2011）。在禁牧条件下，不同年份之间胡杨的根蘖繁殖存在着明显差异，这种差异与每一年的生态水文条件有关（赵文智等，2005），在同是极端干旱条件下但水分条件相对较好的河水漫灌林间空地上，胡杨根系可萌生出较多的不定芽，进而发育为根蘖苗（武逢平等，2008；曹德昌等，2009）。据调查，胡杨天然根蘖率可达 83.3%，天然萌芽率达 97.3%，火烧迹地萌芽率可达 88.4%（戴军，1992）。胡杨和灰杨的克隆生长和空间分布格局的形成是基于水平根系的生长和营养扩散，受植株生长所需资源在空间分布异质性的影响。已有研究报道，在地下水位高、土壤通气性不良时，胡杨主根不能很好地发育，而是以水平走向的浅层侧根系为主。当地下水位降低，土壤的通气条件改善以后，则在浅层侧根之上生长出垂直向下的次一级侧根并向地下深层延伸（刘速和黄培祐，1990）。胡杨地下根的分枝类型为单轴型，水平根和垂直根的空间构型近似“T”形（王永斌和努尔巴依 • 阿布都沙力克，2007）。胡杨幼龄植株的根量在垂直方向上主要集中于 80～100cm 的土层中，在 100cm 土层以下迅速减少；根长密度随土壤深度的变化而变化，在水平方向上主要分布在距胡杨树干 0～100cm 处，且输导根（d>2mm）占根总量的比例大，约占 88.67%；吸收根（d<2mm）占根长总量的比例大，约占 92.21%（杨丽等，2006）。胡杨根系生长发育特点和结构特征为进行根蘖繁殖奠定了基础。

参 考 文 献

白永飞, 许志信, 李德新. 1996. 典型草原主要牧草植株贮藏碳水化合物分布部位的研究. 中国草地, 1: 7-9.

曹德昌, 李景文, 陈维强, 等. 2009. 额济纳绿洲不同林隙胡杨根蘖的发生特征. 生态学报, 29(4): 1954-1961.

陈尚, 李自珍, 王刚. 1997. 克隆植物生长型的研究进展. 生态学杂志, 16(4): 59-63.

戴军. 1992. 塔里木河流域胡杨林与荒漠生态环境. 新疆环境保护, 14(1): 8-10.

董鸣. 1996a. 资源异质性环境中的植物克隆生长: 觅食行为. 植物学报, 38(10): 828-835.

董鸣. 1996b. 异质性生境中的植物克隆生长: 风险分摊. 植物生态学报, 20(6): 543-548.

董鸣, 阿拉腾宝, 邢雪荣, 等. 1999. 根茎禾草沙鞭的克隆基株及分株种群特征. 植物生态学报, 23(4): 302-310.

董鸣, 张淑敏. 2000. 匍匐茎草本蛇莓对基质养分条件的克隆可塑性. 植物学报, 42(5): 518-522.

高润宏. 2003. 绵刺(*Potaninia mongolica* Maxim.)对环境胁迫响应研究. 北京林业大学博士学位论文.

高润宏, 金洪, 张巍. 2001b. 阿拉善荒漠特有珍稀濒危植物绵刺克隆生长构型研究. 干旱区资源与环境, 4: 34-40.

高润宏, 金洪, 张巍, 等. 2001a. 珍稀濒危植物绵刺克隆生长构型与资源利用方式关系的研究. 内蒙古农业大学学报, 22(4): 67-70.

何池全, 赵魁义, 余国营. 1999. 湿地克隆植物的繁殖对策与生态适应性. 生态学杂志, 18(6): 38-46.

贺斌, 李根前, 高海银, 等. 2007a. 不同土壤水分条件下中国沙棘克隆生长的对比研究. 云南大学学报(自然科学版), 29(1): 101-107.

贺斌, 李根前, 李周岐, 等. 2007b. 木本克隆植物中国沙棘种群数量与结构对土壤水分的响应. 西北农林科技大学学报(自然科学版), 35(3): 183-187.

金洪, 高润宏. 2003. 阿拉善荒漠绵刺克隆生长格局研究. 北京林业大学学报, 25(2): 24-27.

李根前, 黄宝龙, 唐德瑞, 等. 2001. 毛乌素沙地中国沙棘无性系生长格局与生物量分配. 西北农林科技大学学报(自然科学版), 29(2): 51-55.

李静, 马小凡, 郭平, 等. 2005. 施肥及施加植物激素对羊草克隆构型的影响. 草业科学, 23(1): 18-21.

李俊清, 卢琦, 褚建明, 等. 2009. 额济纳绿洲胡杨林研究. 北京: 科学出版社: 101.

李文钿, 朱彤. 1989. 胡杨的受精作用和胚胎发育. 林业科学研究, 2(1): 1-8.

李镇清. 1999. 克隆植物构型及其对资源异质性的响应. 植物学报, 41(8): 893-895.

李志军, 刘建平, 于军, 等. 2003a. 胡杨、灰叶胡杨生物生态学特性调查. 西北植物学报, 23(7): 1292-1296.

李志军, 周正立, 于军, 等. 2003b. 胡杨和灰叶胡杨的营养繁殖特性. 见: 中国植物学会. 中国植物学会七十周年年会论文摘要汇编. 北京: 高等教育出版社: 176.

刘庆, 钟章成. 1996. 斑苦竹无性系生长与水分供应及其适应对策的研究. 植物生态学报, 20(3): 245-254.

刘速, 黄培祐. 1990. 胡杨根系与塔里木河流域生态环境的关系. 干旱区地理, 13(2): 89-92.

罗学刚, 董鸣. 2001a. 蛇莓克隆构型对光照强度的可塑性反应. 植物生态学报, 25(4): 494-497.

罗学刚, 董鸣. 2001b. 匍匐茎草本蛇莓克隆构型对土壤养分的可塑性反应. 生态学报, 21(12): 1957-1963.

马万里, 钟章成. 1998. 克隆植物蝴蝶花在光梯度环境上的形态适应性研究. 应用生态学报, 9(1): 23-26.

潘庆民, 白永飞, 韩兴国, 等. 2005. 氮素对内蒙古典型草原羊草种群的影响. 植物生态学报, 29(2): 311-317.

单保庆, 杜国祯, 刘振恒. 2000. 不同养分条件下和不同生境类型中根茎草本黄帚橐吾的克隆生长. 植物生态学报, 24(1): 46- 51.

田福东, 刘果厚. 2007. 四合木不同种群间克隆构型及分株种群特征的比较研究. 内蒙古农业大学学报, 28(4): 98-101.

王昱生, 李景信. 1992. 羊草种群无性系生长格局的研究. 植物生态学与地植物学学报, 16(3): 234-242.

王琼, 刘霞, 王爱丽, 等. 2003. 过路黄克隆生长对光照强度的反应. 西华师范大学学报(自然科学版), 24(4): 390-395.

王永斌, 努尔巴依·阿布都沙力克. 2007. 胡杨(*Populus euphratica* Oliv.)根繁殖特征. 生态学杂志, 26(12): 1937-1941.

武逢平, 李俊清, 李景文, 等. 2008. 胡杨(*Populus euphratica*)在额济纳绿洲三种生境内的克隆繁殖特性. 生态学报, 28(10): 4703-4709.

徐德兵, 赵粉侠, 贺斌, 等. 2008. 中国沙棘克隆生长格局对不同灌水强度的响应. 东北林业大学学报, 36(9): 31-31.

杨丽, 张秋良, 常金宝. 2006. 胡杨树根系空间分布特性. 内蒙古农业大学学报, 27(3): 15-17.

杨允菲, 李建东. 2003. 松嫩平原不同生境芦苇种群分株的生物量分配与生长分析. 应用生态学报, 14(1): 30-34.

岳春雷, 江洪, 魏伟. 2001. 辽东栋林下和开阔地上短柄五加无性系种群生长的比较研究. 生态学报, 21(7): 1204-1207.

岳春雷, 汪奎宏, 何奇江, 等. 2002. 不同氮素条件下雷竹克隆生长的比较研究. 竹子研究汇刊, 21(1): 38-45.

张道远, 王红玲. 2005. 荒漠区几种克隆植物生长构型的初步研究. 干旱区研究, 22(2): 220-223.

赵文智, 常学礼, 李秋艳. 2005. 人工调水对额济纳胡杨荒漠河岸林繁殖的影响. 生态学报, 25(8): 1987-1993.

周永斌, 姜萍, 王庆礼. 1999. 长白山不同针叶树耐阴性的形态适应及内源激素调控. 应用生态学报, 10(5): 525-528.

张淑敏, 陈玉福. 2000. 匍匐茎草本绢毛匍匐委陵菜对局部遮荫的克隆可塑性. 植物学报, 42(1): 89-94.

张淑敏, 陈玉福, 于飞海, 等. 2003. 林下和林窗内绢毛匍匐委陵菜的克隆生长和克隆形态. 植物生态学报, 27(4): 567-571.

朱选伟, 黄振英, 张淑敏, 等. 2005. 浑善达克沙地冰草种子萌发、出苗和幼苗生长对土壤水分的反应.

生态学报, 25(2): 364-370.
Bell A D. 1984. Dynamic morphology: a contribution to plant population ecology. *In*: Dirzo R, Sarukhan J. Perspectives on Plant Population Ecology. Sinauer: Sunderland: 48-65.
de Kroon H, Hutehings M J. 1995. Morphological plasticity in clonal plants: the foraging concept reconsidered. Journal of Ecology, 83: 143-152.
de Kroon H, Schieving F. 1991. Resource allocation pattern as a function of clonal morphology: a general model applied to foraging clonal plant. Journal of Ecology, 79: 519-530.
de Kroon H, van Groenendael J. 1997. The ecology and evolution of clonal plants. Leiden: Backhuys Publishers.
Dong M, de Kloon H. 1994. Plasticity in morphology and biomass allocation in *Cynodon dactylon*, a grass species forming stolons and rhizomes. Oikos, 70: 99-106.
Fulkerson W J, Slaek K. 1994. Leaf number as a criterion for determining defoliation time for *Lolium perenne*. I. Effect of water-soluble carbohydrates and senescence. Grass and Forage Science, 49: 373-377.
Gaudet D A, Laroehe A, Yoshida M. 1999. Low temperature-wheat-fungal interactions: a carbohydrate connection. Physiological Plant, 106: 437-444.
Hutchings M J, de Kroon H. 1994. Foraging in plants: the role of morphological plasticity in resource acquisition. Advances in Ecological Research, 25: 159-238.
Luo X G, Dong M. 2002. Architectural plasticity in response to soil moisture in the stoloniferous herb, duchesnea indica. Acta Botanica Sinica, 44(1): 97-100.
Säumel I, Ziche D, Yu R, et al. 2011. Grazing as a driver for *Populus euphratica* woodland degradation in the semi-arid Aibi Hu region, northwestern China. Journal of Arid Environments, 75(3): 265-269.
Sultan S E. 1987. Evolutionary implications of phenotypic plasticity in plants. Evolutionary Biology, 21: 127-178.
Tolnlinson K W, O'Connor T G. 2004. Control of tiller recruitment in bunchgrasses: uniting physiology and ecology. Functional Ecology, 18: 489-496.
Wiehle M, Eusemann P, Thevs N, et al. 2009. Root suckering patterns in *Populus euphratica* (Euphrates poplar, Salicaceae). Trees: Structure and Function, 23(5): 991-1001.

第二篇　胡杨和灰杨种子繁殖

第4章　开花传粉特性

植物开花物候（flowering phenology）是繁殖物候中最重要的一个环节，包括花芽的形成与发育、始花期、盛花期及持续时间等过程（Whitehead，1983；Willson，1983；Lovett D J and Lovett D L，1988）。研究认为，始花期（Dieringer，1991；Galen and Stanton，1991；Ollertonn and Dlaz，1999）和开花同步性（Primack，1980；Augspurger，1983；Bolmgren，1998）等物候特征对植物的生殖成功有重要影响（Rathcke and Lacey，1985），其中，开花同步性是提高植物生殖成功的重要因素（Schemske，1977；Waser，1978；Thomson，1980），也是植物选择倾向于早期开花的证据（Campbell，1989; Kelly，1992）。同种植物不同年份物候期的提前和推迟与积温和日照有关，积温和日照是影响开花物候花期早晚的重要因子（尹林克和王烨，1991，1993；陈晓阳等，1995；张华新和陈丛梅，2001），花期持续时间主要受花期温度、光照和降雨等因素的影响，同一种植物生长在不同海拔地区，随海拔降低，开花持续时间也有缩短的趋势。本研究在前人工作的基础上，通过改进开花物候观察的方法，从群体的角度研究胡杨、灰杨种群开花物候及种群在同一生境不同年份开花物候的差异，揭示胡杨和灰杨种群开花物候特征适应环境条件的生殖策略及其种间差异，为胡杨和灰杨种群恢复、更新提供科学的理论依据。

4.1　研究方法

4.1.1　开花物候观测方法

标准地和标准木选择　在塔里木河上游的新疆建设兵团第一师十六团天然灰杨林、第一师十三团天然胡杨林及灰杨林、第一师九团胡杨灰杨混交林、塔里木河中游轮台县天然胡杨林、叶尔羌河中下游阿瓦提县天然胡杨林、第三师四十八团天然灰杨林选择有代表性的地段（中、壮龄林林分）设立标准地12块，单块标准地面积0.25hm^2。对标准地内林木按性别进行每木检尺，分别确定植株平均胸径与平均树高。在每个标准地内按与平均胸径相差不超过±5%、冠形匀称、无偏冠及大的枯梢与枯枝现象的标准，选择雌、雄标准木各30株挂牌标记，作为种群物候观测样株。

单株、种群开花物候期的定义（周正立等，2005）　单株开花物候期是指单株上第一个花芽开始膨大到最后一个雄花散粉结束/雌花柱头萎蔫为止的时期。单花开花物候期包括花芽萌动期（从花芽膨大到芽苞鳞片开裂为止的时期）、花芽开放期（从芽苞鳞片开裂露出花序顶端至花序停止伸长开始下垂为止的时期），以及开花期（雄花序下垂散粉到散粉结束，雌花序下垂柱头呈现最扩展状态到柱头萎蔫为止的时期）。种群开花物候期是指种群第一棵样株进入花芽萌动期开始到最后一棵样株开花期结束的时期。种群开花期天数是指种群第一棵样株开始开花到最后一棵样株开花结束的时期。

按照上述开花物候的定义标准，在 2001～2003 年和 2013～2015 年的 3～4 月，观测单株花芽萌动期、花芽开放期、开花期，据此统计单株开花物候期平均天数、单株花芽萌动期平均天数、单株开花期平均天数，以及种群开花物候期、种群开花物候期天数、种群开花期天数。

4.1.2 单株散粉节律观测方法

在第一师九团胡杨灰杨混交林，选择树高 7.1m 的胡杨雄性单株为散粉观测对象。以树干为中心，在 0m（地面）、8m 的高度沿正东、正西、正北方向分别拉 40m 长线。在每条线上，以离树干 0m、10m、20m、30m、40m 处设置采样点，各采样点挂 8cm×8cm×8cm 的铁丝筐，筐内放置涂抹凡士林的载玻片用以收集花粉。在雄株散粉时期（4 月 4～15 日），每天从 11：00 开始，每隔 2 小时在采样点取一次样，直到 19：00 止。在显微镜下观察并统计花粉数量，每个样本观测 10 个视野，取 10 个视野的平均值为观测值。

4.1.3 花粉生活力检测方法

取采集后贮藏在室温（20℃）、冰箱（4℃）24 小时的花粉进行花粉生活力测定，以后每隔 1 天测定一次，直至花粉生活力为零。花粉生活力采用 2,3,5-三苯基氯化四氮唑（TTC）测定，吸取 1～2 滴 0.5%TTC 溶液置于血球计数板上，撒入少量贮藏花粉，用玻璃棒搅匀，再加盖玻片，重复 3 次，在 35℃恒温箱内染色 30min 后置于显微镜下观察染色结果。具有生活力的花粉呈现红色，不具生活力的花粉未染色。随机选择 10 个视野，统计花粉染色率，并求其平均值。

4.2 花的形态及开花习性

胡杨、灰杨的花为单性无被花，花序为柔荑花序。但在两物种中也能观察到雄花序中夹杂着几朵雌花，或雌花序中夹杂着几朵雄花或夹有两性花，但比例较小。雌、雄柔荑花序的颜色取决于雌蕊柱头、雄蕊花药的颜色。两物种雄花序呈现紫红色或者黄绿色，或者是紫红色过渡到黄绿色，而雌花序仅呈现紫红色或黄绿色。在同一单株上花序颜色是一致的，在同一种群中呈现紫红色或黄绿色花序的单株往往成片状或带状群居在一起。在不同的种群中花序颜色的类型有所不同（李志军等，2003）。

开花物候期的观测结果表明，胡杨、灰杨雌雄花芽（鳞芽）在开花物候期经历花芽膨大（花芽尚未从鳞片中露出）、花序露出（鳞片裂开）、花序伸长、花序停止伸长至花序下垂几个过程。花序开花顺序是由花序轴基部向顶部方向依次开放，雌雄单株开花顺序是由树冠顶部向基部的方向依次开花（周正立等，2005）。

4.3　同一年份不同种群间开花物候的比较

在同一年份，两个物种的不同种群均表现为雄株开花物候早于雌株，雄株的种群开花期天数、单株开花期平均天数均少于雌株。两个物种间比较，在不同生态条件或同一生态条件下，胡杨各种群的开花物候要比灰杨种群早 2～5 天，胡杨 4 个种群开花物候期全程历时 16～22 天，灰杨 4 个种群开花物候期全程历时 19～24 天，表明胡杨开花物候进程快于灰杨（表 4-1，表 4-2）。

表 4-1　同一年份胡杨不同种群开花物候的比较（2001 年）　（单位：天）

地点	性别	种群开花物候期	种群开花物候期天数	种群开花期天数	单株开花物候期平均天数	单株开花期平均天数
阿瓦提县	♂	3 月 19 日至 4 月 3 日	16	8	13.7	4.8
	♀	3 月 21 日至 4 月 8 日	19	11	17.8	7.0
轮台县	♂	3 月 15 日至 4 月 5 日	22	10	17.5	6.5
	♀	3 月 19 日至 4 月 7 日	20	11	16.9	7.0
第一师十三团	♂	3 月 20 日至 4 月 5 日	17	12	14.0	6.2
	♀	3 月 22 日至 4 月 8 日	18	13	14.0	7.2
第一师九团	♂	3 月 16 日至 4 月 2 日	18	9	13.0	4.6
	♀	3 月 17 日至 4 月 5 日	20	11	10.8	4.8

表 4-2　同一年份灰杨不同种群开花物候的比较（2001 年）　（单位：天）

地点	性别	种群开花物候期	种群开花物候期天数	种群开花期天数	单株开花物候期平均天数	单株开花期平均天数
第一师十三团	♂	3 月 22 日至 4 月 9 日	19	12	16.0	6.5
	♀	3 月 24 日至 4 月 13 日	21	13	19.0	6.7
第一师九团	♂	3 月 21 日至 4 月 10 日	21	11	20.2	6.8
	♀	3 月 23 日至 4 月 13 日	22	13	20.0	7.2
第一师十六团	♂	3 月 26 日至 4 月 16 日	22	12	17.7	7.7
	♀	3 月 27 日至 4 月 19 日	24	13	17.8	8.0
第三师四十八团	♂	3 月 18 日至 4 月 8 日	22	12	14.4	4.9
	♀	3 月 21 日至 4 月 13 日	24	13	14.9	5.2

4.4　同一种群开花物候期在年份间的变化

同一物种不同年份间，种群开花物候期、种群开花物候期天数、单株开花物候期平均天数、单株开花期平均天数有差异。胡杨、灰杨均表现为开花物候始期的变化趋势整体上是 2013～2015 年早于 2001～2003 年，开花物候终期也表现为 2013～2015 年早于 2001～2003 年；种群开花物候期天数、单株开花物候期平均天数、单株开花期平均天数的变化趋势整体上是 2013～2015 年少于 2001～2003 年（表 4-3，表 4-4）。

表 4-3　2001～2003 年和 2013～2015 年胡杨种群开花物候　（单位：天）

年份	性别	种群开花物候期	种群开花物候期天数	单株开花物候期平均天数	单株开花期平均天数
2001	♂	3月15日至4月12日	29	18.91	8.15
	♀	3月17日至4月16日	31	20.95	10.36
2002	♂	3月17日至4月15日	30	19.00	9.13
	♀	3月19日至4月18日	31	20.49	11.46
2003	♂	3月14日至4月11日	29	18.71	8.10
	♀	3月17日至4月16日	31	20.02	9.69
2013	♂	3月12日至4月5日	25	15.18	6.53
	♀	3月16日至4月11日	27	17.21	7.48
2014	♂	3月13日至4月7日	26	16.37	6.21
	♀	3月16日至4月11日	27	18.28	7.84
2015	♂	3月12日至4月7日	27	18.88	7.01
	♀	3月15日至4月11日	28	20.02	8.28

表 4-4　2001～2003 年和 2013～2015 年灰杨种群开花物候　（单位：天）

年份	性别	种群开花物候期	种群开花物候期天数	单株开花物候期平均天数	单株开花期平均天数
2001	♂	3月18日至4月17日	31	20.48	10.28
	♀	3月20日至4月20日	32	21.92	12.56
2002	♂	3月20日至4月18日	30	19.90	10.25
	♀	3月22日至4月22日	32	22.54	12.58
2003	♂	3月18日至4月16日	30	19.06	10.61
	♀	3月20日至4月19日	31	21.08	11.28
2013	♂	3月14日至4月8日	26	16.36	8.64
	♀	3月16日至4月12日	28	19.78	10.06
2014	♂	3月15日至4月11日	28	16.28	7.94
	♀	3月18日至4月15日	29	18.64	9.13
2015	♂	3月14日至4月10日	28	17.89	7.98
	♀	3月16日至4月14日	30	19.36	9.52

同一年份的两个物种相比，种群开花物候始期胡杨各年份均早于灰杨，但种群开花物候期天数、单株开花物候期平均天数、单株开花期平均天数则是胡杨少于灰杨。雌雄间相比，胡杨、灰杨雄株种群开花物候始期和终期在各年份均早于雌株，种群开花物候期天数、单株开花物候期平均天数、单株开花期平均天数则是雌株多于雄株（表 4-3，表 4-4）。

研究还发现，胡杨、灰杨在各年份间均表现出雄株种群开花物候早于雌株、雌株开花期时间比雄株长，表明这些特征是胡杨、灰杨种的属性；胡杨在各年份的开花物候都早于灰杨，反映了两个物种间开花物候的差异。

同一立地条件下胡杨、灰杨种群不同年份间开花物候存在差异，但它们的种群开花物候期平均天数、单株开花物候期平均天数、单株开花期平均天数均是雌株多于雄株，说明两物种雌株开花物候在时间进程上较雄株占有优势，这种开花物候特点有利于延长种群授粉时间，减少因种群授粉时间太短而遭遇气温骤降、无风天气带来授粉失败的风险。

4.5　同一种群开花期在年份间的变化

胡杨、灰杨种群雄株开花始期和终期在各年份均早于雌株，开花天数的变化趋势整体上是 2013～2015 年少于 2001～2003 年，种群雌雄开花重叠期天数也是 2013～2015 年少于 2001～2003 年（表 4-5，表 4-6）。胡杨、灰杨种群开花期天数均是雌株多于雄株，种群雌雄开花期有较长时间的重叠，这对其顺利完成传粉、受精过程有重要意义。

表 4-5　2001～2003 年和 2013～2015 年胡杨种群雌雄开花重叠期

年份	性别	种群开花期	种群开花期天数/天	种群雌雄开花重叠期	种群雌雄开花重叠期天数/天
2001	♂	3 月 23 日至 4 月 6 日	15	3 月 25 日至 4 月 6 日	13
	♀	3 月 25 日至 4 月 10 日	17		
2002	♂	3 月 24 日至 4 月 7 日	15	3 月 26 日至 4 月 7 日	13
	♀	3 月 26 日至 4 月 11 日	17		
2003	♂	3 月 24 日至 4 月 7 日	15	3 月 26 日至 4 月 7 日	13
	♀	3 月 26 日至 4 月 11 日	17		
2013	♂	3 月 20 日至 3 月 31 日	12	3 月 23 日至 3 月 31 日	9
	♀	3 月 23 日至 4 月 4 日	13		
2014	♂	3 月 21 日至 3 月 31 日	11	3 月 24 日至 3 月 31 日	8
	♀	3 月 24 日至 4 月 5 日	13		
2015	♂	3 月 20 日至 3 月 30 日	11	3 月 23 日至 3 月 29 日	7
	♀	3 月 23 日至 4 月 4 日	13		

表 4-6　2001～2003 年和 2013～2015 年灰杨种群雌雄开花重叠期

年份	性别	种群开花期	种群开花期天数/天	种群雌雄开花重叠期	种群雌雄开花重叠期天数/天
2001	♂	3 月 26 日至 4 月 12 日	18	3 月 28 日至 4 月 12 日	16
	♀	3 月 28 日至 4 月 15 日	19		
2002	♂	3 月 27 日至 4 月 11 日	16	3 月 29 日至 4 月 11 日	14
	♀	3 月 29 日至 4 月 16 日	19		
2003	♂	3 月 22 日至 4 月 4 日	14	3 月 25 日至 4 月 4 日	11
	♀	3 月 25 日至 4 月 9 日	16		
2013	♂	3 月 22 日至 4 月 4 日	14	3 月 24 日至 4 月 4 日	12
	♀	3 月 24 日至 4 月 8 日	16		
2014	♂	3 月 23 日至 4 月 3 日	12	3 月 25 日至 4 月 4 日	11
	♀	3 月 25 日至 4 月 8 日	15		
2015	♂	3 月 23 日至 4 月 4 日	13	3 月 25 日至 4 月 4 日	11
	♀	3 月 25 日至 4 月 8 日	15		

对于种群而言，因个体之间发育状况的不同，个体进入开花期的时间及开花的高峰期有所不同（周正立等，2005）。本研究依据每日开花株数的累积值来反映种群开花期开花量的变化。如图 4-1 和图 4-2 所示，在各年份，胡杨种群雌、雄开花株数均随时间

延长呈双峰型的变化，而灰杨种群雌、雄开花株数随时间延长均呈单峰型的变化，它们共有的特征是雄株开花高峰期与雌株开花高峰期不完全吻合，雌株开花高峰期的出现晚于雄株开花高峰期的出现，但胡杨、灰杨种群内雌雄株开花期依然有较长时间的重叠，种群雌、雄开花期重叠的时间整体上是2013～2015年少于2001～2003年。

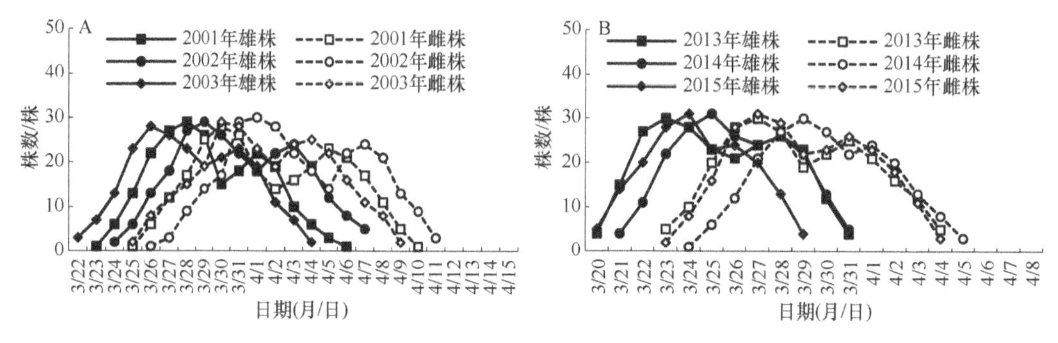

图 4-1　胡杨种群开花株数随时间的变化

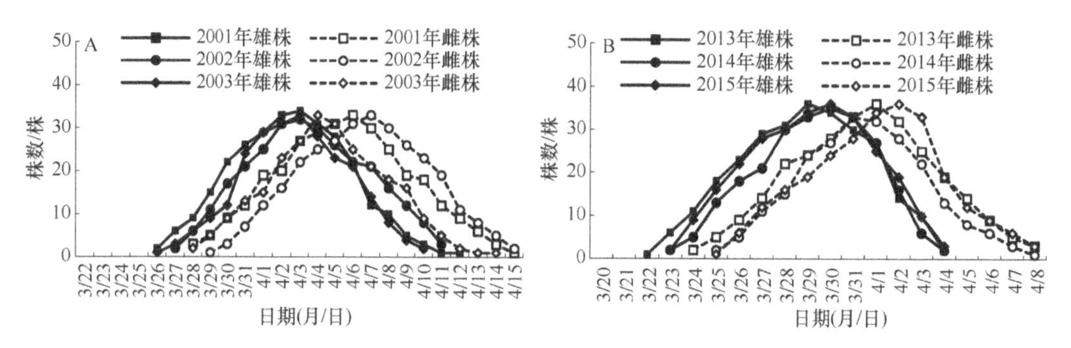

图 4-2　灰杨种群开花株数随时间的变化

4.6　种群开花物候与气温的关系

对胡杨、灰杨开花物候指标参数与花芽萌动始期前10天平均气温、前1个月平均气温、前3个月平均气温及开花期平均气温进行显著性检验（表4-7）。结果显示，两物种种群花芽萌动始期、种群开花物候期天数、种群开花期天数、单株开花物候期平均天数及单株开花期平均天数与各时段平均气温间均呈负相关。其中，种群花芽萌动始期除胡杨雌株外均受开花物候开始前10天平均气温、前1个月平均气温及前3个月平均气温的显著/极显著影响，种群开花物候期天数受物候开始前10天平均气温的极显著影响，种群开花期天数受前1个月平均气温的极显著影响或不受影响，胡杨雌雄株及灰杨雌株的单株开花期平均天数则受开花物候开始前1个月平均气温和开花物候期平均气温的显著/极显著影响，上述表明气温越高，它们的花芽萌动期开始得越早，种群开花物候期天数、种群开花期天数、单株开花物候期平均天数及单株开花期平均天数越短。说明前期气温高低变化影响种群开花物候始期及开花物候期的长短，开花物候的不同阶段对气温变化有不同的响应。

表 4-7　开花物候指标参数与气温的相关性

物种	性别	物候期	前 10 天平均气温	前 1 个月平均气温	前 3 个月平均气温	开花物候期平均气温
胡杨	♂	花芽萌动始期	–0.96**	–0.85*	–0.85*	–0.70
		种群开花物候期天数	–0.93**	–0.96**	–0.84*	–0.72
		种群开花期天数	–0.96**	–0.90**	–0.72	–0.89**
		单株开花物候期平均天数	–0.83*	–0.77*	–0.79*	–0.74
		单株开花期平均天数	–0.84*	–0.92**	–0.71	–0.98**
	♀	花芽萌动始期	–0.89**	–0.76*	–0.70	–0.73
		种群开花物候期天数	–0.98**	–0.98**	–0.78*	–0.97**
		种群开花期天数	–0.95**	–0.76*	–0.77*	–0.94**
		单株开花物候期平均天数	–0.88**	–0.90**	–0.82*	–0.92**
		单株开花期平均天数	–0.97**	–0.78*	–0.70	–0.97**
灰杨	♂	花芽萌动始期	–0.93**	–0.86*	–0.89**	–0.75
		种群开花物候期天数	–0.95**	–0.96**	–0.7*	–0.76*
		种群开花期天数	–0.97**	–0.84*	–0.84*	–0.88**
		单株开花物候期平均天数	–0.79*	–0.90**	–0.74	–0.77*
		单株开花期平均天数	–0.85*	–0.83*	–0.85*	–0.94**
	♀	花芽萌动始期	–0.92**	–0.84*	–0.90**	–0.73
		种群开花物候期天数	–0.94**	–0.89**	–0.94**	–0.87*
		种群开花期天数	–0.90**	–0.71	–0.82*	–0.90**
		单株开花物候期平均天数	–0.84*	–0.96**	–0.77*	–0.85*
		单株开花期平均天数	–0.81*	–0.74	–0.79*	–0.85*

*表示差异显著（P<0.05）；**表示差异极显著（P<0.01）

比较不同年份同一时段的平均气温发现（图 4-3，图 4-4），前 10 天平均气温、前 1 个月平均气温、前 3 个月平均气温在 2001～2003 年、2013～2015 年有差异或没有差异，但前 10 天平均气温、前 1 个月平均气温 2001～2003 年时段整体上低于 2013～2015 年，前 3 个月平均气温则是 2001～2003 年时段整体上低于 2013～2015 年。

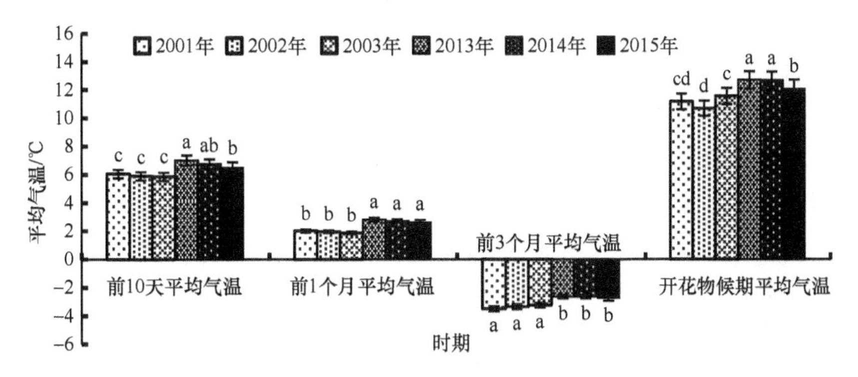

图 4-3　胡杨开花前 10 天、前 1 个月、前 3 个月、开花物候期平均气温在不同年份间的差异

不同字母间表示同一时期不同年份间差异显著（P<0.05），本章下同

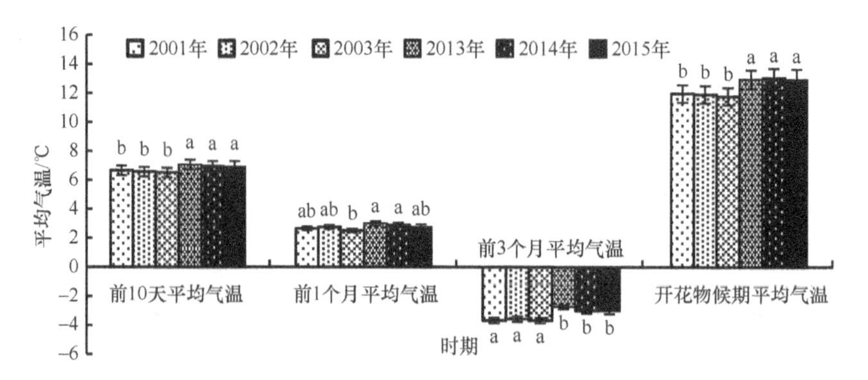

图 4-4 灰杨开花前 10 天、前 1 个月、前 3 个月、开花物候期平均气温在不同年份间的差异

两物种种群花芽萌动始期、种群开花物候期天数、种群开花期天数、单株开花物候期平均天数及单株开花期平均天数与开花物候期发生前 10 天平均气温、前 1 个月平均气温、前 3 个月平均气温的相关性较好，即这三个时期的平均气温越高，花芽萌动期开始得越早，种群开花物候期天数、种群开花期天数、单株开花物候期平均天数及单株开花期平均天数越短。在同一立地条件下，胡杨、灰杨种群开花物候的始期和终期在 2013～2015 年时段提前于 2001～2003 年时段，种群开花物候期、种群开花物候期天数、种群开花期天数、单株开花物候期平均天数、单株开花期平均天数在 2013～2015 年时段少于 2001～2003 年。这与 2001～2003 年时段开花物候前期各时段平均气温整体上低于 2013～2015 年时段有关，说明胡杨、灰杨不同年份间开花物候期的差异与各年份间相关时段平均气温的差异有密切关系。

4.7 单株散粉的时空特征

对胡杨雄株开花物候期的观察表明，在 4 月 4～15 日的散粉期，胡杨单株日平均散粉量随时间增加逐渐减少（图 4-5）。其中，散粉高峰在北、东、西 3 个方位出现的时间依次是 4 月 4 日、4 月 5 日、4 月 6 日，4 月 8 日以后 3 个方位日平均散粉量均很低。胡杨雄株表现出散粉时间较长而散粉量高峰相对集中的散粉特点。结合散粉高峰期风速、风向数据进一步分析（图 4-6），4 月 4 日以东北风向为主，对应树冠北方位、东方位花粉密度较大；5 日与 4 日风向相同，风速为 2m/s，树冠东方位在这一日出现散粉高峰；6 日风向以西南风为主，树冠西方位在这一日出现散粉高峰，表明花粉密度的方位差异与散粉期风向有密切关系。

为了解胡杨单株花粉日散粉节律，于 4 月 6 日 11：00～19：00 每 2 小时观测一次统计东、西、北方位的散粉数量。从图 4-7 可以看出，单株各方位的花粉量在上午 11：00 最多（11：00 取的样是前一天 19：00 到第二天 11：00 花粉量的累积值），从 13：00 至 19：00 各时间段花粉量较少，同一方向累计求和的花粉总量除东方位以外，西、北方位的花粉总量远少于夜间同方位的花粉总量，反映了胡杨昼夜散粉的时间特征。

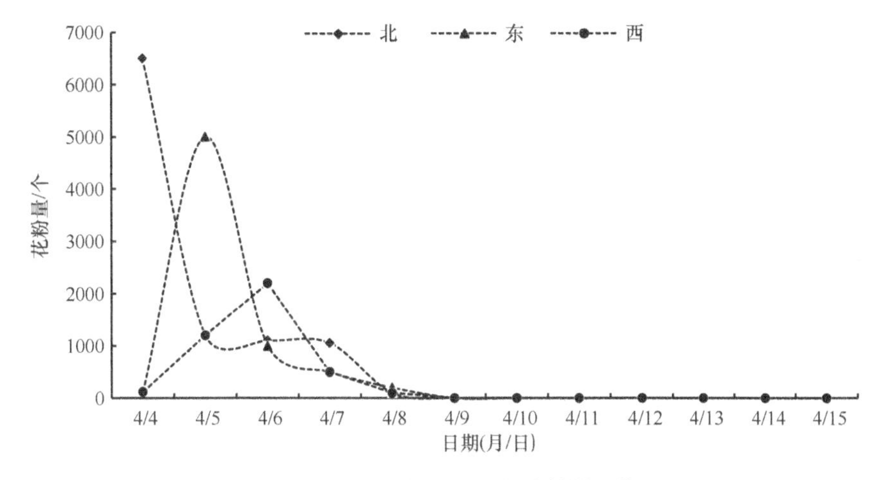

图 4-5　胡杨雄株不同方位的散粉节律

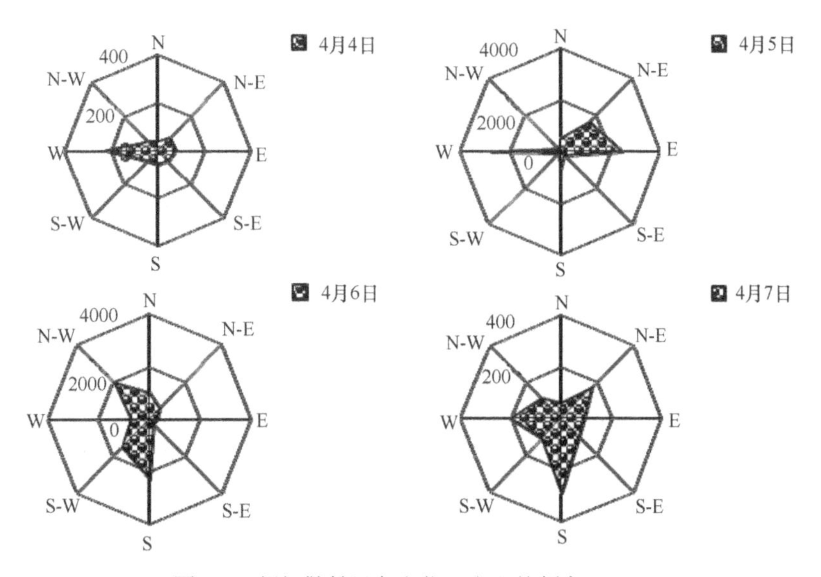

图 4-6　胡杨散粉日各方位风出现的频率（%）

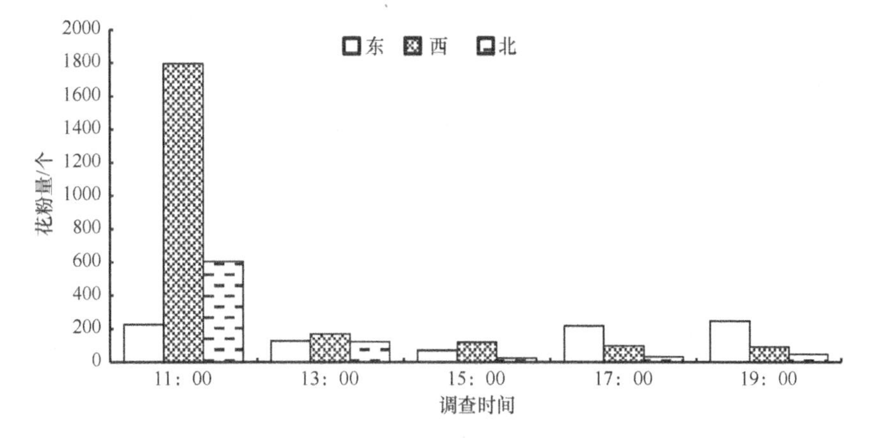

图 4-7　胡杨雄株不同方位各时段的散粉量（4 月 6 日）

在4月4～15日单株散粉期间，调查统计高于样株（树高7.1m）1m处（离地面8m高）、40m水平范围各取样点的累计散粉量。结果表明（图4-8），在正对树冠中轴上方1m处花粉量最大，在离树冠中轴10m处花粉量明显减少，但随着与树冠中轴距离的增加，20m、30m和40m与10m处的花粉量差异不大。说明花粉在风力的作用下，可以进行高于树冠一定垂直距离和水平距离的散布，这对于远距离传粉极为重要。

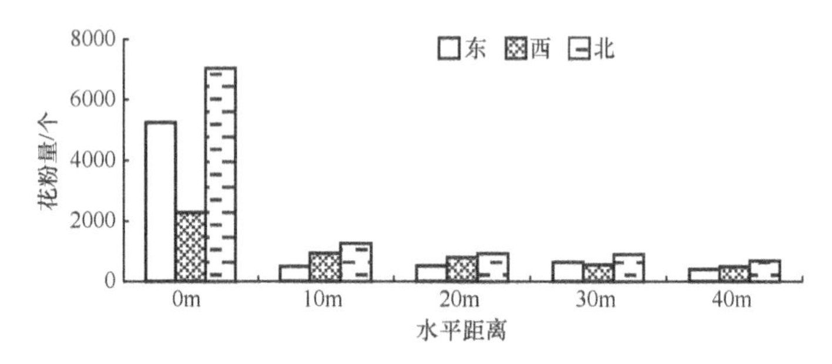

图4-8　高于胡杨雄株树冠1m处水平范围花粉量的空间分布格局

在4月4～8日集中散粉时期，以树冠为中心的地面东、西、南、北方位采集花粉，统计分析单株周围各方位花粉散落的数量。由图4-8可知，每日花粉散落在地面的空间方位不同，花粉散落量也有所不同。共同点为每日花粉散落地面的密度随着离花粉源距离越远密度呈减小的趋势。

4.8　不同贮藏条件下的花粉生活力

在室温（20℃）、冰箱（4℃）贮藏条件下，随着贮藏时间的延长，胡杨、灰杨具活力的花粉比例逐渐下降，两个物种都表现出在4℃贮藏条件下的花粉生活力持续时间长于20℃贮藏条件下的花粉生活力（表4-8），说明较低的贮藏温度有利于花粉生活力的保持（李志军等，2002）。在同一贮藏条件下贮藏相同时间，灰杨具生活力的花粉比例高于胡杨，花粉生活力持续时间也长于胡杨，这可能与物种的特性有关。

表4-8　不同贮藏条件下，胡杨和灰杨花粉生活力随时间的变化　（%）

贮藏时间	胡杨花粉TTC染色率		灰杨花粉TTC染色率	
	20℃	4℃	20℃	4℃
1天	62	63.7	81.7	85.3
8天	30.3	37.0	55.0	71.5
12天	11.6	29.1	50.9	55.1
22天	2.4	9.8	40.4	47.7
32天	0	0.2	26.1	32.9
42天	0	0	10.5	25.7
52天	0	0	0	12.6
62天	0	0	0	7.4
72天	0	0	0	0

4.9 讨　　论

4.9.1 胡杨、灰杨种群开花物候特征与生态适应

有研究报道，同一年份胡杨 6 个不同种群开花物候期有差异，但均呈现胡杨雄株开花物候早于雌株、雌株开花期持续时间长于雄株、雌雄开花重叠期较长的开花物候特征（周正立等，2005；买尔燕古丽·阿不都热合曼等，2008），雌株开花相对集中程度高于雄株，而个体花期平均持续时间雄株长于雌株（张昊等，2007）。比较同一立地条件下胡杨、灰杨种群不同年份间开花物候的差异，发现不同年份间胡杨、灰杨开花物候均表现出雄株开花物候早于雌株，雌株开花期时间长于雄株，雌雄开花重叠期较长的开花物候特征；胡杨种群在各年份的开花物候始期都早于灰杨，表明两物种在开花物候方面存在种间差异。在各年份，胡杨、灰杨均表现出雄株开花物候早于雌株，但它们的种群开花物候期平均天数、单株开花物候期平均天数、单株开花期平均天数均是雌株多于雄株，说明两物种雌株开花物候在时间进程上较雄株占有优势。这种开花物候特点有利于延长种群授粉时间，减少因种群授粉时间太短而遭遇气温骤降、无风天气带来授粉失败的风险。

在种群内，雌雄株开花期能否重叠或重叠期的长短对种群能否完成有性生殖至关重要。胡杨、灰杨种群开花期的时间占种群开花物候期时间的一半以上，且雌雄株有较长时间的重叠，分析认为是种群内不同个体发育的差异导致同性单株间开花期不一致性较高引起的，这种单株开花期的不一致性导致种群的开花期较长，可保证在较长的时间段内都有雄株陆续散粉，确保在不同时间发育成熟的雌花完成受精作用；另外单株开花期的不一致，预示着传粉、授粉相对不集中，这可以避免花期恶劣的自然条件（如急骤降温、大雨等）使传粉、受精这一生殖过程中断，这也是胡杨和灰杨长期适应环境条件所形成的一种生殖策略。

尽管同性单株开花期存在不一致性，但种群存在明显的雌雄株开花高峰，雄株开花高峰早于雌株，但雌雄株开花高峰期还是比较靠近的。对胡杨、灰杨花序、花粉数量特征的研究表明，胡杨雄性单株花序数可达 472 个、花序花粉数达 1 866 747 个；灰杨雄性单株花序数可达 1056 个，花序花粉数达 2 770 988 个，雄性单株提供的花粉量足够多（刘建平等，2004）。我们的研究还证实，胡杨、灰杨的花粉生活力在 20℃条件下分别能保持 22 天、42 天。我们推测，只要花粉能被传到处于开放阶段的雌蕊柱头上，花粉生活力便能维持到雌花进入开花阶段，就能实现受精作用。因此，即使在每日雌雄开花株数比例不协调、雌雄开花高峰不吻合的情况下，胡杨、灰杨种群依然能够通过花粉数量充足、花粉生活力持续时间长、雌雄开花期重叠时间长的策略来有效完成种群有性生殖。

4.9.2 胡杨、灰杨种群开花物候对气温变化的生态适应

同一物种，在气候、生理因素相同的情况下，开花物候主要受遗传控制（张华新和

陈丛梅，2001），而开花物候在年份间出现的变异，可能是年份间的气候变化所引起的（Zimmerman and Gross，1984；肖宜安等，2004）。特别是在植物的各个生长发育期，各种物候的开始日期与其前期气温之间有显著的相关性（Chmielewski and Rötzer，2001；Fitter and Fitter，2002；Zheng et al.，2006；杨丽桃和侯琼，2008；Rosenzweig et al.，2008；常兆丰等，2009；Polgar and Primack，2011；黄文婕等，2017）。我们的研究表明，胡杨、灰杨种群开花物候指标参数与开花物候始期前 10 天、前 1 个月及前 3 个月平均气温存在极显著/显著负相关或不相关，它们对开花物候始期前气温的变化做出响应。在同一立地条件下，胡杨、灰杨种群开花物候始期和终期在 2013～2015 年提前于 2001～2003 年，种群开花物候期天数、种群开花期天数、单株开花物候期平均天数、单株开花期平均天数在 2013～2015 年少于 2001～2003 年。这与 2001～2003 年开花物候始期前平均气温整体上低于 2013～2015 年有关。两物种通过调节开花物候始期、开花物候期和开花期长短等来适应开花物候前后气温的变化。

4.9.3 雄株散粉和花粉生活力特征与生态适应策略

胡杨单株散粉期为 12 天，散粉集中在花粉散布期的前 4 天，从散粉时间上看，表现出昼夜散粉的时间特征和花粉散布时期较长而散粉量相对集中的散布特点。花粉散布时期较长能够避免花粉散布过于集中时遇到不利的气候条件而导致传粉的失败。

已有研究表明，花粉密度的方位差异与散粉期风向有密切关系（吴琼美等，1995），主风面的花粉密度大于其他风面的花粉密度（陈晓阳等，1996），风速对花粉的散出强度起作用（陈晓阳等，1996）。本研究结果表明，胡杨单株花粉可以进行高于树冠一定垂直距离和远离树冠中轴一定水平距离的散布，这对于远距离传粉极为重要。胡杨每日花粉散落地面的空间方位不同，花粉密度也有所不同，这可能与当日的风力、风向及成熟花药数量都有一定的关系。

研究结果显示，胡杨、灰杨完全成熟的花粉在 4℃条件下生活力分别可保持 32 天、62 天。花粉生活力持续时间的长短对是否能有效地完成授粉、受精作用有直接的影响。通过作者对胡杨和灰杨花期物候观察发现，胡杨和灰杨雄株散粉期与雌株可授粉期并不完全重叠，其散粉始期早于可授粉始期 2～4 天。散粉期与可授粉期相差时间越长，越不利于受精作用的完成（周正立等，2005）。在 20℃贮藏条件下胡杨花粉生活力持续 22 天，灰杨花粉生活力持续 42 天，显然胡杨和灰杨是通过花粉生活力持续时间较长来适应花粉散粉期与可授粉期不完全重叠，保证花粉落在柱头上能保持一定的花粉生活力，以便能有效地完成授粉作用。胡杨和灰杨在 20℃贮藏条件下花粉生活力持续时间有所不同，花粉生活力持续时间长的物种能有效地完成授粉、受精作用（李志军等，2002；周正立等，2005），这也反映出胡杨和灰杨繁殖能力方面的差异。对于风媒传粉的胡杨、灰杨，花粉生活力、花粉散布节律等对实现有效的传粉、保证授粉结实的成功具有极其重要的生物学意义。

参 考 文 献

常兆丰, 韩福贵, 仲生年. 2009. 甘肃民勤荒漠区 18 种乔木物候与气温变化的关系. 植物生态学, 33(2): 311-319.

陈晓阳, 李文刚, 潘奇敏, 等. 1996. 杉木种子园花粉空间分布和传播距离的研究. 北京林业大学学报, 18(2): 24-29.

陈晓阳, 沈熙环, 杨萍, 等. 1995. 杉木种子园开花物候特点的研究. 北京林业大学学报, 17(1): 10-18.

黄文婕, 葛全胜, 戴君虎, 等. 2017. 贵阳木本植物始花期对温度变化的敏感度. 地理科学进展, 36(8): 1015-1024.

李志军, 刘建平, 于军, 等. 2003. 胡杨、灰叶胡杨生物生态学特性调查. 西北植物学报, 23(7): 1292-1296.

李志军, 于军, 徐崇志, 等. 2002. 胡杨、灰叶胡杨花粉成分及生活力的比较研究. 武汉植物学研究, 20(6): 453-456.

刘建平, 周正立, 李志军, 等. 2004. 胡杨、灰叶胡杨花空间分布及数量特征研究. 植物研究, (3): 278-283.

买尔燕古丽 • 阿不都热合曼, 艾里西尔 • 库尔班, 阿迪力 • 阿不来提, 等. 2008. 塔里木河下游胡杨物候特征观测. 干旱区研究, 25(4): 524-532.

吴琼美, 樊汝汶, 肖石海, 等. 1995. 杉木花粉生物学的观察. 南京林业大学学报, 19(1): 47-51.

肖宜安, 何平, 李晓红. 2004. 濒危植物长柄双花木开花物候与生殖特性. 生态学报, 24(1): 14-21.

刑世岩, 有祥亮, 李可贵, 等. 1998. 银杏雄株开花生物学特性的研究. 林业科学, 34(3): 51-58.

杨丽桃, 侯琼. 2008. 内蒙古东部地区小叶杨物候变化与气象条件的关系. 气象与环境学报, 24(6): 39-44.

尹林克, 王烨. 1991. 灰杨在吐鲁番地区的生长发育规律. 干旱区研究, 8(3): 56-62.

尹林克, 王烨. 1993. 沙冬青属植物生物学特性研究. 植物学通报, 10(2): 54-56.

张昊, 李俊清, 李景文, 等. 2007. 额济纳绿洲胡杨种群繁殖物候节律特征的研究. 内蒙古农业大学学报(自然科学版), 28(2): 60-66.

张华新, 陈丛梅. 2001. 油松无性系开花物候特点的研究. 林业科学研, 14(3): 288-296.

周正立, 李志军, 龚卫江, 等. 2005. 胡杨、灰叶胡杨开花生物学特性研究. 武汉植物学研究, 23(2): 163-168.

Augspurger C K. 1983. Phenology, flowering synchrony, and fruit set of six neotropical shrubs. Biotropica, 15: 257-267.

Bolmgren K. 1998. The use of synchronization measures in studies of plant reproductive phenology. Oikos, 82(2): 411-415.

Campbell D R. 1989. Measurement of selection in a hermaphroditic plant: variation in male and female pollination success. Evolution, 43(2): 318-334.

Chmielewski F M, Rötzer T. 2001. Response of tree phenology to climate change across Europe. Agricultural and Forest Meteorology, 108(2): 101-112.

Dieringer G. 1991. Variation in individual flowering time and reproductive success of *Agalinis strictifolia* (Scrophulariaceae). American Journal Botang, 78(4): 497-503.

Fitter A H, Fitter R S R. 2002. Rapid changes in flowering time in British Plants. Science, 296(5573): 1689-1691.

Galen C, Stanton M L. 1991. Consequences of emergence phenology for reproductive success in *Ranunculus adoneus* (Ranunculaceae). American Journal Botang, 78(7): 978-988.

Kelly C A. 1992. Reproductive phenologies in *Lobelia inflate* (Lobeliaceae) and their environmental control. American Journal Botany, 79(10): 1126-1133.

Lovett D J, Lovett D L. 1988. Plant reproductive ecology: patterns and strategies. Oxford: Oxford University

Press.
Ollertonn J, Dlaz A. 1999. Evidence for stabilizing selection acting on flowering time in *Arum maculatum* (Araceae): the influence of phylogeny on adaptation. Oecologia, 119(3): 340-348.
Polgar C A, Primack R B. 2011. Leaf-out phenology of temperate woody plants: from trees to ecosystems. New Phytologist, 191(4): 926-941.
Primack R B. 1980. Variation in the phenology of natural populations of montane shrubs in New Zealand. Journal of Ecology, 68: 849-962.
Rathcke B, Lacey E P. 1985. Phenological patterns of terrestrial plants. Annual Review of Ecology and Systematics, 16: 179-214.
Rosenzweig C, Karoly D, Vicarelli M, et al. 2008. Attributing physical and biological impacts to anthropogenic climate change. Nature, 453(7193): 353-357.
Schemske D W. 1977. Flowering phenology and seed set in *Claytonia virginica* (Portulacaceae). Bull Torrey Bot Club, 104(3): 254-263.
Thomson J D. 1980. Skewed flowering distributions and pollinator attraction. Ecology, 61(3): 572-579.
Waser N M. 1978. Competition for hummingbird pollination and sequential flowering in two Colorado wildflowers. Ecology, 59(5): 934-944.
Whitehead D R. 1983. Wind pollination: some ecological and evolutionary perspectives. *In:* Real L. Pollination Biology. Orlando: Academic Press.
Willson M F.1983. Plant reproductive ecology. American Scientist, 71(6): 646-647.
Zheng J Y, Ge Q S, Hao Z X, et al. 2006. Spring phenophases in recent decades over eastern China and its possible link to climate changes. Climatic Change, 77(3-4): 449-462.
Zimmerman M, Gross R S. 1984. The relationship between flowering phenology and seed set in an herbaceous perennial plant, *Polemonium foliosissimum* Gray. American Midland Naturalist, 111(1): 185-191.

第5章　胚胎发育特点

关于杨柳科杨属植物的有性生殖过程早有报道，其中杨属中大叶杨派（Section Leucoides）、青杨派（Section Tacamahaca）、黑杨派（Section Aigeiros）、白杨派（Section Leuce）和胡杨派（Section Turanga）代表树种的大小孢子发生、雌雄配子体发育（Nagaraj，1952；刘玉喜等，1979；Khurana，1980；董源，1982，1988；樊汝汶等，1983；Fan，1984；李文钿和朱彤，1988；朱彤和李文钿，1989a；张志毅和于雪松，2000；李艳华等，2005）、受精过程（董源，1984；李文钿和朱彤，1989；朱彤和李文钿，1989b）、胚乳和胚的发育（樊汝汶和吴琼美，1982；李文钿等，1982）、有性生殖过程的组织化学（朱彤和李文钿，1998b）等方面的研究工作已得到杨属植物共性和规律性的研究结果。关于胡杨胚囊发育及受精作用和胚胎发育的研究已有报道（李文钿和朱彤，1988，1989），但与胡杨同派的灰杨除了花粉生活力（李志军等，2002）、大小孢子发生和雌雄配子体发育（李志军等，2011）的研究报道以外，受精作用、胚和胚乳发育等各个环节还都缺乏研究资料。本章针对灰杨大小孢子发生及雌雄配子体发育、发育进程与花芽形态变化的关系进行研究，探讨灰杨有性生殖特点及过程对环境的适应策略。

5.1　研 究 方 法

在灰杨花芽休眠期、萌动期、开放期和开花期定期采集雌雄花芽和花序，在数码体视显微镜（SMZ1500）下测定花芽和花序长度。以FAA固定液（50%乙醇∶冰醋酸∶甲醛=90∶5∶5）固定保存花芽和花序，采用石蜡切片法制作连续切片，切片厚度8～10μm，以中性树胶封片，OLYMPUS.BH-2型光学显微镜下观察组织切片并拍照。

5.2　胡杨花粉和胚囊发育

李文钿等（1988）用明视野显微镜和荧光显微镜及扫描电镜观察胡杨花粉和胚囊的发育，结果如下。花药4室。表皮宿存；药室内壁发育为纤维状增厚；中层2层，一层在单核花粉时消失，另一层则直至花药开裂前才完全退化；腺质绒毡层，内切向壁上分布着乌氏体。小孢子母细胞减数分裂并非高度同步。胞质分裂为同时型，小孢子四分体为四面体形，少数为左右对称形；胼胝质壁的积累从小孢子母细胞的角隅开始。花粉散出时是2-细胞型。胚珠在发育的早期为双珠被，以后内珠被停止发育，成为单珠被；厚珠心，含1或2个大孢子母细胞；大孢子四分体为直线形或“T”形排列。大孢子发生过程中胼胝质出现于二分体和四分体的横隔壁或纵隔壁，但侧壁（外壁）始终不沉积胼胝质。合点端的第1个或第2个大孢子发育为功能大孢子。胡杨的胚囊属于蓼型胚囊。在胚囊发育过程中珠孔端的珠心组织退化，故成熟胚囊的卵器端直接与珠被和珠孔相接。

5.3 灰杨花药及花粉粒的发育

灰杨成熟花药具4个花粉囊。每个花粉囊由药壁和药室组成，药室中含成熟花粉粒（雄配子体）。花粉粒的发育蕴藏在花药发育过程中。幼嫩的花药由原表皮及其内部的一团基本分生组织构成。花粉囊形成初期，在幼嫩花药四个角隅处的表皮内均分化出孢原细胞，孢原细胞通过一次平周分裂，成内外两层细胞，外层为周缘细胞，内层为造孢细胞（李志军等，2011）。

5.3.1 花粉粒的发育

造孢细胞出现后进行各方向分裂，分裂后的细胞发育为细胞质浓厚、核大、呈多边形的次生造孢细胞，充满整个药室（图5-1A～C）。随后次生造孢细胞发育成为花粉母细

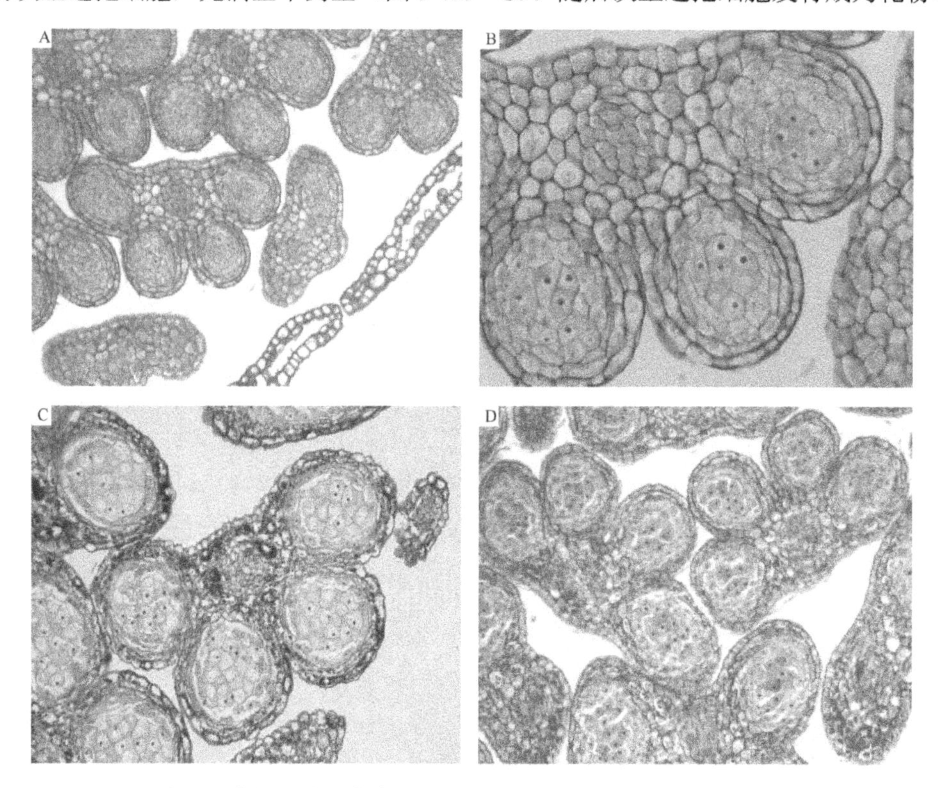

图5-1 灰杨小孢子发生和雄配子体发育（彩图见封底二维码）

A. 花药雏形，示中央的初生造孢细胞（×510）；B. 图A的局部放大，示孢原细胞（×510）；C. 示小孢子母细胞成熟（×165）；D. 小孢子母细胞开始分离的状态（×165）；E. 减数分裂前期Ⅰ，染色丝已明显出现，核仁、核膜存在（×510）；F. 减数分裂中期Ⅰ，示绒毡层细胞进行有丝分裂（×510）；G. 小孢子母细胞减数分裂中期Ⅰ，纺锤体形成，染色体排列在细胞中部的赤道面上（×510）；H. 减数分裂后期（×200）；I. 减数分裂末期Ⅰ，示形成双核细胞，胞质分裂为同时型（×200）；J. 小孢子时期（×510）；K. 成熟花药和花粉粒（×165）；L. 图K的局部放大（×510）

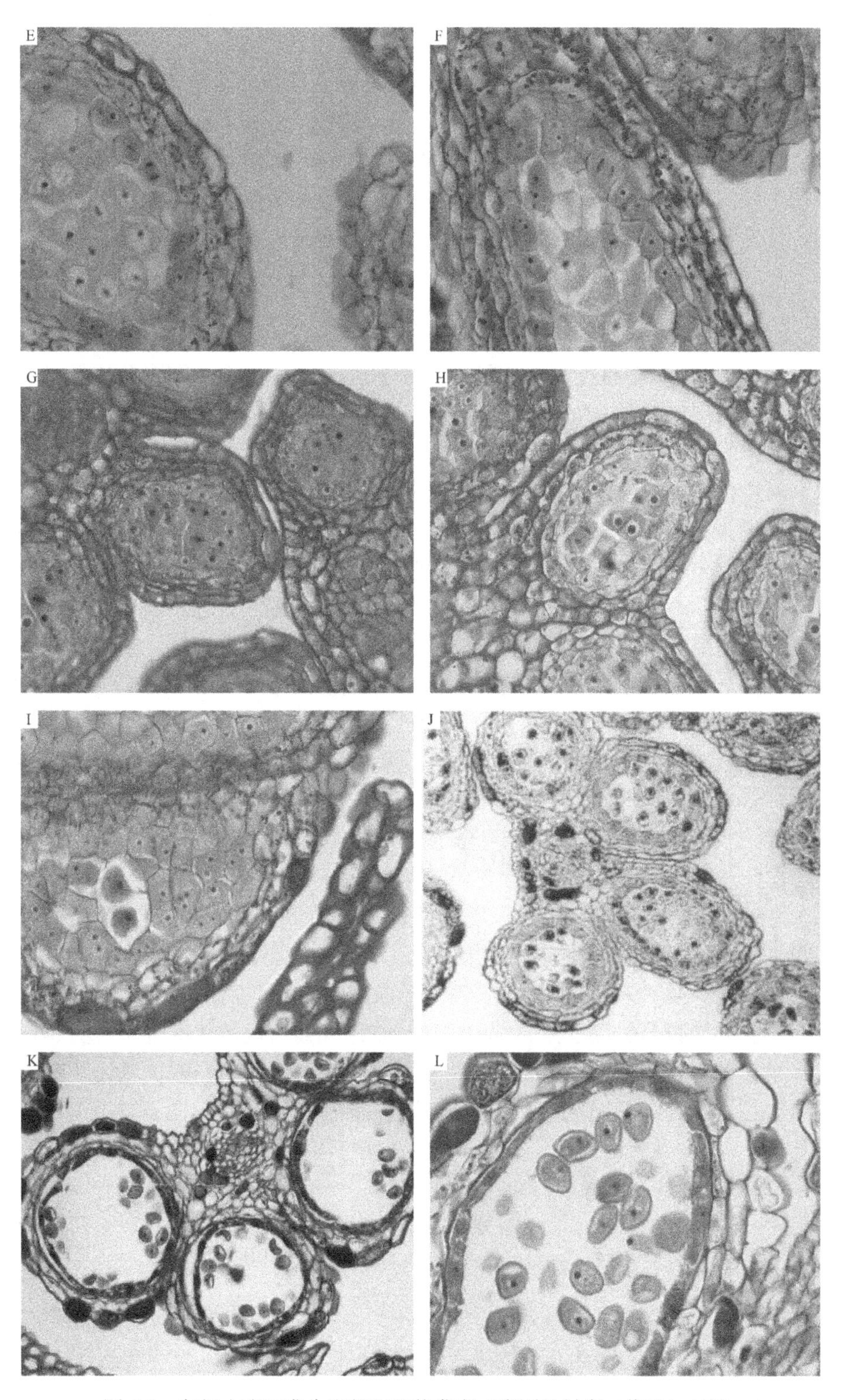

图 5-1　灰杨小孢子发生和雄配子体发育（彩图见封底二维码）（续）

胞（小孢子母细胞）（图 5-1D）。花粉母细胞经减数分裂形成小孢子四分体，为四面体形（图 5-1E～I）。四分体解体后，每个细胞发育成小孢子，即单核花粉粒（图 5-1J）。刚形成的单核花粉粒其细胞核位于细胞的中央，细胞中无明显液泡。随着发育细胞体积不断增大，细胞质明显液泡化，细胞核随之移向一侧。单核花粉粒进行一次有丝分裂，先形成两个细胞核，接着发生不均等的胞质分裂，形成 2-细胞型花粉。其中，大的为营养细胞，呈圆形，小的为生殖细胞，呈新月形。灰杨成熟花粉为 2-细胞型（图 5-1K、L）。

5.3.2 花药的发育

周缘细胞出现后，再进行平周分裂和垂周分裂，产生同心排列的数层细胞（图 5-1A、B）。自外向内依次为药室内壁、中层、绒毡层。分化完成的药壁由 1 层表皮细胞、1 层药室内壁细胞、2 层中层细胞和 1 层绒毡层细胞组成（图 5-1E、F），其发育进程如下所述。

（1）表皮：幼小花药的表皮细胞是扁平的，在花药发育过程中，表皮细胞径向、切向延伸体积增大。至花药成熟时，表皮细胞形态结构明显分化成两类，一类表皮细胞的特征是外切向壁突出呈拱形并有角质层，细胞体积较大，内含黏液物质或晶体状物质（图 5-1K、L），另一类表皮细胞为体积较小的薄壁细胞，间断夹在第一类表皮细胞之间。

（2）药室内壁：在花粉母细胞时期，药室内壁细胞扁平，壁薄，含淀粉粒。在小孢子母细胞减数分裂至花粉粒成熟过程中，淀粉粒被消耗殆尽（图 5-1G、K）。花药成熟时，药室内壁细胞变得不规则趋于退化（图 5-1K、L）。

（3）中层：与药室内壁一样，中层细胞在花粉母细胞时期也含有少量淀粉粒（图 5-1E、F），其中一层在单核花粉粒刚刚形成时即行消失（图 5-1G），另一层则从此时起开始退化，但过程缓慢，2-细胞花粉形成时尚未完全退化（图 5-1K、L），直到花药开裂前才完全退化消失。在此过程中，中层细胞的淀粉粒消耗于小孢子母细胞减数分裂的过程中。

（4）绒毡层：紧挨着花粉母细胞。花药发育的早期绒毡层细胞较小，单核（图 5-1B）。至花粉母细胞阶段，绒毡层细胞体积明显增大，于花粉母细胞减数分裂的同时，绒毡层细胞也进行有丝分裂，产生 2 个细胞核而不形成细胞壁，从而成为双核的（图 5-1E、F）。当小孢子母细胞减数分裂接近完成时，绒毡层细胞开始出现退化的迹象（图 5-1H）；在小孢子（单核花粉）发育过程中它继续自我解体，绒毡层开始在原位退化（图 5-1G），故为腺质绒毡层。到 2-细胞花粉形成时，绒毡层细胞仅留残迹（图 5-1K、L）。

5.4 灰杨胚珠及胚囊的发育

5.4.1 胚珠的发育

胚珠的发育源于胚珠原基细胞分裂分化及细胞生长。对灰杨雌花的连续横切面的观察发现，灰杨雌蕊由 3 心皮组成，侧膜胎座，子房横切面上可以观察到卷合的心皮边缘细胞群直接发育成胚珠原基，即在每个心皮的腹缝线结合处各产生 3～5 个微小的突起，共有 18～21 个（图 5-2A）；在子房的纵剖面，胚珠原基作 18～21 列分布。

随着胚珠原基细胞分裂活动的进行，整个胚珠原基不断增大并出现形态分化，其前端发育为珠心，基部发育为珠柄。珠被的发生较晚，当珠心组织中孢原细胞出现（图 5-2B）时，珠被尚未分化，直到珠心中有胚囊母细胞（大孢子母细胞）出现时依次分化出内外珠被。当外珠被发育至与内珠被处于同一水平时，内珠被便停止发育（图 5-2C），而外珠被继续发育，逐渐超过内珠被但仍低于珠心（图 5-2C～F）；到二分体时期，珠心与珠被基本上等齐（图 5-2I）；到四分体时期外珠被合拢包裹珠心，珠孔出现，故分化完成的胚珠是单珠被（图 5-2P）。

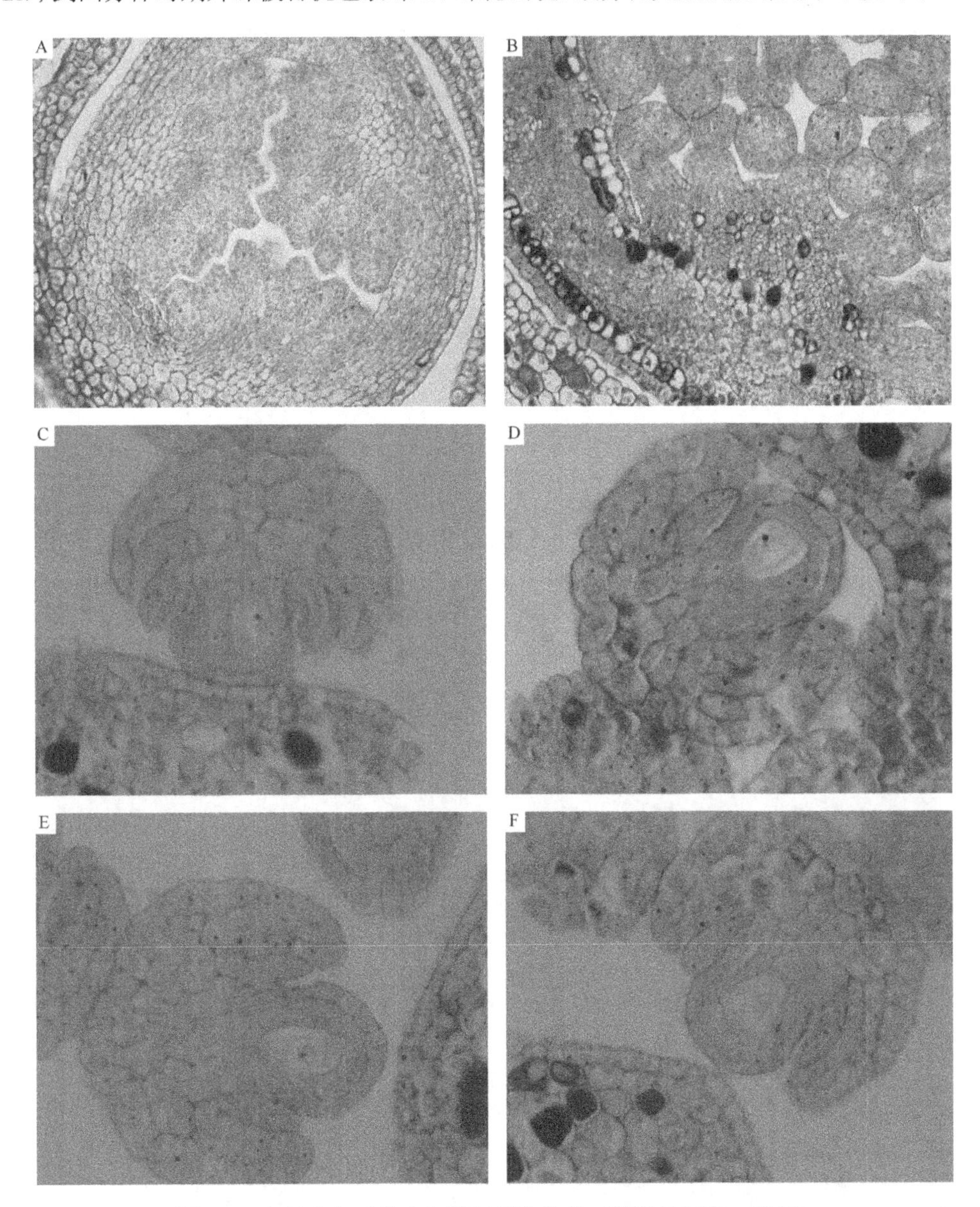

图 5-2　灰杨大孢子发生和雌配子体发育（彩图见封底二维码）

A. 胚珠原基（×165）；B. 孢原细胞（×300）；C. 大孢子母细胞成熟（×510）；D. 大孢子母细胞减数分裂前期Ⅰ，染色体已出现，核仁、核膜存在（×510）；E. 减数分裂前期Ⅰ，染色体变粗，核仁开始解体（×510）；F. 大孢子母细胞减数分裂前期Ⅰ，染色体变短变粗，核仁、核膜消失（×510）；G. 减数分裂中期Ⅰ，纺锤体形成，染色体排列在赤道面上（×165）；H. 减数分裂中期Ⅰ（×510）；I. 减数分裂末期Ⅰ（二分体）（×510）；J. 减数分裂前期Ⅱ（×510）；K. 减数分裂中期Ⅱ（×510）；L. 减数分裂后期Ⅱ（×510）；M. 直线排列四分体，珠孔端 3 个大孢子正在退化（×510）；N. 合点端的功能大孢子（×510）；O. 二核胚囊（×510）；P. 成熟胚囊（×510）

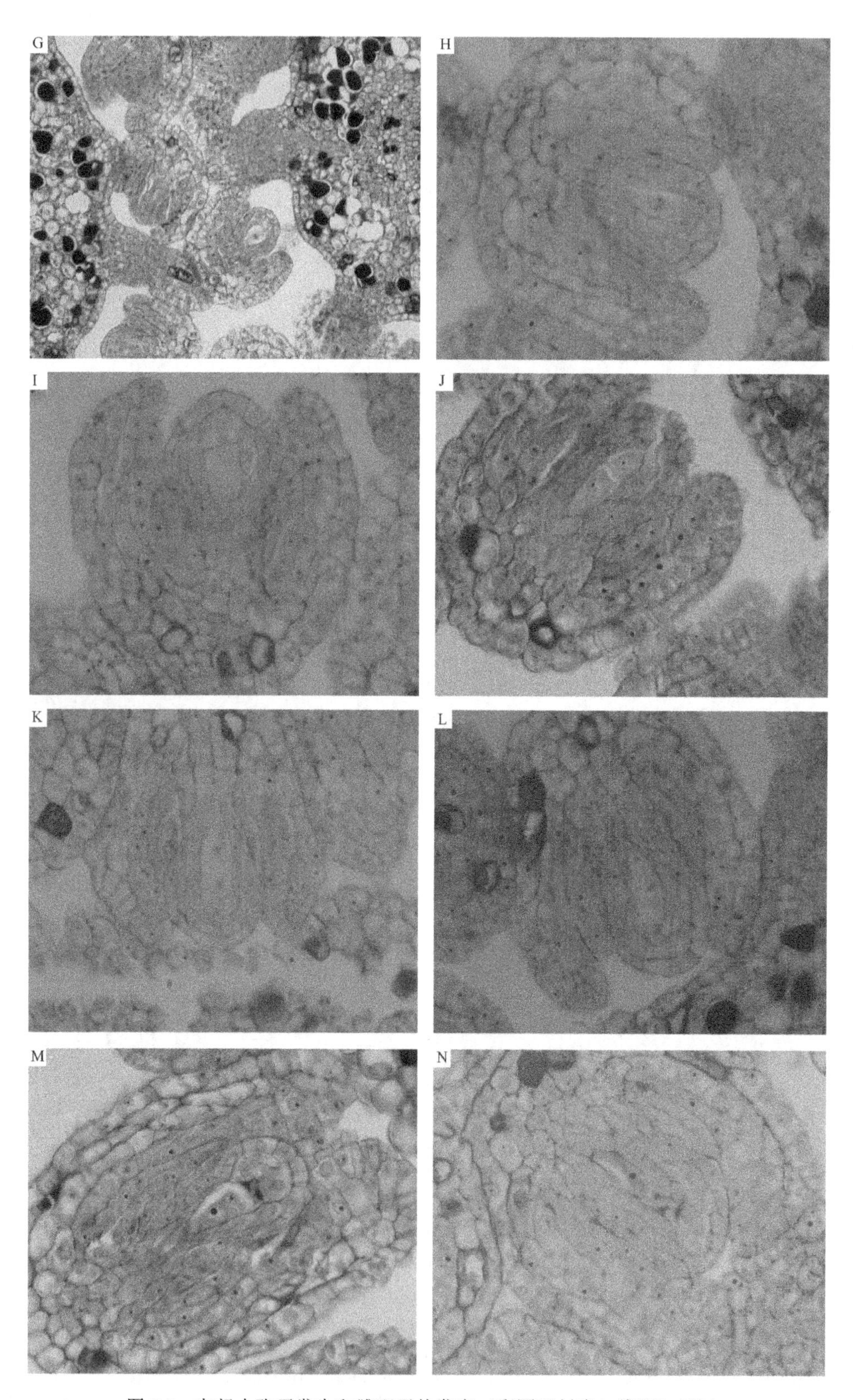

图 5-2　灰杨大孢子发生和雌配子体发育（彩图见封底二维码）（续）

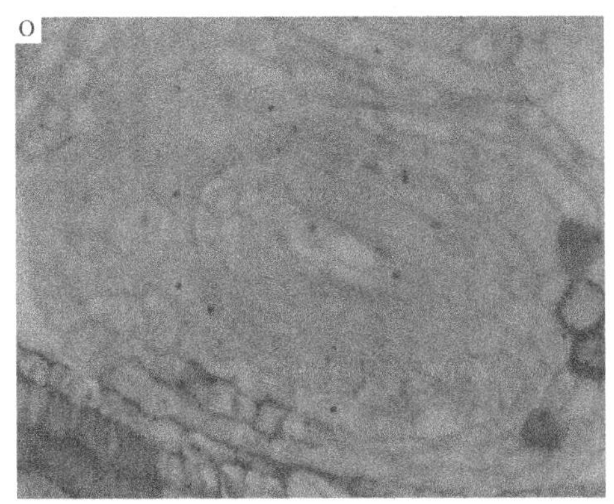

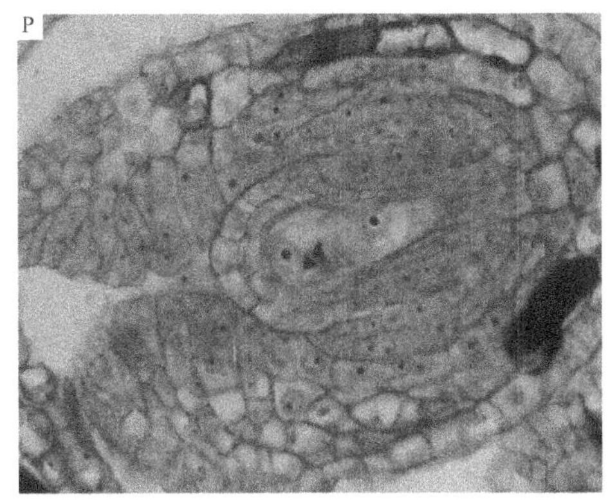

图 5-2　灰杨大孢子发生和雌配子体发育（彩图见封底二维码）（续）

当珠心开始弯曲时，孢原细胞出现（图 5-2B），其细胞质浓厚、细胞核和核仁明显。孢原细胞经平周分裂形成周缘细胞和造孢细胞，周缘细胞不再分裂，直接发育为珠心组织，故在胚囊母细胞和珠心表皮之间有 2 层细胞隔开，属厚珠心胚珠（图 5-2E、F），这时的胚珠是直立的或横卧的；在胚囊母细胞减数分裂的过程中，胚珠的珠孔端向着胎座弯曲，最后整个胚珠倒转，故分化完成的胚珠是单珠被的倒生胚珠。

5.4.2　胚囊的发育

胚囊发育源于珠心中胚囊母细胞的发生发育。胚囊母细胞由珠心内造孢细胞直接发育而来（图 5-2C）；而后胚囊母细胞开始进行第一次减数分裂（图 5-2D～H），形成二分体（图 5-2I），紧接着第二次减数分裂（图 5-2J～L），最后形成直线形排列的四分体；随后，珠孔端的 3 个大孢子退化（图 5-2M），近合点端的一个大孢子体积增大发育为功能大孢子（图 5-2N）。

胚囊母细胞减数分裂全程 5～6 天，其中减数分裂前期 I 持续时间较长，3～5 天，然后快速发育，在 1～2 天内完成其余整个过程。在进入减数分裂 I 之前，可见到胚囊母细胞伸长，比周围的珠心细胞大 5～6 倍，其细胞核明显，有 1 个大而显著的核仁（图 5-2C）；进入减数分裂前期 I，染色体出现并发生一系列变化（图 5-2D、E），最后核仁、核膜消失，进入到终变期（图 5-2F）；随后进入中期，染色体成对排列在赤道板上，纺锤体轴与珠心长轴平行（图 5-2G、H）。由于纺锤丝的牵引，染色体减半移向两极，在两极形成两个子核，细胞质分裂，出现横隔壁，将胚囊母细胞分成两个子细胞，形成减数分裂二分体（图 5-2I），此时珠心与珠被基本上等齐；随后进行第二次分裂，分裂方向与第一次相同，最后形成单倍体大孢子四分体，呈直线形排列。在此过程进行的同时，珠被细胞也进行平周和垂周分裂，珠被由初期的 2 层细胞变为 4～5 层细胞，并将珠心包围，留下一珠孔，此时胚珠已基本倒转（图 5-2M）。

减数分裂 II 完成后，直线形排列的大孢子四分体中近合点端的 1 个大孢子是具功能的，近珠孔端的 3 个大孢子相继退化消失（图 5-2M、N）。在 3 个大孢子退化的同时，功能大孢子体积增大（图 5-2M、N），细胞核明显增大，发育为单核胚囊。单核胚囊形成后，进行第一次有丝分裂，形成二核胚囊（图 5-2O），随后两次连续的有丝分裂，先后形成四核胚囊和八核胚囊（图 5-2P），由此表明灰杨胚囊的发育类型属蓼型。在胚囊发育过程中，合点端的珠心组织发育良好，珠心细胞的细胞质浓厚，而珠心端的珠心组织则开始退化（图 5-2N～P）。从大孢子母细胞开始减数分裂至胚囊发育成熟，历时 7～8 天。

5.5 花药、花粉粒发育进程与雄花形态变化

从表 5-1 可看出，花药发育始于花芽休眠期，此阶段花芽形态没有变化。从花芽开始膨大到花芽鳞片裂开的阶段为花芽萌动期，该阶段雄花芽明显增大，其对应着花粉母细胞出现到花粉母细胞完成减数分裂的全过程，该过程在雄株开花物候期中占据较长的时间（近一个月）；进入花芽开放期，雄花序进行伸长生长并下垂，是花序形态变化最为明显的时期，其对应着单核花粉粒形成并发育为成熟花粉粒的过程，该过程在雄株开花物候期中占据一周的时间；至开花期（散粉期）花序长度不再变化，其对应着花药开裂、花粉散出，该过程仅需 2 天。

表 5-1　花药、花粉粒发育进程与雄花形态变化间的关系

开花物候期	花芽、花序形态特征	花药、花粉发育进程
2009 年 12 月 10 日至 2010 年 3 月 3 日，花芽休眠期	花芽较小，花芽长 0.57cm	花药原基发生到初生造孢细胞出现
2010 年 3 月 3～15 日，花芽萌动期	花芽开始膨大，花芽长 0.86cm	花粉母细胞出现
2010 年 3 月 19～30 日，花芽萌动期	花芽膨大至芽苞鳞片开裂，花芽长 0.10cm	花粉母细胞进入减数分裂阶段
2010 年 3 月 30 日至 5 月 5 日，花芽开放期	花序从鳞片中伸出进行伸长生长，花序长由 1.12cm 至 3.51cm	单核花粉粒形成时期
2010 年 5 月 5～7 日，花芽开放期	花序下垂，花序长由 3.51cm 至 5.29cm	单核花粉粒发育为成熟花粉粒时期
2010 年 5 月 7～8 日，开花期	雄花散粉，花序长达 7.29cm	花药开裂，2-细胞花粉散出

5.6 胚珠、胚囊发育进程与雌花形态变化

从表 5-2 可看出，胚珠发育始于花芽萌动期，此阶段雌花芽长度明显增大，其对应着胚珠原基发生到孢原细胞出现，该过程在雌株开花物候期中占据较长的时间（近一个月）；进入花芽开放期，是花序形态变化最为明显的时期，其对应着胚囊母细胞出现到胚囊母细胞完成减数分裂形成单核胚囊的全过程，该过程在雌株开花物候期中占据一周多的时间；至雌花开花期，花序下垂，花序长度、柱头表面积达最大，其对应着单核胚囊发育为成熟胚囊的时期，该过程仅需 2 天。

表 5-2　胚珠、胚囊发育进程与雌花形态变化间的关系

开花物候期	花芽、花序形态特征	胚珠、胚囊发育进程
2010 年 3 月 7 日至 5 月 3 日，花芽萌动期	花芽开始膨大至鳞片开裂，花芽长由 0.22cm 至 0.98cm	胚珠原基发生到孢原细胞出现
2010 年 5 月 5～7 日，花芽开放期	花芽鳞片开裂花序伸出进行伸长生长，花序由 0.98cm 伸长至 2.67cm，柱头直径由 0.58cm 增大到 0.93cm	胚囊母细胞发生时期
2010 年 5 月 7～12 日，花芽开放期	花序停止伸长生长至开始下垂，花序由 2.67cm 伸长至 5.27cm 并下垂，柱头直径由 0.93cm 增大到 2.85cm	胚囊母细胞减数分裂形成单核胚囊时期
2010 年 5 月 12～15 日，开花期	花序下垂，花序长度达最大，柱头达最大表面积，直径 3.5～5.5cm	由单核胚囊发育为成熟胚囊时期

5.7 讨　论

5.7.1 灰杨大小孢子发生及雌雄配子体发育具有杨属植物的特征

已有研究报道，杨树的花药壁分为 4 层，由表及里依次为表皮层、药室内壁、中层和绒毡层（董源，1982；樊汝汶和吴琼美，1982；李文钿和朱彤，1988）。花粉母细胞的减数分裂为同时型（刘玉喜等，1979；董源，1982；樊汝汶和吴琼美，1982；樊汝汶等，1983；李文钿和朱彤，1988），四分体小孢子大多呈四面体形，少左右对称形（董源，1982；樊汝汶和吴琼美，1982；李文钿等，1982；李文钿和朱彤，1988；朱彤和李文钿，1988）。刚形成的小孢子体积很快增大，渐渐变为圆形，细胞质增多，并开始液泡化，核增大，从中央移到边上（樊汝汶和吴琼美，1982），成熟花粉属于 2-细胞型（董源，1982；樊汝汶和吴琼美，1982；李文钿等，1982）。灰杨花药具 4 个花粉囊，花药壁由表皮、药室内壁、中层（2 层）和绒毡层组成，绒毡层为腺质型。花粉母细胞减数分裂后胞质分裂为同时型，四分体为四面体型，成熟的花粉粒为 2-细胞型。灰杨小孢子发生及雄配子体发育具有杨柳科杨属植物的特征。

杨柳科杨属植物珠被的发育类型多样化，可归纳为以下 3 种类型。①无珠被，如颤杨（Nagaraj，1952）、意大利杨和日本山杨（Kimura，1950）。②双珠被，加拿大杨胚珠具有不够发达的内珠被和外珠被（Graf and Beih，1921）。③单珠被，一种情况是胚珠无论幼时还是成熟时，明显的为单珠被，如欧洲山杨和银白杨（Graf and Beih，1921）、毛白杨（董源，1984）具有这种单珠被发育模式；另一种情况是胚珠在发育的早期为双珠被，以后内珠被停止发育或退化，成为单珠被，如三角叶杨（Nagaraj，1952）、大叶杨（朱彤和李文钿，1989a）和胡杨（李文钿和朱彤，1988）胚珠的发育过程，都可以观察到由双珠被向单珠被转化的现象。有学者提出，根据生物发生规律，即生物在个体发育过程中，重现其祖先的主要发育阶段的规律，可以认为杨属植物的古老祖先是具双珠被的（朱彤和李文钿，1989）。对灰杨胚珠结构和发育过程的研究结果表明，大孢子母细胞减数分裂前依次分化出内外珠被，当外珠被发育至与内珠被处于同一水平时，内珠被便开始退化，外珠被继续发育并包裹珠心，形成珠孔，故成熟胚囊为单珠被；这与同组的胡杨及黑杨组的三角叶杨、青杨组的大叶杨的珠被发育模式是一致的，即胚珠在发育的早期为双珠被，以后内珠被停止发育或退化，成为单珠被。

Graf 和 Beih（1921）研究指出，杨柳科杨属植物的胚囊类型为双孢子八核的类型（葱型），Nagaraj（1952）观察认为杨属植物的胚囊类型属于单孢子八核。Kimura（1938，1963）先后对杨柳科中分类地位平行的不同属的四个种进行观察，验证杨柳科的胚囊属于蓼型的观点；对毛白杨（董源，1985）、胡杨（李文钿和朱彤，1988）和大叶杨（朱彤和李文钿，1989a）胚囊发育的观察都证实，杨柳科的胚囊类型为蓼型。对灰杨胚囊发育的研究显示，在胚囊母细胞减数分裂之后，形成直线排列的四分体，但只有合点端的一个大孢子是具功能的，它的核进行 3 次分裂形成八核，成熟的胚囊有 1 个卵细胞和 2 个助细胞形成的卵器、3 个反足细胞和 2 个极核，证明灰杨的胚囊类型属于蓼型，与同派的胡杨及其他白杨组和青杨组植物的胚囊发育类型相同。这一研究结果，为杨柳科胚囊发育类型的确定提供了新的资料。

5.7.2 灰杨生殖细胞发育进程与生态适应策略

灰杨雌雄开花物候期不同。灰杨雌株开花物候晚于雄株 2～5 天，雄株花药、花粉粒开始发育的时间早于雌株胚珠、胚囊开始发育的时间，特别是性细胞形成过程，从花粉母细胞出现到成熟花粉粒形成是在 3 月 3 日至 5 月 8 日完成的，而胚囊母细胞出现到成熟胚囊形成是在 5 月 5～15 日完成的。花药、花粉粒开始发育的时期较胚珠、胚囊早，发育进程占据的时间也较胚珠、胚囊长。结合花形态变化进一步分析，灰杨花粉母细胞从出现到完成细胞减数分裂过程，是在花芽鳞片张开之前结束的，紧闭的膜质鳞片为花粉母细胞完成减数分裂过程提供了一个较为稳定的外围空间，可以避免该阶段日平均气温较低、气温波动较大对细胞减数分裂的影响。灰杨胚囊母细胞减数分裂过程发生在花芽鳞片张开之后、花序伸出进行伸长生长的阶段。该阶段子房为胚囊母细胞减数分裂过程提供了一个稳定的环境空间，以此避免春季气温的骤然变化对细胞减数分裂的影响。

参 考 文 献

董源. 1982. 毛白杨胚胎学观察 I：花药的结构及花粉的发育. 北京林学院学报, 4(4): 80-92.

董源. 1984. 毛白杨胚胎学观察 II：胚珠、胚囊的构造、受精作用及胚的发育. 北京林学院学报, 6(1): 83-94.

董源. 1988. 毛白杨小孢子发育的电子显微镜研究初报. 北京林业大学学报, 10(增刊): 109-111.

樊汝汶, 黄金生, 李永敬. 1983. 美洲黑杨无性系 I-63 花粉粒的发育和超微结构. 南京林产工业学院学报, (3): 18-23, 168-173.

樊汝汶, 吴琼美. 1982. 响叶杨(*Populus adenopoda* Maxim). 种子发育的胚胎学观察. 南京林产工业学院学报, (3): 116-128.

刘玉喜, 张敦方, 陆志华. 1979. 中东杨(*Populus berolinensis* Dippel.)小孢子的发生. 东北林学院学报, (2): 1-5.

李文钿, 樊汝仪, 麦秀兰. 1982. 小叶杨种子发育的胚胎学观察. 林业科学, 18(2): 113-119.

李文钿, 朱彤. 1988. 胡杨花粉和胚囊的发育. 林业科学研究, 1(2): 132-137.

李文钿, 朱彤. 1989. 胡杨的受精作用和胚胎发育. 林业科学研究, 2(1): 1-8.

李艳华, 马洁, 康向阳. 2005. 白杨大孢子母细胞减数分裂进程及其即时判别. 北京林业大学学报, 27(2): 70-74.

李志军, 焦培培, 王玉丽, 等. 2011. 濒危物种灰叶胡杨的大孢子发生和雌配子体发育. 西北植物学报, 31(7): 1303-1309.

李志军, 于军, 徐崇志, 等. 2002. 胡杨、灰叶胡杨花粉成分及生活力的比较研究. 武汉植物学研究, 20(6): 453-456.

张志毅, 于雪松. 2000. 杨树生殖生物学研究进展. 北京林业大学学报, 22(6): 69-75.

朱彤, 李文钿. 1988. 大叶杨小孢子发生的组织化学观察. 林业科学研究, 1(3): 289-293.

朱彤, 李文钿. 1989a. 大叶杨胚囊及胚珠的形成和发育. 武汉植物学研究, 7(1): 13-20.

朱彤, 李文钿. 1989b. 大叶杨的受精作用和胚胎发育. 植物学报, 31(5): 355-360.

Fan R W. 1984. A comparison study of the development of the ovule and embryo sac of clones of Aigeiros poplars. 南京林业大学学报(自然科学版), (3): 44-50.

Graf J, Beih. 1921. Beiträge zur Kenntnis der Gattung Populus. Bot. Centralb, 37A: 505-555.

Kimura A. 1938. Symbolae iteologicae. Scientific Report, 13: 385.

Kimura C. 1950. On the embryo sac of papulus italica moench. Scientific Report, 16: 355-356.

Kimura C. 1963. On the embryo sac formation of some members of the Salicaceae. Scientific Report, 29: 393-398.

Nagaraj M. 1952. Floral morphology of *Populus deltoids* and *P. tremuloids*. Botanical Gazette, 115(2): 222-234.

第 6 章　生殖构件数量格局特征

在多年生多次结实的乔木树种的生活史中，植物的生殖年龄、生殖频度等是重要的有性生殖特征，花、花序、果实和种子及着生这些器官的生殖枝可被称为生殖构件，每种植物的生殖构件都有一定的分布格局和数量变化动态（Pitelka et al.，1997）。每一种植物都有自己独特的生殖构件形成规律和生殖特征，表现为固有的繁殖能力和属性，这种固有的繁殖能力和属性同时会受到自身发育阶段、环境条件的影响而表现出生殖构件空间分布格局和数量的动态变化（王建等，2000；边才苗，2005）。本研究以塔里木河、叶尔羌河、和田河沿岸分布的胡杨、灰杨不同种群为研究对象，探讨不同生境条件下两个物种的生殖特征及其生态适应策略。

6.1　研 究 方 法

6.1.1　生殖枝、花芽数量及空间分布调查

在新疆阿拉尔市第一师九团胡杨灰杨混交林，选择有代表性的样地 3 块，样地面积 20m×50m，对样地内林木进行每木检尺。根据各样地林木平均胸径、平均树高计算结果，按照误差不超过±5%的原则在各样地选择雌、雄标准木各 5 株，每个样地所选标准木视为一组，3 个样地视为重复。测定各标准木的树高及活枝下高，进而求出各标准木的冠长（树高—活枝下高）（Delph，1993），并据之将树冠冠长均分为上、中、下 3 层。在各标准木树冠上、中、下层选取标准枝，调查树冠各层次标准枝上生殖枝的数量，并随机抽取 30 个生殖枝统计每生殖枝花芽数量（张肖等，2017）。

6.1.2　花数量及空间分布调查

在塔里木河上游第一师九团、第一师十三团及第一师十六团，塔里木河中游轮台县，叶尔羌河中游第三师四十四团、第三师四十八团，叶尔羌河下游阿瓦提县天然林，选择有代表性的地段设立标准地，标准地面积 0.25hm^2。对标准地内林木按性别进行每木检尺，确定其平均胸径与平均树高。在每个标准地内按与平均胸径相差不超过±5%、冠形匀称、无偏冠及大的枯梢与枯枝现象的标准，选择雌、雄标准木各 30 株。标准地林分调查因子及立地条件见表 6-1。

于 3 月下旬至 4 月中旬开花期，在各标准地调查测定各标准木的树高、最低花位、集花区下限、集花区上限及最高花位（植株上最高的花、最低的花和花量最大的高度），并从各标准木上随机采集花序 4 枚，储于玻璃瓶中，带回室内，对花序花朵数、花朵花药数、花药花粉量分别计数、统计；单株花序量采用标准枝法测定（刘建平等，2004）。

表 6-1 标准地林分调查因子及立地条件

树种	种群地点	林龄/年	平均树高/m	平均胸径/cm	地下水位/m	有机质含量/%	总盐含量/%
胡杨	第一师九团	30	7.24	13.45	1.94	1.25	0.19
	阿瓦提县-1	54	7.39	11.17	1.33	0.86	0.14
	阿瓦提县-2	44	7.21	10.79	1.58	0.88	0.14
	第一师十三团	53	10.04	11.52	3.81	1.44	4.50
	轮台县-1	42	11.35	14.24	2.19	0.87	0.15
	轮台县-2	85	7.49	23.80	7.2	1.03	2.53
	轮台县-3	70	9.05	23.86	5.23	0.95	1.77
灰杨	第一师九团	30	7.68	13.67	1.94	1.25	0.19
	阿瓦提县	60	7.64	16.21	3.45	1.05	0.12
	第一师十六团	44	8.80	14.14	1.74	0.87	1.86
	第三师四十四团	62	10.31	16.22	4.00	0.47	0.46
	第三师四十八团	64	14.63	23.00	1.50	1.33	0.11

6.1.3 果穗数量及空间分布调查

于 8 月中下旬果实成熟期，在上述标准地，按南北两个方向调查标准木树冠上、中、下层果穗数量，同时在树冠上、中、下层各采摘 2 枚果穗，统计单株平均果穗数、平均果穗果实数、平均果穗种子量、平均单果重、平均单果种子量、果实坐果率及种子千粒重（刘建平等，2004）。

6.1.4 生殖枝、花芽形态和养分含量测定

生殖枝形态测定：每个层次随机抽取 30 个生殖枝，测量生殖枝基径、生殖枝长度，统计每枝生殖枝花芽数量。

花芽形态测定：结合生殖构件调查，于 2010 年 12 月 10 日（T1）、2011 年 1 月 10 日（T2）、2011 年 2 月 10 日（T3）、2011 年 3 月 10 日（T4）、2011 年 4 月 10 日（T5）5 个时期（T1～T5 为胡杨花芽休眠期至花芽萌动期），在同组标准木按照上层、中层、下层分别取花芽 30 个，测定花芽长度、宽度（花芽最宽处）。

生殖枝、花芽养分含量测定：将同组标准木同一层次的生殖枝、花芽分别放在 80℃恒温条件下烘干至恒重，采用凯氏法、钼蓝比色法、火焰光度计法分别测定其 N、P、K 养分含量。

6.1.5 数据分析

对花、果数据按单因素进行方差分析，并采用 Q 检验法进行多重比较。应用 SPSS16.0 统计软件对树冠不同层次的生殖枝、花芽形态指标及养分指标进行单因素方差分析；对不同时期花芽形态指标与养分含量（N、P、K）进行相关性分析，相关系数采用 Pearson 系数。

6.2 生殖枝数量格局特征

胡杨雌、雄株树冠南侧生殖枝数量大于北侧生殖枝数量，但胡杨雄株树冠各层次间南北侧生殖枝之间差异不显著，而雌株树冠中层南侧标准枝上生殖枝数量显著大于北侧。树冠垂直方向上，胡杨雌、雄株标准枝上平均生殖枝数量均表现出中层＞下层＞上层，但雄株上层与中层之间存在着显著性差异（$P<0.05$），而雌株各层间差异不显著（表 6-2）。表明胡杨雄株生殖枝数量受垂直空间分布影响较大，受南北方向影响较小；雌株生殖枝数量受垂直空间分布影响较小，受南北方向影响较大，中层尤为显著（$P<0.05$）。灰杨雌、雄株表现为类似的结果（表 6-3）。

表 6-2　胡杨树冠各层次间生殖枝数量比较　　（单位：个/标准枝）

树冠层次	胡杨雄株			胡杨雌株		
	南侧	北侧	平均	南侧	北侧	平均
上层	51.50 a	46.33 a	48.92（a）	109.50 a	83.33 a	96.42（a）
中层	82.50 a	76.00 a	79.25（b）	132.83 b	77.33 a	105.08（a）
下层	62.67 a	42.50 a	52.58（ab）	119.50 a	86.67 a	103.08（a）
平均	65.56 a	54.94 a	60.25 [a]	120.61 b	82.44 a	99.86 [b]

注：“()”外不同字母表示同一行同一性别内南、北侧差异显著（$P<0.05$）；“()”内不同字母表示同一性别树冠各层之间差异显著（$P<0.05$）；“[ ]”不同字母表示雌、雄株差异显著（$P<0.05$）

表 6-3　灰杨树冠各层次间生殖枝数量比较　　（单位：个/标准枝）

树冠层次	灰杨雄株			灰杨雌株		
	南侧	北侧	平均	南侧	北侧	平均
上层	72.75 b	56.00 a	64.38（a）	69.80 b	36.80 a	53. 30（a）
中层	160.00 a	91.00 a	125.50（b）	87.00 b	60.33 a	73.66（a）
下层	101.67 b	69.50 a	85.58（ab）	60.67 a	49.61 a	55.14（a）
平均	111.47 a	72.17 a	91.82 [a]	72.49 b	48.91 a	60.70 [a]

注：“()”外不同字母表示同一行同一性别内南、北侧差异显著（$P<0.05$）；“()”内不同字母表示同一性别树冠各层之间差异显著（$P<0.05$）；“[ ]”不同字母表示雌、雄株差异显著（$P<0.05$）

6.3 花芽数量格局特征

对胡杨每生殖枝花芽数的调查结果表明（表 6-4），胡杨雄株每枝花芽数在树冠上、下层之间存在显著差异（$P<0.05$），但花芽在生殖枝上所占比例树冠各层间差异不显著；胡杨雌花芽数及花芽在生殖枝上所占比例在树冠各层间均不存在显著差异。胡杨雄花芽数量和花芽所占比例显著高于对应同一层次雌株。从表 6-5 可以看出，灰杨雌、雄株每枝花芽数和花芽在生殖枝上所占比例在树冠上、中、下层均无显著差异；在树冠同一层次，灰杨雄花芽数显著多于雌株，花芽在生殖枝上所占比例在树冠同一层次间无显著差异。

表 6-4 胡杨雌雄株生殖枝着生花芽数量比较

树冠层次	雄花芽		雌花芽	
	数量/个	比例/%	数量/个	比例/%
上层	5.63 b（b）	72.84 a（b）	2.31 a（a）	60.00 a（a）
中层	4.53 ab（b）	76.84 a（b）	2.19 a（a）	56.73 a（a）
下层	4.20 a（b）	68.85 a（b）	2.07 a（a）	55.06 a（a）

注：“()”外不同小写字母表示同一列差异显著（$P<0.05$）；“()”内不同小写字母表示同一行雄株数量与雌株数量、雄株比例与雌株比例差异显著（$P<0.05$）

表 6-5 灰杨雌雄株生殖枝着生花芽数量比较

树冠层次	雄花芽		雌花芽	
	数量/个	比例/%	数量/个	比例/%
上层	3.12 a（b）	62.68 a（a）	2.13 a（a）	61.20 a（a）
中层	3.36 a（b）	66.82 a（a）	1.95 a（a）	57.84 a（a）
下层	3.38 a（b）	65.13 a（a）	1.84 a（a）	57.41 a（a）

注：“()”外不同小写字母表示同一列差异显著（$P<0.05$）；“()”内不同小写字母表示同一行雄株数量与雌株数量、雄株比例与雌株比例差异显著（$P<0.05$）

6.4 花序数量格局特征

胡杨、灰杨花序空间分布格局存在种间差异。由表 6-6 可知，无论是胡杨还是灰杨，其雄株的树高、最低花位、集花区下限、集花区上限、最高花位皆低于雌树，说明这两个种的雌株及其生殖构件在种群中占据有利空间生态位的能力比雄株强。

表 6-6 胡杨和灰杨花空间分布特征

物种	变量	树高		最低花位		集花区下限		集花区上限		最高花位	
		雄株	雌株	雄株	雌株	雄株	雌株	雄株	雌株	雄株	雌株
胡杨	样本数/个	90	90	90	90	90	90	90	90	90	90
	最小/m	4.50	5.25	1.95	3.30	2.40	3.90	3.45	4.50	3.75	4.80
	最大/m	15.45	19.20	10.65	11.55	11.10	11.55	13.95	16.50	14.85	19.05
	平均/m	8.72	9.42	5.18	5.95	6.25	7.04	7.80	8.60	8.39	9.09
	变异系数/%	104.20	103.80	106.00	104.50	105.30	103.50	104.70	103.90	104.30	104.00
灰杨	样本数/个	120	120	120	120	120	120	120	120	120	120
	最小/m	4.95	6.45	1.95	3.45	3.60	4.65	4.35	6.15	4.50	6.45
	最大/m	14.25	17.40	9.90	9.90	10.20	10.95	13.50	15.60	13.95	16.95
	平均/m	8.90	10.24	5.44	6.42	6.22	7.20	8.29	9.47	8.59	9.90
	变异系数/%	103.00	103.20	104.30	103.30	103.60	102.90	103.20	103.00	103.10	103.00

从胡杨和灰杨雌、雄花序在树体上垂直分布重叠区域来分析，胡杨雌、雄花序重叠区范围为 5.95～8.39m，分别占雌、雄花序分布区的 77.70%和 74.76%；灰杨雌、雄花序重叠区范围为 6.42～8.59m，分别占雌、雄花序分布区的 62.35%和 68.89%，说明胡杨和灰杨雌、雄花序垂直分布范围较广，而且雌、雄花序垂直分布都有较大的重叠区域。从集花区范围来看，胡杨雄花集花区范围为 6.25～7.8m，100%在雌、雄花序重叠区之内，雌花序集花区分布范围为 7.04～8.6m，55.32%在雌、雄花序重叠区内；灰杨雄花序集花区为

6.22～8.29m，100%的集花区在雌、雄花序重叠区内，雌花序集花区为 7.20～9.47m，64.05%的集花区在雌、雄花序重叠区内，这表明重叠区内有较多的雌、雄花序分布。

表 6-7 表明，胡杨和灰杨同一性别花序在树冠上不同层次的分布有相似的规律，即雄花序在树冠中层居多，上层次之，下层最少，两个物种中层和上层雄花序分别占雄株总花量的 90.83%、94.89%；雌花序则是在树冠上层分布最多，中层次之，下层最少，两个物种中层和上层雌花序分别占雌株总花量的 92.10%、94.64%。这一分布格局的形成对其光合作用、传粉授粉及果实发育都极为有利。

表 6-7　胡杨和灰杨不同冠层雌、雄花序分布比例　（%）

性别	树种	树冠上层	树冠中层	树冠下层	总计
雄株	胡杨	25.9	64.93	9.17	100
	灰杨	45.46	49.43	5.11	100
雌株	胡杨	54.57	37.53	7.9	100
	灰杨	51.01	43.63	5.36	100

同一物种不同种群间花序空间分布格局也存在差异。由表 6-8 可知，胡杨和灰杨的树高在不同种群间差异显著。胡杨雄株最低花位、集花区下限、集花区上限除阿瓦提县与各种群间差异显著外，其余各种群间差异均不显著，而最高花位表现为各种群间差异显著，这一结果表明胡杨雄株最高花位更易受环境条件的影响。胡杨雌株最低花位、最高花位除阿瓦提县与其余种群间差异显著外，其余各种群间差异不显著，并且集花区下限、集花区上限各种群间均表现为差异不显著。这表明胡杨雌株集花区范围是相对稳定的，不易受环境条件的影响。灰杨雄株最低花位、雌株最高花位表现为第一师十六团与其余各种群间差异显著，其余各种群间差异不显著；雄株集花区下限和集花区上限分别是第一师十六团与第三师四十八团、阿瓦提县与第一师十六团和第三师四十八团差异显著，其余各种群间差异不显著；雌株集花区下限除第一师十六团与第三师四十八团差异显著、集花区上限除第一师十六团与第三师四十四团差异显著外，其余种群间均差异不显著。这表明灰杨最低花位、集花区、最高花位基本上是相对稳定的，但在特定的环境条件下，也会产生某种变化。

表 6-8　胡杨和灰杨不同种群花序空间分布的比较　（单位：m）

物种	种群	树高		最低花位		集花区下限		集花区上限		最高花位	
		雄株	雌株	雄株	雌株	雄株	雌株	雄株	雌株	雄株	雌株
胡杨	阿瓦提县	6.77 c	7.13 c	0.53 b	0.61 b	0.64 b	0.73 a	0.84 b	0.90 a	0.93 c	0.95 b
	第一师十三团	7.85 b	9.77 b	0.62 a	0.63 a	0.76 a	0.76 a	0.91 a	0.93 a	0.99 a	0.98 a
	轮台县	11.56 a	11.35 a	0.63 a	0.66 a	0.74 a	0.77 a	0.91 a	0.92 a	0.96 b	0.97 a
灰杨	阿瓦提县	7.18 d	8.27 d	0.61 a	0.62 bc	0.69 ab	0.70 ab	0.92 b	0.93 ab	0.95 a	0.97 b
	第一师十六团	7.87 c	8.90 c	0.55 b	0.58 c	0.67 b	0.68 b	0.94 a	0.94 a	0.97 a	0.98 a
	第三师四十八团	11.34 a	13.5 a	0.65 a	0.64 ab	0.73 a	0.70 a	0.94 a	0.92 ab	0.97 a	0.96 b
	第三师四十四团	9.22 b	10.3 b	0.65 a	0.67 a	0.71 ab	0.73 a	0.93 ab	0.91 b	0.96 a	0.96 b

注：最低花位、集花区下限、集花区上限、最高花位均采用树高的相对值。同一列不同小写字母表示各种群间差异显著（$P<0.05$）

胡杨雄株的单株花序数、花序花朵数、花药花粉数种群间差异均不显著（表 6-9），而花朵花药数、花序花粉数却表现为阿瓦提县与其他群间差异显著，这说明胡杨单株花序数与花序花朵数、花药花粉数是相对稳定的因子，不易受外界环境条件的影响，而花朵花药数、花序花粉数易受环境条件的影响。

表 6-9 胡杨和灰杨不同种群花数量的比较 （单位：个）

物种	性别	种群	单株花序数	花序花朵数	花朵花药数	花药花粉数	花序花粉数
胡杨	♂	阿瓦提县	385.79 a	26.59 a	25.91 a	3 141.81 a	2 164 038 a
		第一师十三团	475.45 a	25.88 a	20.94 b	2 896.07 a	1 569 456 b
		轮台县	557.02 a	27.80 a	21.73 b	—	—
	♀	阿瓦提县	383.82 a	20.28 a	—	—	—
		第一师十三团	447.65 a	20.19 a	—	—	—
		轮台县	765.82 a	22.73 a	—	—	—
灰杨	♂	阿瓦提县	934.63 a	37.53 a	27.22 a	2 631.19 c	2 688 548 b
		第一师十六团	1 134.32 a	29.36 b	27.49 a	4 370.05 a	3 526 467 a
		第三师四十八团	1 237.32 a	26.60 b	24.38 b	4 174.33 a	2 707 200 b
		第三师四十四团	919.43 a	25.29 b	25.59 ab	3 339.62 b	2 161 737 c
	♀	阿瓦提县	795.39 b	18.33 b	—	—	—
		第一师十六团	1 115.26 a	14.72 c	—	—	—
		第三师四十八团	511.46 b	22.97 a	—	—	—
		第三师四十四团	759.45 b	22.09 a	—	—	—

注：同一树种同一列不同字母表示同一性别各种群间差异显著（$P<0.05$）

灰杨雄株的单株花序数各种群间差异不显著（表 6-9），表明灰杨雄性单株花序数是一个相对稳定的因子，不易受环境条件的影响。灰杨雄株花序花朵数表现为阿瓦提县与各种群间差异显著，其余差异不显著；花朵花药数表现为阿瓦提县、第一师十六团与第三师四十八团差异显著，其余两两间差异不显著；花药花粉数表现为第一师十六团与第三师四十八团差异不显著，与其他种群间差异显著；花序花粉数除阿瓦提县与第三师四十八团差异不显著外，其余种群间均差异显著。灰杨雌株的单株花序数表现为第一师十六团与其他种群间差异显著，其余种群间均差异不显著；花序花朵数除第三师四十八团与第三师四十四团差异不显著外，其余两两种群间均差异显著。

6.5 果实数量格局特征

从图 6-1 和图 6-2 可看出，胡杨总果穗数中树冠上层占 70%，中层占 24.37%，下层占 5.63%；灰杨总果穗数中树冠上层占 76%，中层占 19.36%，下层占 4.64%，胡杨和灰杨果穗数量均是树冠上层高于中层和下层，这与雌花序数量垂直空间分布规律是一致的。从南北方位看，胡杨和灰杨树冠南侧分别占 58.23%和 54.63%，两个种均表现为南向结实量高于北侧，表明胡杨和灰杨单株果穗在树冠上的空间分布与光照存在一定的关系。

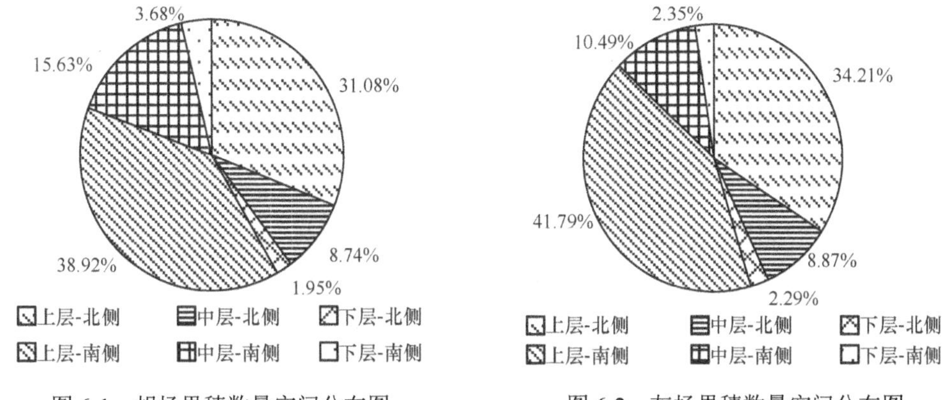

图 6-1　胡杨果穗数量空间分布图　　　　图 6-2　灰杨果穗数量空间分布图

树冠同一层的花序、果穗在各自总量中所占的比例（图 6-3，图 6-4），以及花序发育为果穗的成果率（比例），胡杨和灰杨均表现为树冠上层＞中层＞下层。调查还发现，在花期均有花序分布的第三师四十四团、第三师四十八团、轮台县天然林，到果实成熟期第三师四十四团灰杨林只有树冠上层有果穗分布，而第三师四十八团灰杨林和轮台县胡杨林树冠上、中、下层则均无果穗分布。分析其原因可能主要是 2001 年花期遇到低温，导致开花物候较早的种群的花粉呈水渍状，不能散粉，进而影响到传粉、受精和果实的形成；其次可能是地下水位和土壤含水量低（第三师四十四团、轮台县）及林分密度大（第三师四十八团）、营养竞争等因素综合作用的结果。这说明环境因子对果穗的形成及对果穗数量空间分布有着较大的影响。

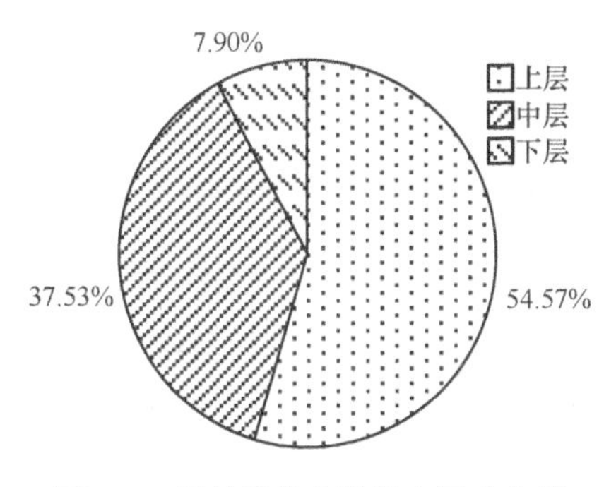

图 6-3　胡杨雌花序数量空间分布图

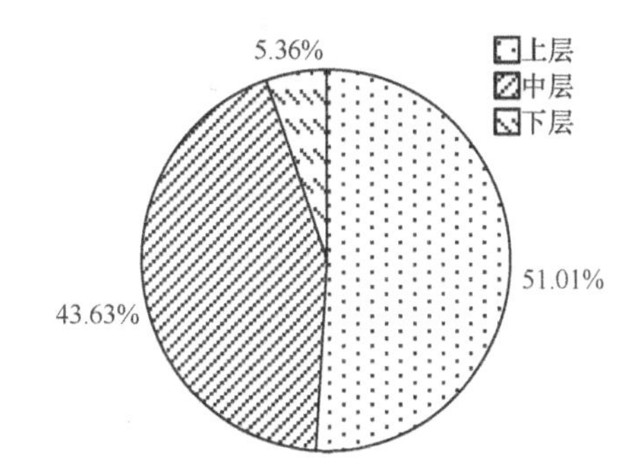

图 6-4　灰杨雌花序数量空间分布图

6.6　果实数量格局的种间差异

单株果穗数与生殖枝、花芽、花序数量有关。表 6-10 显示，胡杨、灰杨果穗数在树冠不同层次间有显著差异。分析认为，雌株生殖枝、花芽数量不存在垂直空间差异的情况下，果穗数量在树冠垂直空间上的差异与雌花序在树冠垂直空间的数量特征有直接的关系。灰杨果实坐果率在树冠上层显著高于中层和下层，果穗果实数也同样表现为树冠上层显著高于中层和下层，果实坐果率是影响果穗果实数的直接因素。研究结果初步说明，树冠上层的花芽转化为花序、果穗优势强于中层和下层，可能与光照、养分的优势有关。

表 6-10　胡杨和灰杨果实空间分布数量的比较

物种	层次	果穗数/个	果穗果实数/个	果穗种子量/g	单果种子量/g	果实坐果率/%	单果重/g
胡杨	上层	291.5 a	18.6 a	901.4 a	49.3 a	89.4 a	0.059 a
	中层	101.4 b	18.3 ab	893.4 a	50.7 a	91.5 a	0.057 a
	下层	23.5 c	17.0 b	930.0 a	58.5 a	88.2 a	0.057 a
灰杨	上层	464.8 a	19.1 a	421.1 a	22.1 a	88.8 a	0.023 a
	中层	173.7 b	17.2 b	509.5 a	28.5 a	83.2 b	0.025 a
	下层	41.6 c	17.6 ab	531.0 a	29.3 a	81.4 b	0.022 a

注：同一树种同一列不同字母间差异显著（$P<0.05$）

胡杨和灰杨单株花量是由单株花序数和花序花朵数决定的，单株花序数较低的胡杨是通过较高的花序花朵数保证单株花量，而花序花朵数较低的灰杨则是通过增加单株花序数来保证单株花量。从决定单株种子量的单株果穗数、果穗果实数、单果种子量这三个因素来看（表 6-11），两个种果穗果实数相差不大，胡杨是通过较高的单果种子量来保证一定数量的单株种子量，以弥补单株果穗数的不足；灰杨是通过较多的单株果穗数来保证单株种子量，以弥补单果种子量的不足。显然这与两个种保证一定单株花量的规律是一致的，说明果实的形成及数量特征是以花的形成及数量特征为基础的，也反映出两个种生殖特性及适应环境条件的生殖策略不同。两个种单果重相差较大，这取决于两个种单果种子量和种子千粒重的差异。胡杨 4 个种群种子千粒重均高于灰杨各种群种子千粒重。风媒传播的种子重量越小越便于被远距离传播，灰杨种子占据空间生态位的潜能较胡杨占优势，这体现了两个种生殖策略不同的另外一个方面。

表 6-11　胡杨和灰杨果实数量特征比较

项目	胡杨	灰杨
单株果穗数/个	416.46	679.07
果穗果实数/（个/穗）	18.12	18.52
果穗种子量/（粒/穗）	869.22	428.38
单果种子量/粒	49.42	23.11
果实坐果率/%	89.45	87.03
单果重/g	0.059	0.023
种子千粒重/g	0.083	0.065

6.7　不同种群间果实数量的比较

单株种子量取决于单株果穗数、果穗果实数、单果种子量这 3 个因素的变化。从表 6-12 分析可知，胡杨各种群间单果种子量差异不显著，但种群间单株果穗数、果穗果实数差异显著。表明胡杨的单果种子量是相对稳定的因子，主要由遗传机制决定，单株种子量的变化则主要受单株果穗数、果穗果实数变化的影响。灰杨单果种子量、单株果穗数、果穗果实数均表现为各种群间差异显著，表明灰杨果实数量性状相对于胡杨来说，更易受环境条件的影响，这可能也是灰杨适应环境的一种策略，使得它在应对外界环境条件的变化时有更大的灵活性。

表 6-12 胡杨和灰杨不同种群间果实数量特征比较

物种	种群	单株果穗数/个	果穗果实数/（个/穗）	果穗种子量/（粒/穗）	单果种子量/粒	果实坐果率/%	单果重/g
胡杨	良繁场	902.3 a	19.7 a	1190.9 a	60.3 a	95.3 a	0.060 a
	阿瓦提县-1	350.53 b	18.0 ab	737.3 b	42.8 a	94.5 a	0.060 a
	阿瓦提县-2	186.2 c	17.9 bc	730.6 b	41.8 a	88.0 ab	0.058 a
	第一师十三团	226.8 bc	16.8 c	818.0 b	52.8 a	80.0 b	0.058 a
灰杨	良繁场	867.1 a	21.1 a	764.2 a	35.7 a	88.2 a	0.027 a
	阿瓦提县	679.1 b	19.5 b	213.3 b	10.8 b	92.1 a	0.018 b
	第一师十六团	491.0 c	15.0 c	307.6 b	22.8 c	80.8 b	0.025 a

注：同一树种同一列不同字母间差异显著（$P<0.05$）

从果穗种子量来看，胡杨和灰杨均表现为天然林种群间差异不显著，而人工林与天然林种群间差异显著。分析认为，这可能是土壤水分条件对果穗果实数、果实坐果率、单果种子量的综合影响在果穗种子量方面的一种体现。

6.8 生殖枝养分含量的时空变化

图 6-5 中 T1～T5 为胡杨花芽休眠期至花芽萌动期的 5 个时期（2010 年 12 月 10 日至 2011 年 4 月 10 日），可以看出胡杨雌雄株生殖枝 N、P、K 含量表现出随时间和空间变化而变化的规律。其中，雌雄株生殖枝 N 含量均随时间延长呈先增加后减少的趋势，在 T5 时期达到最低水平；雌雄株生殖枝 P 含量均随时间延长呈先增加后减少再增加的趋势；K 含量随时间的延长基本保持在同一水平。在各个时期，雌雄株生殖枝 N、P、K 含量在树冠各层间无差异或有显著差异，大部分有显著差异的存在于树冠上层和下层之间，且 N 含量以上层生殖枝含量高，P 含量以下层生殖枝含量高。研究结果表明，至花芽萌动期（T5 时期：2011 年 4 月 10 日）胡杨雌雄株生殖枝 N 含量比 T1 时期明显减少达到最低值，P 含量比 T1 时期显著增加达到最高值。

图 6-6 显示，灰杨雌株生殖枝 N 含量随时间延长呈减少的趋势，雄株生殖枝 N 含量随时间延长呈先增加后减少的趋势；雌株生殖枝 P 含量随时间延长呈先降低后增加再减少再增加的趋势，雄株生殖枝 P 含量随时间延长呈降低的趋势；雌雄株生殖枝 K 含量随时间延长至 T5 时期保持最初 T1 时期的水平。在树冠的垂直空间，灰杨雌株生殖枝 N 含量在 T2、T5 时期上层＞中层＞下层，雄株生殖枝 N 含量在 T2、T3 和 T5 时期上层＞中层＞下层；雌株生殖枝 P 含量在 T2～T5 时期均是下层＞中层＞上层，雄株生殖枝 P 含量在 T1～T3 时期均是下层＞中层＞上层；雌株生殖枝 K 含量在 T3 时期上层=下层＞中层，雄株生殖枝 K 含量在 T1～T5 时期各层次均无显著差异。

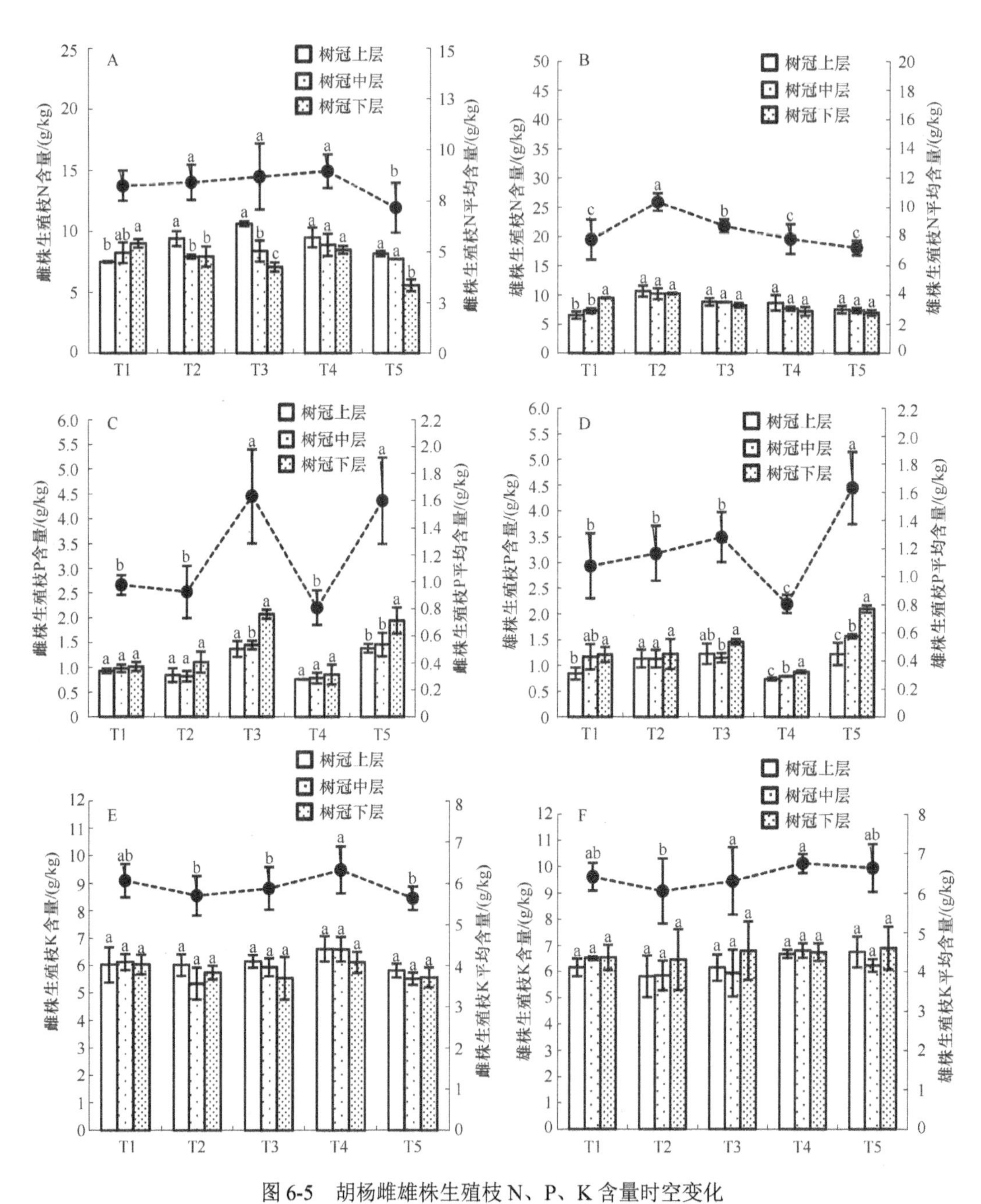

图 6-5 胡杨雌雄株生殖枝 N、P、K 含量时空变化

注：柱形图对应左侧纵轴，曲线对应右侧纵轴。每组柱子上面的不同小写字母表示树冠各层间差异显著（$P<0.05$）；曲线上方不同小写字母表示各时期间差异显著（$P<0.05$），本章下同

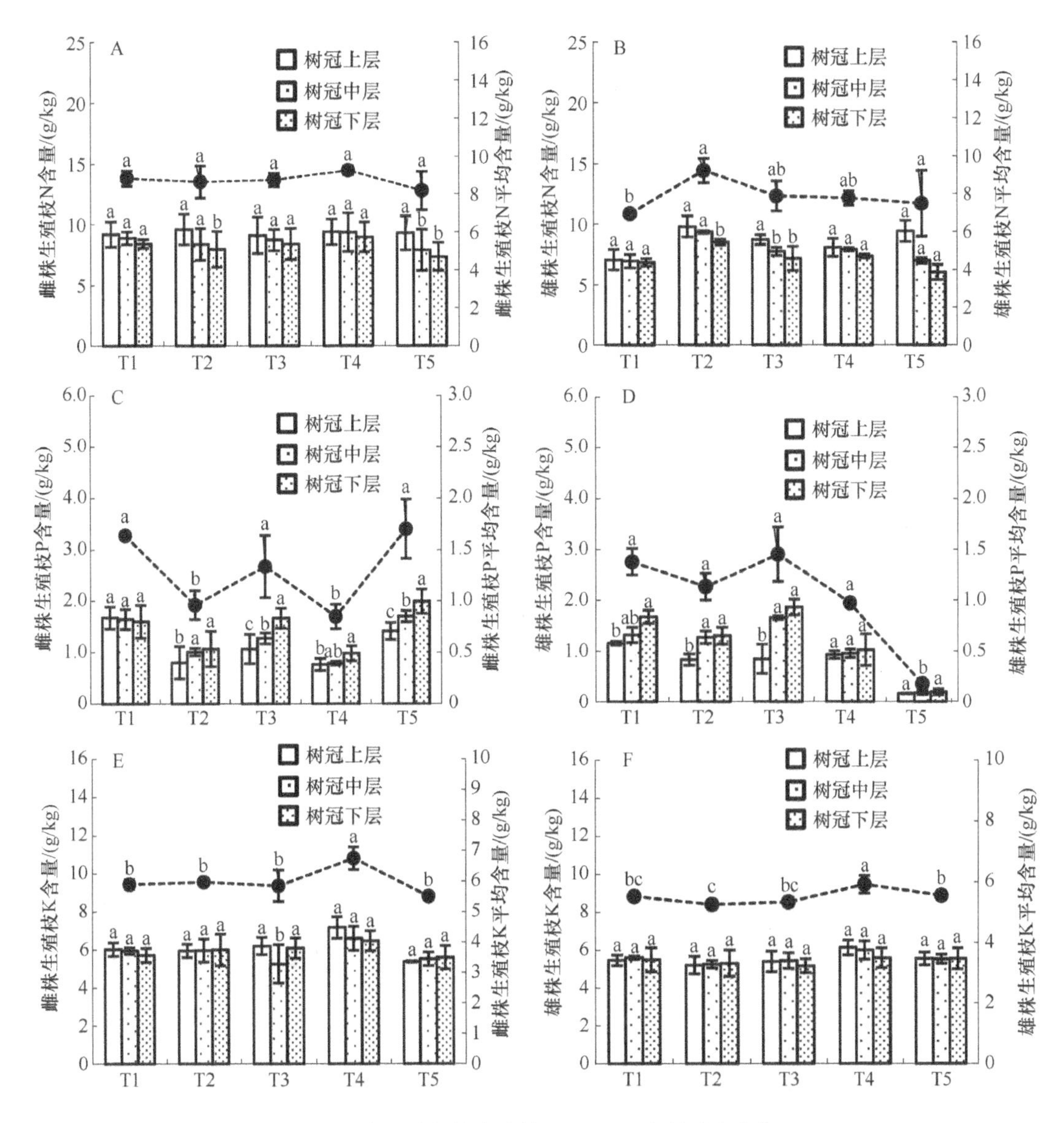

图 6-6　灰杨雌雄株生殖枝 N、P、K 含量时空变化

6.9　花芽养分含量的动态变化

胡杨雌雄花芽 N、P、K 含量同样表现出随时间和空间变化而变化的趋势（图 6-7）。胡杨雌雄花芽 N、P、K 含量均表现出在 T1～T4 时期（2010 年 12 月 10 日至 2011 年 3 月 10 日）含量变化不大，到 T5 时期（2011 年 4 月 10 日）含量均有显著增加。在各个时期，雌雄花芽 N、P、K 含量在树冠各层间无显著差异或有显著差异，有显著差异的大多存在于树冠上层和下层之间，并以上层含量为高。同一时期雌雄花芽 N、P、K 含量相比较，雄花芽 N、P、K 含量总是高于雌花芽。研究结果表明，花芽萌动期（T5 时期：2011 年 4 月 10 日）是胡杨雌雄花芽 N、P、K 含量显著增加并达到最高值的时期。

图 6-8 显示，灰杨雌雄花芽 N 含量在 T1～T4 时期无显著差异，到 T5 时期 N 含量有显著增加；雌花芽 P 含量随时间延长呈先增加后减少再增加的趋势，雄花芽 P 含量随时间延长呈先增加后减少的趋势；雌雄花芽 K 含量均随时间延长呈先减少后增加的趋势。在树冠的垂直空间，雌花芽 N 含量在 T1、T3 和 T5 时期上层＞中层＞下层，雄花芽 N 含量在 T2、T3 时期上层＞中层＞下层；雌花芽 P 含量在 T1～T5 时期均是上层＞中层＞下层，雄花芽 P 含量在 T1～T4 时期均是上层＞中层＞下层；雌花芽 K 含量在 T1～T5 时期均是上层＞中层＞下层，雄花芽 K 含量在 T5 时期是上层＞中层＞下层。

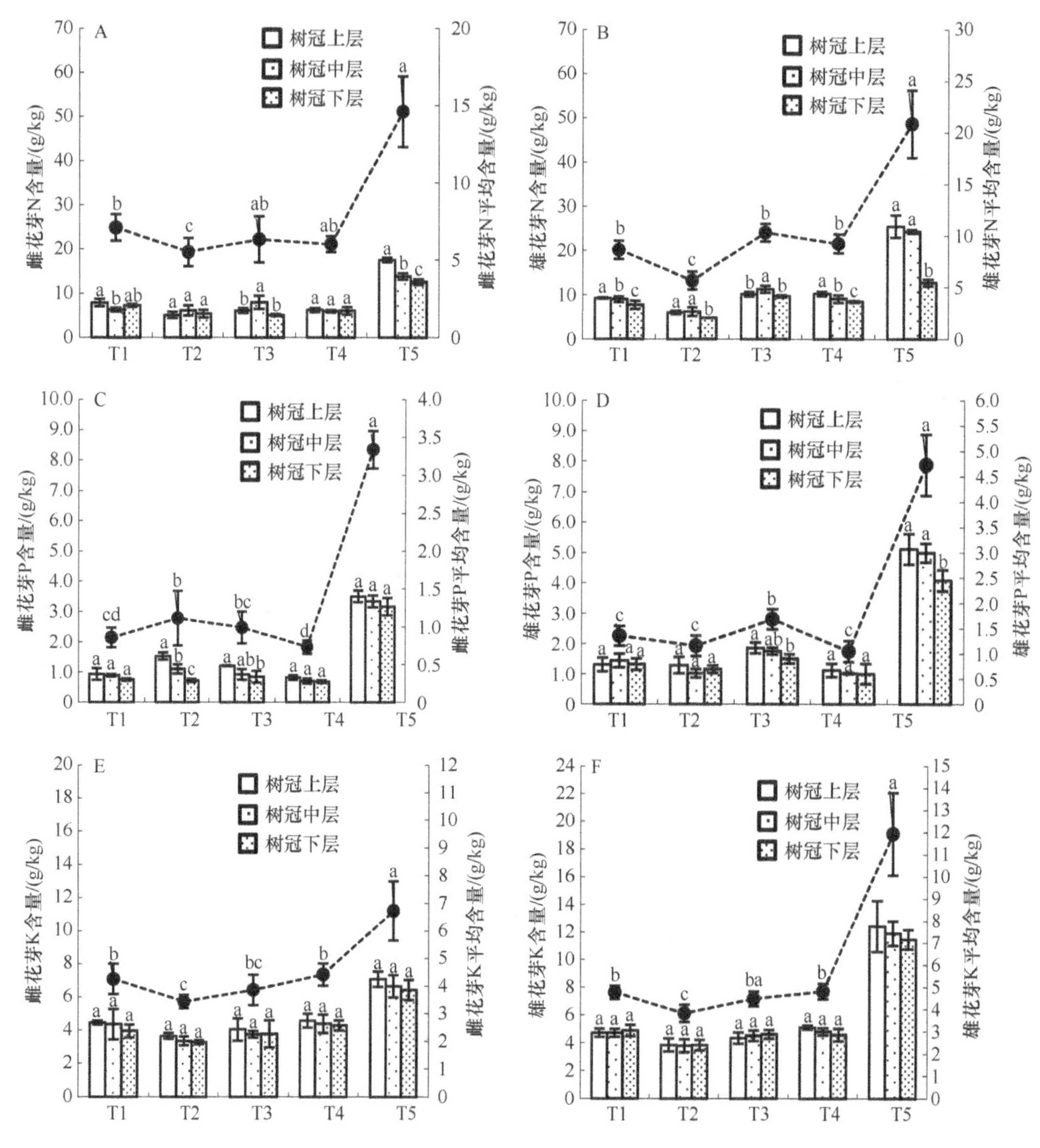

图 6-7　胡杨雌雄花芽 N、P、K 含量时空变化

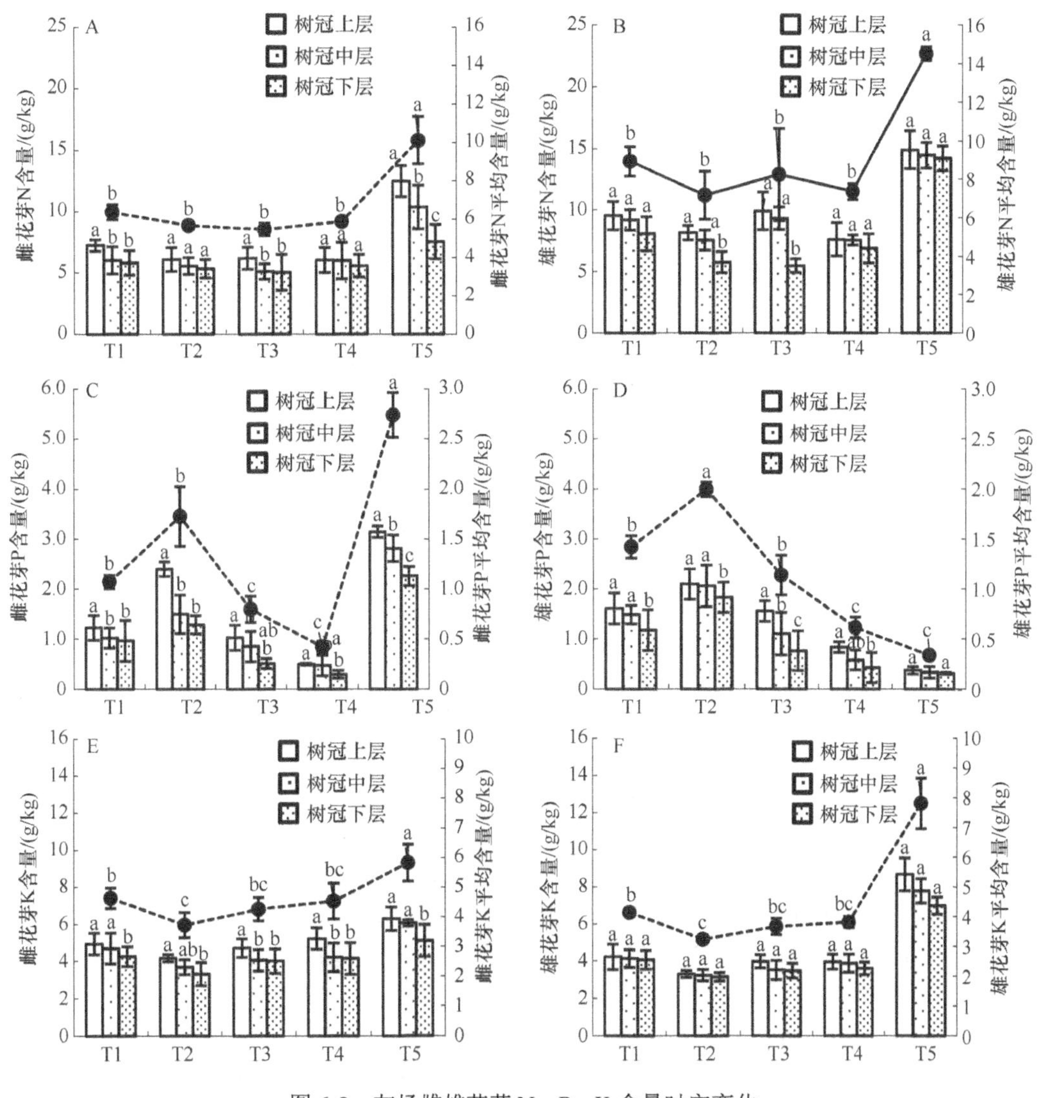

图 6-8　灰杨雌雄花芽 N、P、K 含量时空变化

6.10　花芽与生殖枝养分含量间的关系

胡杨雌雄花芽形态、养分含量及生殖枝养分含量间存在着相关性。从表 6-13 和表 6-14 可以看出，胡杨雌雄花芽长、宽之间存在极显著正相关，雄花芽长、宽均与花芽 N、P、K 含量呈极显著正相关，雄花芽宽与生殖枝 P 含量呈显著正相关，雌花芽长与花芽 N、P、K 含量呈显著正相关。雌雄花芽 N、P、K 含量两两间均呈极显著正相关，雌花芽 P 含量与生殖枝 K 含量呈显著负相关，雄花芽 P、K 含量与生殖枝 P 含量分别呈极显著、显著正相关，雄花芽 K 含量与生殖枝 N 含量呈显著负相关。雄性生殖枝 N 含量与 K 含量呈显著负相关，雌性生殖枝 N 含量与 P 含量呈显著负相关，与 K 含量则呈极显著正相关。分析认为，雌雄花芽长、宽与时间的变化是协同进行的，其中雄花芽长、宽与花芽 N、P、K 含量及生殖枝 P 含量密切相关，雌花芽长与花芽 N、P、K 含量密切相关。

表 6-13 胡杨雌花芽形态、养分含量与生殖枝养分含量的相关性分析

项目		花芽					生殖枝		
		宽	长	N 含量	P 含量	K 含量	N 含量	P 含量	K 含量
花芽	宽	1							
	长	0.84**	1						
	N 含量	0.38	0.59*	1					
	P 含量	0.47	0.52*	0.92**	1				
	K 含量	0.39	0.60*	0.95**	0.87**	1			
生殖枝	N 含量	0.22	0.19	–0.38	–0.44	–0.42	1		
	P 含量	0.08	0	0.37	0.47	0.4	–0.56*	1	
	K 含量	0.1	0.24	–0.31	–0.52*	–0.19	0.63**	–0.56*	1

*表示差异显著（$P<0.05$）；**表示差异极显著（$P<0.01$），表 6-14～表 6-16 同

表 6-14 胡杨雄花芽形态、养分含量与生殖枝养分含量的相关性分析

项目		花芽					生殖枝		
		宽	长	N 含量	P 含量	K 含量	N 含量	P 含量	K 含量
花芽	宽	1							
	长	0.97**	1						
	N 含量	0.92**	0.94**	1					
	P 含量	0.86**	0.87**	0.89**	1				
	K 含量	0.93**	0.92**	0.94**	0.91**	1			
生殖枝	N 含量	–0.41	–0.39	–0.46	–0.25	–0.50*	1		
	P 含量	0.51*	0.43	0.45	0.65**	0.62*	–0.11	1	
	K 含量	0.2	0.18	0.24	0.16	0.37	–0.53*	0.16	1

雌雄花芽 N、P、K 含量间也是高度协同变化的，雌花芽 P 含量与生殖枝 K 含量变化密切相关，雄花芽 P、K 含量与生殖枝 N、P 含量密切相关。雄性生殖枝 N 含量与 K 含量关系密切，雌性生殖枝 N 含量与 P、K 含量密切相关。

表 6-15 和表 6-16 显示，灰杨雌雄花芽长、宽之间存在极显著正相关，雌雄花芽长、宽均与花芽 N、K 含量呈显著/极显著正相关，雌花芽宽与花芽 P 含量呈显著正相关，雄花芽长、宽与花芽 P 含量呈显著负相关，雄花芽长、宽与生殖枝 P 含量呈极显著负相关，表明雄花芽长、宽变化与花芽 N、P、K 含量及生殖枝 P 含量有密切关系。

表 6-15 灰杨雌花芽形态、养分含量与生殖枝养分含量的相关性分析

项目		花芽					生殖枝		
		宽	长	N 含量	P 含量	K 含量	N 含量	P 含量	K 含量
花芽	宽	1							
	长	0.84**	1						
	N 含量	0.68**	0.63**	1					
	P 含量	0.52*	0.46	0.81**	1				
	K 含量	0.79**	0.58*	0.88**	0.60*	1			
生殖枝	N 含量	0.17	0.19	–0.02	–0.22	0.08	1		
	P 含量	0	–0.19	0.35	0.32	0.38	–0.61*	1	
	K 含量	0	–0.02	–0.42	–0.63**	–0.2	0.44	–0.61*	1

表 6-16　灰杨雄花芽形态、养分含量与生殖枝养分含量的相关性分析

项目		花芽					生殖枝		
		宽	长	N 含量	P 含量	K 含量	N 含量	P 含量	K 含量
花芽	宽	1							
	长	0.93**	1						
	N 含量	0.74**	0.80**	1					
	P 含量	−0.59*	−0.55*	−0.47	1				
	K 含量	0.82**	0.81**	0.93**	−0.64**	1			
生殖枝	N 含量	0.24	0.2	−0.14	0.49	−0.16	1		
	P 含量	−0.84**	−0.86**	−0.81**	0.44	−0.81**	−0.1	1	
	K 含量	0.33	0.23	0.11	−0.50*	0.16	−0.22	−0.27	1

灰杨雌花芽 N、P、K 含量两两间均存在显著/极显著正相关，雄花芽 N 含量与 K 含量间存在极显著正相关，雄花芽 P 含量与 K 含量存在极显著负相关。雌雄花芽 P 含量与生殖枝 K 含量呈极显著/显著负相关，雄花芽 N、K 含量与生殖枝 P 含量均呈极显著负相关。雌性生殖枝 N 含量与 P 含量呈显著负相关，雌性生殖枝 P 含量与 K 含量呈显著负相关。由此说明，雌雄花芽 P 含量与生殖枝 K 含量密切相关，雄花芽 N、K 含量与生殖枝 P 含量密切相关。

6.11　讨　　论

6.11.1　花数量及空间分布特征与生殖适应策略

胡杨和灰杨属于雌雄异株植物，因此其花序的空间分布格局，特别是集花区及雌雄花重叠的分布范围，对传粉及结实有着很重要的影响。无论是胡杨还是灰杨，均表现出雄树的树高、最低花位、集花区下限、集花区上限、最高花位皆低于雌树，并且雌株与雄株的花序分布范围有较大的重叠，而且雄花序的分布范围在重叠区内占有较大的比重。花序这种空间分布特性可以保证在重叠区内提供大量的花粉，从而有利于提高雌花授粉概率。从花序在树冠上的垂直空间分布看，胡杨和灰杨在雌、雄花序重叠区及集花区都表现为雌、雄花序集中分布在树体的中上部（树冠的中层和上层）；从花序在树冠上的垂直数量分布看，胡杨和灰杨均表现出雄花序数量中层＞上层＞下层，雌花序数量上层＞中层＞下层。对胡杨和灰杨开花物候的观察表明，胡杨和灰杨开花顺序是树冠顶部的花序先开花，然后依次向下，并且雄株开花物候期较雌株早 1～3 天。分析认为，胡杨和灰杨雄株是通过雄花序集中分布在树冠中层来推迟大量传粉的时期，这样可使开花晚 1～3 天但集中分布在树冠上层的雌花序一旦开花便与雄株大量传粉的时期尽可能吻合，有效地完成传粉受精的生殖过程。

在植物的生活史中，花序分布及其数量变化不仅涉及植物生长过程中的生殖分配，而且是植物的重要适应特征。一般认为花序分布与林分郁闭度有关（祖元刚，2000），但是由于环境条件无时不在变化，植物必然要不断做出相应的反馈调节（杨允菲和傅林

谦，1997）。由多重比较结果可以看出，虽然胡杨雌株集花区及灰杨最低花位、集花区、最高花位基本上是相对稳定的，但各种群间最低花位、集花区下限、集花区上限、最高花位的变化趋势却不尽相同。结合花序分布范围及各种群生境状况进行分析，发现胡杨和灰杨的最低花位、集花区下限分布位置与郁闭度有一定的关系，郁闭度越大的林地，植株最低花位与集花区下限的分布位置越高；在水分、养分条件较好的林地，其分布位置会有所降低。

胡杨雌雄株的单株花序数与花序花朵数、花药花粉数是相对稳定的因子，不易受外界环境条件的影响。而花朵花药数、花序花粉数易受环境条件的影响。这表明环境条件的变化会影响雄株的生殖投资，雄株通过花朵花药数的变化来影响花序花粉数和单株花粉数，表现出胡杨适应外界环境条件的生存、繁殖策略。灰杨雄株的单株花序数是一个相对稳定的因子，不易受环境条件的影响，而花序花朵数、花朵花药数、花药花粉数、花序花粉数在不同种群间的表现有所不同，变化较大。灰杨雌株的单株花序数、花序花朵数在种群间变化亦很大。由此可以看出，胡杨和灰杨适应环境的生殖对策有所不同，胡杨适应环境的生殖能力较强，灰杨则通过花序花朵数、花朵花药数、花药花粉数的变化而表现出灵活多样的适应策略，以保证生殖的成功。

6.11.2 果实数量及空间分布特征与生殖适应策略

被子植物经历开花、传粉、受精、胚胎发育和果实形成这几个密切相关的过程实现种的繁衍。花、果实、种子在树冠上的自然分布特征体现了植物生殖过程适应环境条件的生殖策略。胡杨和灰杨果穗、种子在树冠上的分布均与花序在树冠上的分布规律一致，即树冠上层果穗、种子量最多，中层居中，下层最少；南侧果穗数多于北侧。树冠上层的雌花在完成受精作用后进入果实发育阶段，占据的空间光、热资源优于中层和下层，具有对光、热及营养物质竞争的最大优势，即具有保证生殖成功的最佳生态位。这可能也是中层和下层花的成果率较低的另外一个重要原因。另外，气候条件的变化、地下水位和土壤含水量低及林分密度大等因素综合作用的结果也会影响果穗在树冠各层的比例。

植物在其生活史中，总是对外界环境做出不同的响应，进而改变其生理生态特性，以维持和扩大种群。从植物果实的生殖策略来看，对环境的响应主要表现为三个方面：①果实数量和质量的变异；②种子大小的变异；③种子数量的变异。

有研究表明，果实大小和数量之间有一定的交换关系，即植物在一次生殖的过程中，总是保证一定数量的最优大小的果实（Silvertown and Doust，1993）。从果实数量和质量方面分析，影响单株果实数量的因素有单株果穗数和果穗果实数。胡杨和灰杨种间比较，单株果穗数和果穗果实数灰杨高于胡杨，灰杨的单株果量是胡杨的 1.59 倍，但胡杨平均单果重是灰杨的 2.68 倍。同一个种不同种群间比较，单株果穗数和果穗果实数各种群间都存在差异，表明单株果实量易受环境条件的影响。从繁衍后代的角度看，果实的质量实际上是由种子的质量体现的，胡杨和灰杨不同种群的种子其可溶性糖、粗蛋白、粗脂肪、N、P、K、Ca、Mg 含量均呈极显著差异，发芽率也有差异（周正立等，2003），说明环境条件可能是影响胡杨和灰杨果实数量和质量的重要因素。

植物种子大小被认为是适应对策的一个重要特征（Foster，1986；Westoby et al.，1992；Leishman and Westoby，1994）。一般认为植物果实和种子的大小是评估亲本效应的指标，该指标不仅可以反映整个亲本在物质和能量上对后代的投资（Willson，1983），而且平均果实的大小与亲本能力的高低有关。有学者认为，植物的生殖和果实大小的变化可能是植株整个构件水平上发生变化造成的（Primack and Lloyd，1980；Byrne and Mazer，1990）。两个种相比较，胡杨平均单果重是灰杨的 2.6 倍，决定单果重的种子千粒重和平均单果种子量，胡杨分别是灰杨的 1.3 倍和 2.1 倍。这说明胡杨在物质和能量上对后代的投资能力强于灰杨，而且这种能力受遗传机制控制，不受环境因子的影响（刘建平等，2005）。一般认为在植物群落中，拥有较重种子的物种容易在荫蔽的林下建立幼苗库（Saverimuttu and Westory，1996），而小的种子在土壤中可能更有利于和土壤缝隙接触，获得种子对萌发条件的需求，并逃避动物的捕食（Harper et al.，1970；Janzen，1971）。风媒传播的种子重量越小越便于远距离传播，可使种子到达适宜的安全生境的概率增大。较小的灰杨种子占据空间生态位的潜能较胡杨占优势，体现了两个种生殖策略不同的另外一个方面。

单株平均种子量胡杨是灰杨的 1.24 倍。从决定单株种子量的单株果穗数、果穗果实数、单果种子量 3 个因素来分析，两个种果穗果实数相差不大，胡杨是通过较高的单果种子量来保证一定数量的单株种子量，灰杨是通过较多的单株果穗数来保证单株种子量的，反映了两个种生殖特性及适应环境条件的生殖策略的不同。从同一种的不同种群来看，胡杨各种群间单果种子量差异不显著，但种群间单株果穗数、果穗果实数差异显著；表明单株种子量的变化是单株果穗数、果穗果实数两因素与环境条件相适应的结果。而灰杨各种群间单果种子量、单株果穗数、果穗果实数均表现为差异显著，表明灰杨结实的数量相对于胡杨更易受环境条件的影响。

6.11.3　生殖枝数量及空间分布特征与生殖适应策略

每种植物的生殖构件都有一定的分布格局和数量变化动态（徐纬英，1960；Whitehead，1983；Willson，1983；Lovett D J and Lovett D L，1988；陆平和严赓雪，1989；张宏和樊自立，1993；Jarzomski et al.，2000；王让会等，2001）。花芽和生殖枝是木本植物生殖构件的重要组成部分，近年来人们的研究主要集中在数量、方位和冠层的分布上。例如，西南桦木、长柄双花木的雌、雄花序数及生殖枝数在树冠垂直空间分布的规律均为上层＞中层＞下层（郑万钧，1980；魏庆莒，1990）；白桦的雄花序数为中层＞上层＞下层，而雌花序数为上层＞中层＞下层（王让会等，2001）；武夷山香果树标准枝花芽（花）数和花枝数上层显著大于中层和下层，树冠南侧显著大于其他方向（Willson，1983）等。而这些数量在方位和冠层的分布上一方面描述了植物生殖构件的分布格局，另一方面又说明了光照对生殖构件分布的重要性。光合作用是植物生长分化的基础，同时光照可以通过光敏色素和隐花色素促使植物从营养生长向生殖生长转变（Rathcke and Lacey，1985）。本研究对树龄 30 年的胡杨、灰杨雌雄株生殖构件在时间和空间上的变化研究发现，胡杨、灰杨生殖枝的数量均为树冠南侧＞北侧、中层＞下层＞上层，雄株受垂直空间影响较大，受南北方向影响较小，而雌株正好相反。胡杨花芽的出现也更倾向于阳光充足的中层和上层，这与刘建平等（2004，2005）研究结果相似。而也有研究发现，胡杨生殖枝、花芽在垂直结构上 N、P 整体表现出上层＞中层＞下层或下层＞中层＞上层，可能是由于植物繁殖生理的需要，以及树冠各层光合作用异质性等造成了对养分分配的影响（李志军等，2003；吴平等，2005），从而导致不同养分在树冠不同层次之间表现出不同的分布格局。由此说明，胡杨、灰杨生殖构件的分布特征源于花芽为保证繁殖成功对更多光热资源的需求。

6.11.4　花芽与生殖枝养分含量间的关系

胡杨是先花后叶植物，花芽着生在生殖枝上，开花消耗生殖枝的养分。在叶片长出之前和叶片初期，生殖枝养分也是展叶的主要物质来源。花芽休眠期到花芽萌动期（T1 时期到 T5 时期）是胡杨雌雄花芽 N、P、K 含量显著增加并达到最高值的时期。雌雄株生殖枝 N 含量均随时间延长呈先增加后减少的趋势，在 T5 时期达到最低水平；雌雄株生殖枝 P 含量均随时间延长呈先增加后减少再增加的趋势；K 含量随时间的延长基本保持在同一水平。相关性分析表明，胡杨雌花芽 P 含量与雌性生殖枝 K 含量呈显著负相关，雄花芽 P、K 含量与雄性生殖枝 P 含量分别呈极显著、显著正相关，雄花芽 K 含量与雄性生殖枝 N 含量呈显著负相关。由此说明，胡杨雌花芽 P 含量在花芽萌动期（T5 时期）增加与该时期雌性生殖枝 K 含量减少有密切关系，而胡杨雄花芽 P、K 含量在花芽萌动期（T5 时期）增加与该时期雄性生殖枝 P 含量增加和 N 含量减少密切相关。

灰杨雌雄花芽 N 含量在 T1～T4 时期无显著差异，但到 T5 时期含量有显著增加；雌花芽 P 含量随时间延长呈先增加后减少再增加的趋势，雄花芽 P 含量则随时间延长呈先增加后减少的趋势；雌雄花芽 K 含量均随时间延长呈先减少后增加的趋势。灰杨雌性生殖枝 N 含量随时间延长呈减少的趋势，雄性生殖枝 N 含量则随时间延长呈先增加后减少的趋势；雌株生殖枝 P 含量随时间延长呈先降低后增加再减少再增加的趋势，雄性生殖枝 P 含量随时间延长呈降低的趋势；雌雄性生殖枝 K 含量随时间延长基本保持在同一水平。相关性分析表明，灰杨雌雄花芽 P 含量与生殖枝 K 含量呈极显著、显著负相关关系，雄花芽 N、K 含量与生殖枝 P 含量均呈极显著负相关关系。说明灰杨雌雄花芽 P 含量在花芽萌动期（T5 时期）增加与生殖枝 K 含量减少有关，雄花芽 N、K 含量在花芽萌动期（T5 时期）增加与雄性生殖枝 P 含量减少有密切关系。

综合分析认为，胡杨、灰杨雌雄花芽 N、P、K 含量除了灰杨雄花芽 P 含量以外基本上在花芽萌动期积累到较高的水平，说明胡杨、灰杨花芽萌动期需要较多的营养物质用于花芽后续的发育，而雌雄花芽 N、P、K 养分的积累是基于生殖枝 N、P、K 养分的转运，花芽与生殖枝间存在养分的库源关系。

参考文献

边才苗, 金则新, 李钧敏. 2005. 濒危植物七子花的生殖构件特征. 西北植物学报, 25(4): 756 -760.
李志军, 刘建平, 于军, 等. 2003. 胡杨、灰叶胡杨生物生态学特性调查. 西北植物学报, 23(7): 1292-1296.
刘建平, 周正立, 李志军, 等. 2004. 胡杨、灰叶胡杨花空间分布及数量特征研究. 植物研究, 24(3): 278-283.
刘建平, 周正立, 李志军, 等. 2005. 胡杨、灰叶胡杨果实空间分布及其数量特性的研究. 植物研究, 25(3): 336-343.
陆平, 严赓雪. 1989. 新疆森林. 乌鲁木齐: 新疆人民出版社: 8-246.
王建, 魏刚, 刘昌迎, 等. 2000. 银杏枝、花、种子在树冠上的分布格局及其相互关系研究. 应用生态学报, 11(2): 185-189.
王让会, 游先祥, 吴世新, 等. 2001. 绿洲生态系统的群落特征——以荒漠河岸林生态系统为例. 干旱区资源与环境, 15(4): 22-24.
魏庆莒. 1990. 胡杨. 北京: 中国林业出版社: 22-36.
吴平, 赵健, 王文丽, 等. 2005. 额济纳绿洲胡杨生物生态学特性的调查. 内蒙古草业, 17(3): 4-7.
徐纬英. 1960. 杨树选种学. 北京: 科学出版社.
杨允菲, 傅林谦. 1997. 3 种禾草圆锥花序小穗及小花分布格局的比较. 应用生态学报, 8(5): 500-504.
张宏, 樊自立. 1993. 全球变化下的绿洲生态学研究. 干旱区资源与环境, 13(1): 43-48.
张肖, 吕瑞恒, 梁继业, 等. 2017. 胡杨生殖构件空间分布特征及其养分动态分析. 干旱区研究, 34(1): 95-103.
郑万钧. 1985. 中国树木志(第 2 卷). 北京: 中国林业出版社: 2005-2007.
周正立, 于军, 李志军, 等. 2003. 胡杨和灰叶胡杨种子营养化学成分的研究. 西北植物学报, 23(6): 987-991.
祖元刚, 毛子军, 袁晓颖, 等. 2000. 白桦的开花时间及生殖构件的数量与树龄和树冠层次的关系. 生态学报, 20(4): 673-677.
Byrne M, Mazer S J. 1990. The effect of position on fruit characteristic and relationship among component of yield in *Phytolacca rivimoides*. Biotropica, 22: 353-365.
Delph L F. 1993. Factors affecting intraplant variation in flowering and fruiting in the gynodioecious species *Hebe subalpina*. Journal of Ecology, 81: 287-296.
Foster S A. 1986. On the adaptive value of large seeds for tropical moist forest trees: a review and synthesis. Botanical Review, 52: 260-299.
Harper J L, Lovll P H, Moore K G. 1970. The shape and sizes of seeds. Annual Review of Ecology and Systematics, 1: 327-356.
Janzen D H. 1971. Seed predation by animals. Annual Review of Ecology and Systematics, 7: 347-391.
Jarzomski C M, Stamp N E, Bowers M D. 2000. Effects of plant phenology, nutrients and herbivory on growth and defensive chemistry of plantain, *Plantago lanceolata*. Oikos, 88(2): 371-379.
Leishman M R, Westoby M. 1994. The role of seed size in seedling establishment in dry soil conditions --experiment evidence from semi-arid species. Journal of Ecology, 82(2): 249-258.
Lovett D J, Lovett D L. 1988. Plant reproductive ecology: patterns and strategies. Oxford: Oxford University Press.
Mith-Ramirez C, Armesto J J, Figueroa J. 1998. Flowering, fruiting and seed germination in Chilean rain forest Myrtaceae: ecological and phylogenetic constraints. Plant Ecology, 136: 119-131.
Pitelka L F. 1997. Plant migration and climate change. American Scientist, 85: 464-473.
Primack R B, Lloyd D G. 1980. Andromonoecy in the New Zealand montane shrub Manuka, *Leptospermum scoparium* (Myrtaceae). American Journal of Botany, 67: 361-368.

Rathcke B, Lacey E P. 1985. Phenological patterns of terrestrial plants. Annual Review of Ecology and Systematics, 16: 179-214.

Saverimuttu T, Westory M. 1996. Seedling longevity under deep shade in relation to seed size. The Journal of Ecology, 84(5): 681-689.

Silvertown J W, Doust J L. 1993. Introduction to Plant Population Biology. London: Blackwell Scientific Publication.

Westoby M, Jurado E, Leishman M. 1992. Comparative evolutionary ecology of seed size. Tree, 7(11): 368-372.

Whitehead D R. 1983. Wind pollination: some ecological and evolutionary perspectives. *In*: Real L. Pollination Biology. Orlando: Academic Press.

Willson M F. 1983. Plant reproductive ecology. American Scientist, 71(6): 646-647.

第7章　种子散布及繁殖的时空特征

种子繁殖体的散布或传播是种群形成或扩散其分布区的重要途径，尽管不同植物果实或种子有不同的散布特性、散布途径和散布机理，但其最终目的均是尽可能寻求适应其生存的最适空间（Ridley，1930；Willson，1983）。有研究报道，当洪水消退露出稳定湿润的河床/河漫滩时，飘落在河床上的胡杨种子可集中快速萌发和形成幼苗（华鹏，2003）。胡杨、灰杨在长期演化过程中，在其种子扩散、种子形态和萌发行为等生活史特征上形成了许多与起源和生存生长的极端环境相适应的繁殖策略。关于胡杨种子雨空间分布密度、种子散布空间距离及种子雨与气象因子的关系已有初步研究（李志军等，2003；张玉波等，2005），本研究通过改进研究单元的设置方法，尽可能减少和排除研究中样地周围雌株散种对样地种子雨空间分布密度、种子散布空间距离的影响，以便客观反映胡杨林种子散布的时空规律。关于胡杨种子繁殖的研究，集中在种子寿命、生态因子对种子萌发及幼苗生长的影响等方面（华鹏，2003；刘建平等，2004；高瑞如等，2004；张肖等，2015，2016），但尚需进一步从种子形态特征、种子散布、种子萌发行为等方面综合分析其种子繁殖和生态适应策略。

7.1　研究方法

7.1.1　种子微形态观测

（1）种子收集方法　采集胡杨和灰杨成熟的蒴果，使其在室内条件下自然开裂，收集带冠毛的种子、去冠毛的种子和冠毛3类样品备用。

（2）种子千粒重测定　随机选取胡杨和灰杨成熟种子样品，每份1000粒，3次重复。在电子天平（SARTORIUS BS-124-S）上称量后，获得两个物种种子千粒重。

（3）种子及其附属物冠毛形态观测方法　取去冠毛及带冠毛胡杨和灰杨成熟种子样品，将其有序摆放在粘有双面铜胶带的样品台上，金离子溅射（EIKO IB-3）8min（电流3mA）后进行扫描电镜（HITACHI S-34，控制软件 HITACHI S-34 Scanning Electron Microscope）观察及拍照。观察种子形状、颜色，测量种子长度和宽度，确定种子形状；观察种皮表面纹饰，测量种皮网壁的宽度、网眼的长度和宽度、网脊上毛状物的长度和中部的宽度；观察冠毛在种子上的着生部位、排列方式及冠毛形态；测定冠毛直径等参数。

（4）带冠毛种子萌发试验　将胡杨、灰杨成熟果实（开裂果实）置于高处，人工施以微风模拟种子自然散种（飞絮状态）。在种子集中散落区（培养皿直径90cm）摆放培养皿。培养皿中分别盛放有水、饱和含水量的沙子及空培养皿（对照），三个处理各重复3次。种子落入培养皿后开始统计散落在培养皿内带冠毛种子总数（N）。前6个小时，每隔1小时统计一次从冠毛上脱落的种子数（n）及脱离冠毛萌发的种子数（a）；6～24小时，每2小时统计一次。

$$种子脱落率（\%）= n / N \times 100\%$$

$$脱落种子萌发率（\%）= a / n \times 100\%$$

（5）数据分析　利用SPSS16.0数据分析软件对获得的有关数据进行单因素方差分析，比较胡杨和灰杨种子形态指标的差异。

7.1.2　种子散布节律及数量格局特征调查

以塔里木河岸边独立存在的人工胡杨林为种子散布的种源（其周围不存在其他胡杨林，以消除周围其他雌株散种对样地种子雨观测的影响）。胡杨林南北向垂直于塔里木河河道，距河道约200m。该人工林树龄为25年，长势较好。林地面积为160m×160m，株行距1.5m×2m，总株数2360株，其中雌株101株，主要分布在林缘（图7-1）。

图7-1　调查林地胡杨林面积及雌雄株分布示意图

在林地正北、正东和正南方向分别设置林北（160m×160m）、林东（160m×160m）和林南（160m×60m）3个样地。以林缘为起点，在林内、林东和林北以20m为间距，在林南以5m为间距（林南样地靠近河岸，面积有限），沿东西向和南北向作平行线，东西向和南北向平行线的交点即为取样点。林内取样点81个；林东、林北取样点各72个，林南取样点54个，林内、林外取样点共计279个（图7-2）。

在取样点放置种子收集器（面积0.3m×0.3m的厚纸板），在厚纸板上涂抹凡士林以粘贴种子，在7月21日至9月22日，每日20：00统计自然散落在收集器上的种子数。当日统计结束后将种子采集器上的种子全部去除，补充涂抹凡士林后将其放回原取样点，第二天 20：00 重新统计，依此类推。在 8 月 25 日、9 月 15 日的 8：00～20：00 时间段，每隔 2 小时调查林内、林东、林北和林南样地取样点的种子数，统计后计算种子雨密度（seed rain density，SRD）。其中，8：00 的统计值为前一天 20：00 至当日 8：00 落种量的累计值，即为夜晚种子雨强度，10：00～20：00 落种量的累计值即为白天种子雨强度。以种子雨强度首次超过 1 粒/（$m^2 \cdot d$）为种子雨开始的标志，当种子雨强度连续 3 天小于 1 粒/（$m^2 \cdot d$），即认为种子雨结束。

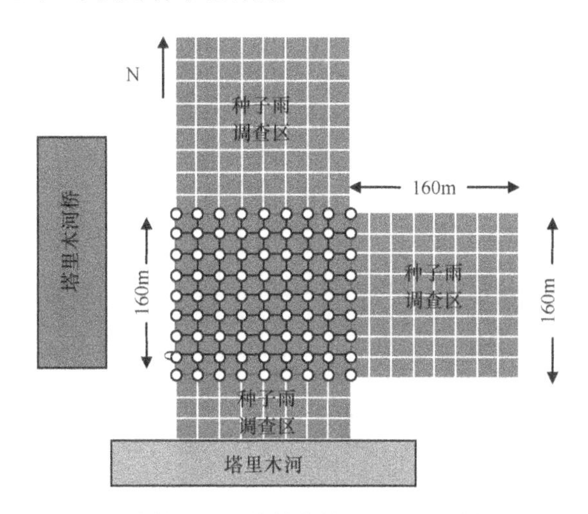

图 7-2　调查林地胡杨林林内林外样地及取样点示意图

在调查种子散布的同时，从研究区所在地阿拉尔市气象局获得 7～9 月日平均气温、平均风速、气压和空气干燥度等气象数据。

7.1.3　种子繁殖调查

在种子散布期，每 5 天在林内、林东、林北和林南样地取样点 1m×1m 的样方统计幼苗数（因种子太小，无法统计种子萌发数）。

在塔里木河洪水开始消退、河床逐渐显露时（9 月 12 日），在河岸和河床上设置 3 个平行于河岸的样带。其中，样带 1 距河岸边 50m，在洪水期随洪水涨落反复被洪水漫溢，是洪水消退后第一个显露的河床区域。样带 2、3 依次距河岸边 80m、100m，是样带 1 显露后依次显露的河床区域。样带 1、2、3 显露的时间分别是 9 月 12 日、9 月 16 日、9 月 20 日。在每个样带设置间隔 5m 的 1m×1m 样方 3 个（图 7-3）。从 9 月 12 日起，每 5 天调查统计一次样方内的幼苗数。

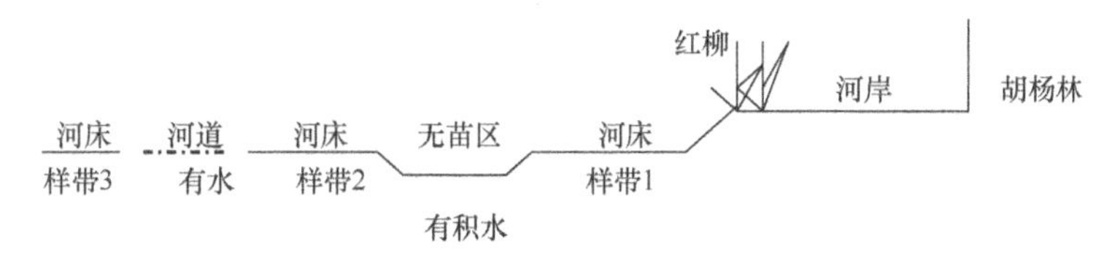

图 7-3　塔里木河河岸、河床及样带断面示意图

7.1.4 生态因子调查

7～9 月日平均气温、平均风速、气压和空气干燥度气象数据从研究区所在地阿拉尔市气象局获得。

在样方内采集 0cm（表层）、0～5cm、5～10cm、10～15cm 土层的土样，测定土壤总盐含量和表层土壤含水量。总盐含量采用火焰原子吸收分光光度法测定；土壤含水量用烘干法测定。

7.2 种子微形态特征

胡杨和灰杨种子微小，千粒重分别为（0.0781±0.0014）g 和（0.0482±0.0032）g（表 7-1），经单因素方差分析两者具有显著性差异（P<0.05）（表 7-2）。扫描电镜观测结果表明，胡杨种子大小为（905.3±74.03）μm×（357.7±33.92）μm，长宽比约为 2.5∶1，灰杨种子大小为（960.7±81.75）μm×（339.9±43.34）μm，长宽比约为 2.8∶1，两个物种的种子长度、宽度无显著性差异（表 7-2）。两个物种种子的形状为倒卵形（图 7-4A、B、E、F）。胡杨和灰杨的种子均以钝圆部着生在果实的子房壁上，这一端为种子的基部（基端）（图 7-4C、G），是种子萌发时胚根伸出的部位；另一端形状凸尖，是种子的顶部（顶端）（图 7-4D、H）。

表 7-1 胡杨和灰杨种子千粒重、大小及种皮形态参数观测统计

指标	种子千粒重/g	种子长度/μm	种子宽度/μm	一级网纹网壁宽度/μm	一级网纹网眼长度/μm	一级网纹网眼宽度/μm	二重网纹网壁宽度/μm	二重网纹网眼长度/μm	二重网纹网眼宽度/μm	种表毛状物长度/μm	种表毛状物宽度/μm
放大倍数	—	×100	×100	×1000	×1000	×1000	×3000	×3000	×3000	×3700	×3700
胡杨	0.0781 ±0.0014	905.3 ±74.03	357.7 ±33.92	3.77 ±1.51	40.74 ±5.26	21.54 ±3.54	2.09 ±0.57	15.04 ±2.43	6.78 ±1.30	23.14 ±5.20	6.01 ±1.24
灰杨	0.0482 ±0.0032	960.7 ±81.75	339.9 ±43.34	2.94 ±0.62	36.56 ±5.45	17.81 ±3.11	2.04 ±0.46	12.16 ±2.62	7.69 ±0.82	20.24 ±7.19	4.57 ±1.31

表 7-2 胡杨和灰杨种子千粒重、大小及种皮形态参数单因素方差分析

指标	种子千粒重	种子长度	种子宽度	一级网纹网壁宽度	一级网纹网眼长度	一级网纹网眼宽度	二重网纹网壁宽度	二重网纹网眼长度	二重网纹网眼宽度	种表毛状物长度	种表毛状物宽度
F值	214.39*	2.52	1.05	2.59	3.05	6.26*	0.05	6.48*	3.57	1.07	6.36*
F临界值	7.71	4.41	4.41	4.41	4.41	4.41	4.41	4.41	4.41	4.41	4.41

*表示差异显著（P<0.05）

扫描电镜观察结果显示，两个物种种皮表面有突起的棱（即网壁）围成的若干规则多边形网纹，网壁间所围绕的凹陷区域（多边形小间隙）为网眼，在网眼内又有二重网纹结构，判断胡杨和灰杨种皮纹饰为复网纹类型（图 7-4B～D、F～H）。二重网纹结构（图 7-4I、J、M、N）中较长的网壁与一级网纹中较长的网壁相垂直，网壁隆起、较窄，没有一级网纹结构中明显。复网纹的形状和大小在种皮的不同区域有所不同，胡杨和灰杨都表现为种子基部（图 7-4C、G）和顶部（图 7-4D、H）的种皮网纹呈现多边形，网纹结构更清晰，表现在网眼较小、网壁隆起明显；种子中部种皮网纹为长方形，网眼较大，但网壁隆起较不明显（图 7-4B、F）。在部分网壁顶部，即网脊延伸弯曲外翘呈毛状（图 7-4K、L、O、P），毛状物弯曲外翘的方向朝向种子的顶端。观察还发现，种子基部复网纹上的毛状物较多，中部和顶部较少。

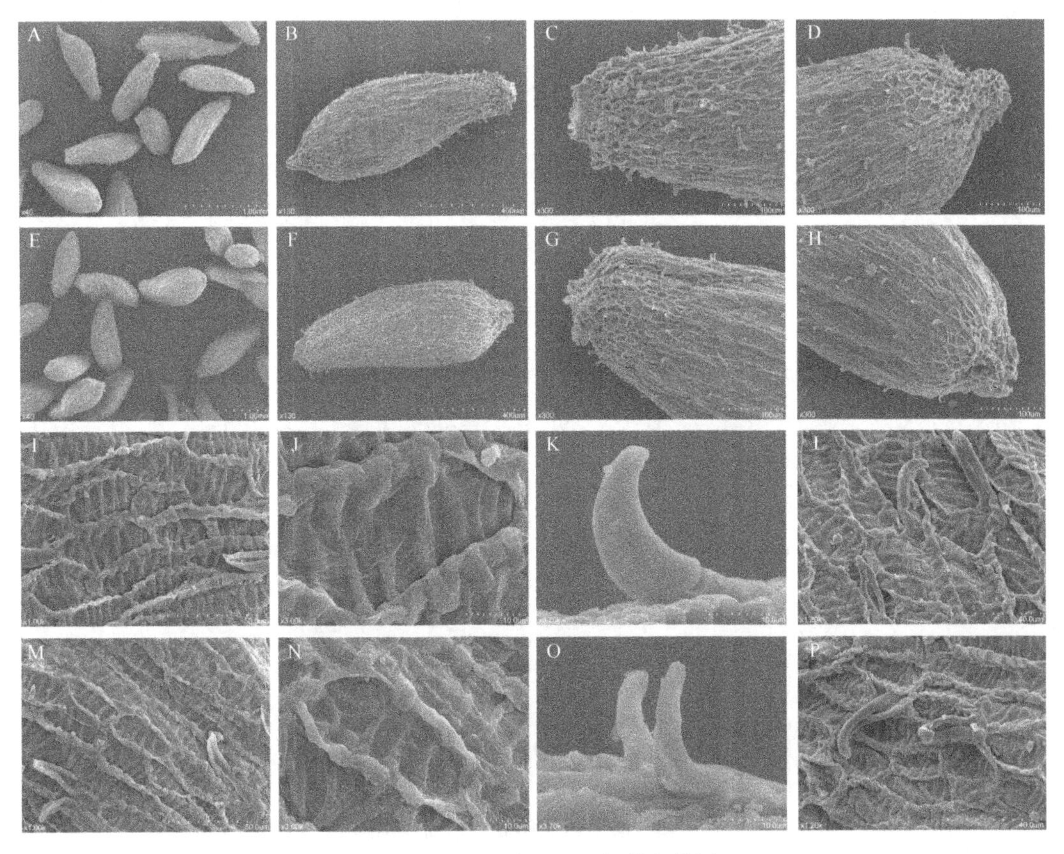

图 7-4　胡杨和灰杨种子扫描电镜图

A. 胡杨多粒种子（×40）；B. 胡杨单粒种子（×130）；C. 胡杨种子基部（×300）；D. 胡杨种子顶部（×300）；E. 灰杨多粒种子（×40）；F. 灰杨单粒种子（×130）；G. 灰杨种子基部（×300）；H. 灰杨种子顶部（×300）；I. 胡杨种皮复网纹（×1000）；J. 胡杨种皮 1 个复网纹的放大（×3000）；K. 胡杨种皮网脊毛状物（×3700）；L. 胡杨种皮网脊毛状物着生方式（×1200）；M. 灰杨种皮复网纹（×1000）；N. 灰杨种皮 1 个复网纹的放大（×3000）；O. 灰杨种皮网脊毛状物（×3700）；P. 灰杨种皮网脊毛状物着生方式（×1200）

测定两物种种子长度和宽度，种皮一级网纹和二重网纹结构的网壁宽度、网眼长度和宽度，网脊上毛状物长度和中部宽度等种子形态参数，并对各组数据进行单因素方差分析（表 7-2）。结果表明，两个物种种皮一级网纹网眼宽度、二重网纹网眼长度和网脊毛状物中部宽度 3 项指标 F 值大于 F 临界值，差异显著（$P<0.05$）；其他 7 项指标均无显著差异。

7.3　冠毛的微形态特征

扫描电镜观察结果显示，胡杨和灰杨种子附属物——冠毛，着生于种子基部（图 7-5A、B、E、F）。冠毛从形态上可以区分为两种：第一种为长直型（图 7-5D、H、I、M），长度 4μm，顶端略尖，基部渐粗，中空，顶部呈现分节（图 7-5D、H），可折断（图 7-5L），中部和基部平直；第二种为短弯型（图 7-5J、K、N、O、P），卷曲，表面有逆时针向顶旋转的纹理，长度与直径均远小于长直型冠毛。

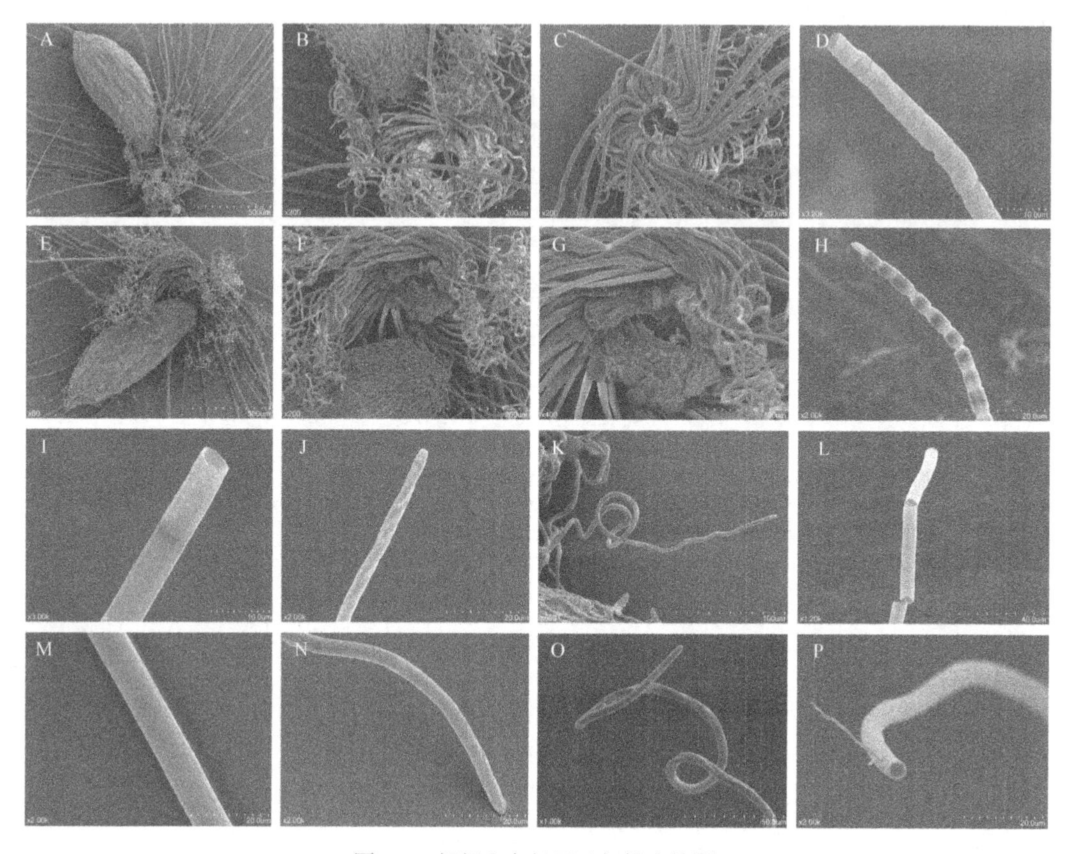

图 7-5　胡杨和灰杨冠毛扫描电镜图

A. 胡杨单粒种子带冠毛（×75）；B. 胡杨种子冠毛簇正面（×200）；C. 胡杨种子冠毛簇背面（×200）；D. 胡杨种子长直型冠毛顶部（×3200）；E. 灰杨单粒种子带冠毛（×80）；F. 灰杨种子冠毛簇正面（×200）；G. 灰杨种子冠毛簇背面（×400）；H. 灰杨种子长直型冠毛顶部（×2000）；I. 胡杨种子长直型冠毛基部（顶部断裂，×3000）；J. 胡杨种子短弯型冠毛顶部（×2000）；K. 胡杨种子短弯型冠毛（×550）；L. 胡杨种子长直型冠毛（×1200）；M. 灰杨种子长直型冠毛基部（×2000）；N. 灰杨种子短弯型冠毛顶部（×2000）；O. 灰杨种子短弯型冠毛（×1000）；P. 灰杨种子短弯型冠毛横断面（×2000）

观察发现，短弯型冠毛和长直型冠毛围绕着一个中心孔做多层环状排列（图 7-5B、C、F、G），形成类似“鸟巢”结构，种子基部直立插在“鸟巢”中，被短弯型冠毛和长直型冠毛紧密包被在中央。其中短弯型冠毛排列在靠近种子的一侧，长直型冠毛排列在远离种子的一侧（图 7-5C、G）。

对随机选取的胡杨和灰杨种子长直型冠毛和短弯型冠毛各 15 根的直径在适当放大倍数下进行观测，结果见表 7-3。对各组数据进行单因素方差分析（表 7-4），长直型冠毛顶部直径 F 值大于 F 临界值，差异显著（$P<0.05$），胡杨和灰杨种子的长直型冠毛中部直径、基部直径和短弯型冠毛顶部直径均无显著差异。

表 7-3 胡杨和灰杨冠毛直径观察数据统计 （单位：μm）

指标	长直型冠毛顶部直径	长直型冠毛中部直径	长直型冠毛基部直径	短弯型冠毛顶部直径
胡杨	4.42±0.02	8.48±0.94	14.52±0.30	2.52±0.07
灰杨	3.43±0.27	7.44±1.18	14.34±0.55	2.80±0.45

注：测量时放大 2000 倍

表 7-4 胡杨和灰杨冠毛直径单因素方差分析

检测值	长直型冠毛顶部直径	长直型冠毛中部直径	长直型冠毛基部直径	短弯型冠毛顶部直径
F 值	44.319*	2.348	0.405	1.864
F 临界值	5.318	5.318	5.318	5.318

*表示胡杨和灰杨同一指标参数之间差异显著（$P<0.05$）

7.4 带冠毛种子脱落和萌发与环境水分条件的关系

将带冠毛种子置于无水土壤（对照）、湿润土壤表面和水面 3 种不同条件下，统计胡杨、灰杨种子脱落率和脱落种子萌发率。结果显示，在无水土壤条件下胡杨和灰杨种子脱落率均很低，胡杨、灰杨初始（0 小时）种子脱落率分别为 1.56%和 0.18%，24 小时后分别达到 1.91%和 0.31%；在湿润土壤表面，胡杨、灰杨初始（0 小时）种子脱落率分别为 20.71%和 7.65%，随着时间的延长种子脱落率逐渐增加，12 小时后种子脱落率分别达到 37.73%和 17.06%；在水面上，胡杨、灰杨初始（0 小时）种子脱落率分别为 21.61%和 6.78%，12 小时后种子脱落率分别达到 33.22%和 12.73%；胡杨、灰杨种子脱落在湿润土壤表面和水面条件下都集中在 0～6 小时（图 7-6）。

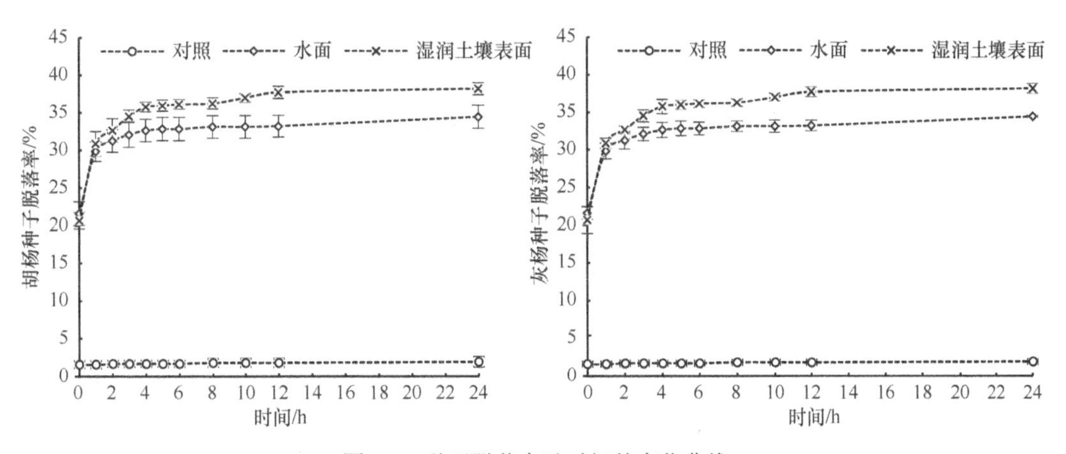

图 7-6 种子脱落率随时间的变化曲线

由表 7-5 和表 7-6 可知，在各时间点，胡杨、灰杨在湿润土壤表面、水面的种子脱落率均显著高于对照。胡杨种子从 10 小时至 24 小时在湿润土壤表面的脱落率均显著高于水面的（表 7-5）；灰杨种子在 1 小时、3 小时至 24 小时的各时间点湿润土壤表面的脱落率显著高于水面上（表 7-6）。说明不同水环境条件对胡杨、灰杨种子从冠毛上脱落有一定影响。

表 7-5 不同水环境条件下胡杨种子脱落率的比较 (%)

处理	0h	1h	2h	3h	4h	5h	6h	8h	10h	12h	24h
对照	1.56 b	1.56 b	1.68 b	1.68 b	1.68 b	1.68 b	1.68 b	1.80 b	1.80 c	1.80 c	1.91 c
水面	21.61 a	29.85 a	31.26 a	32.10 a	32.65 a	32.85 a	32.85 a	33.14 a	33.14 b	33.22 b	34.45 b
湿润土壤表面	20.71 a	30.88 a	32.65 a	34.54 a	35.78 a	35.99 a	36.16 a	36.29 a	37.02 a	37.73 a	38.19 a

注：同一列不同字母间差异显著（$P<0.05$）

表 7-6 不同水环境条件下灰杨种子脱落率的比较 (%)

处理	0h	1h	2h	3h	4h	5h	6h	8h	10h	12h	24h
对照	0.18 b	0.18 c	0.18 b	0.31 c	0.31 c	0.31 c	0.31 c	0.31 c	0.31 c	0.31 c	0.31 c
水面	6.78 a	8.22 b	9.65 a	10.03 b	10.50 b	11.22 b	11.41 b	11.79 b	11.95 b	12.73 b	13.70 b
湿润土壤表面	7.65 a	10.70 a	11.60 a	13.36 a	14.31 a	15.62 a	16.91 a	16.91 a	16.91 a	17.06 a	18.28 a

注：同一列不同字母间差异显著（$P<0.05$）

试验结果表明，胡杨脱落在水面和湿润土壤表面的种子 1 小时后就能萌发，在水面从 5 小时开始脱落种子的萌发率随时间增加而显著增加，在湿润土壤表面从 6 小时开始脱落种子的萌发率随时间增加而显著增加（图 7-7，表 7-7）。灰杨脱落在水面的种子 5 小时开始萌发，脱落在湿润土壤表面的种子 2 小时开始萌发，无论在水面还是湿润土壤表面灰杨脱落种子萌发率均从 8 小时开始随时间增加而显著增加(图 7-7，表 7-8)。结果说明，胡杨、灰杨脱落种子在不同的水分环境条件下种子萌发特点有所不同。

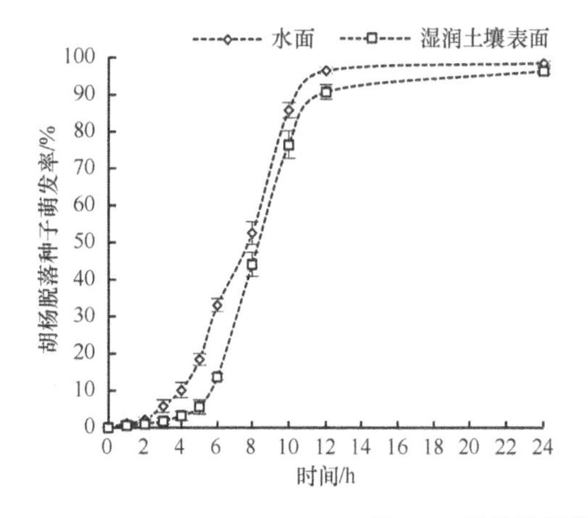

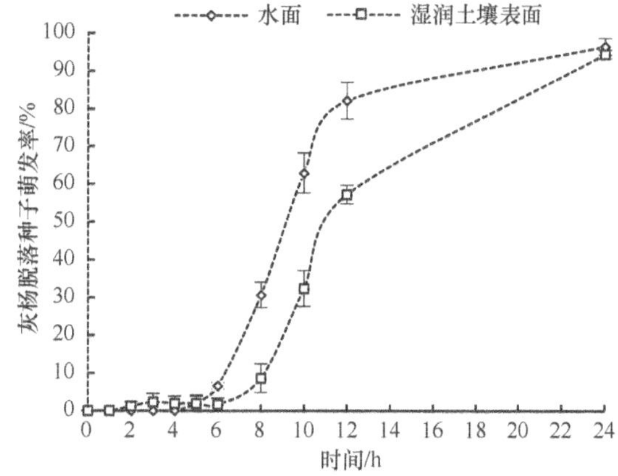

图 7-7 脱落种子萌发率随时间的变化曲线

表 7-7 胡杨脱落种子萌发率随时间的变化 (%)

处理	0h	1h	2h	3h	4h	5h	6h	8h	10h	12h	24h
水面	0.00 h	1.10 h	2.06 gh	5.85 fg	10.14 f	18.36 e	33.14 d	52.56 c	85.88 b	96.52 a	98.60 a
湿润土壤表面	0.00 g	0.60 fg	1.04 fg	1.82 fg	3.20 fg	5.63 f	13.72 e	44.15 d	76.53 c	90.79 b	96.49 a

注：同一列不同字母间差异显著（$P<0.05$）

表 7-8　灰杨脱落种子萌发率随时间的变化　（%）

处理	0h	1h	2h	3h	4h	5h	6h	8h	10h	12h	24h
水面	0.00 e	0.00 e	0.00 e	0.00 e	0.00 e	2.08 e	6.59 e	30.67 d	62.92 c	82.14 b	96.48 a
湿润土壤表面	0.00 e	0.00 e	1.19 e	2.27 de	1.92 de	1.92 de	1.67 e	8.63 d	32.40 c	57.23 b	94.46 a

注：同一列不同字母间差异显著（$P<0.05$）

7.5　种子散布的时间特征

胡杨林种子雨从 7 月 22 日开始到 9 月 22 日结束，历时两个月。两个月的种子散布期可以分为初始期（7 月 22 日至 8 月 31 日）、高峰期（9 月 1～15 日）和消退期（9 月 16～22 日）3 个阶段。在林内，初始期和消退期种子雨平均强度相对较低，散种量分别占总散种量的 20%和 13%；高峰期种子雨平均强度为 53.3 粒/（$m^2 \cdot d$），该时期散种量占总散种量的 67%（图 7-8）。在林外东、南、北方位种子雨平均强度的变化与林内相同。

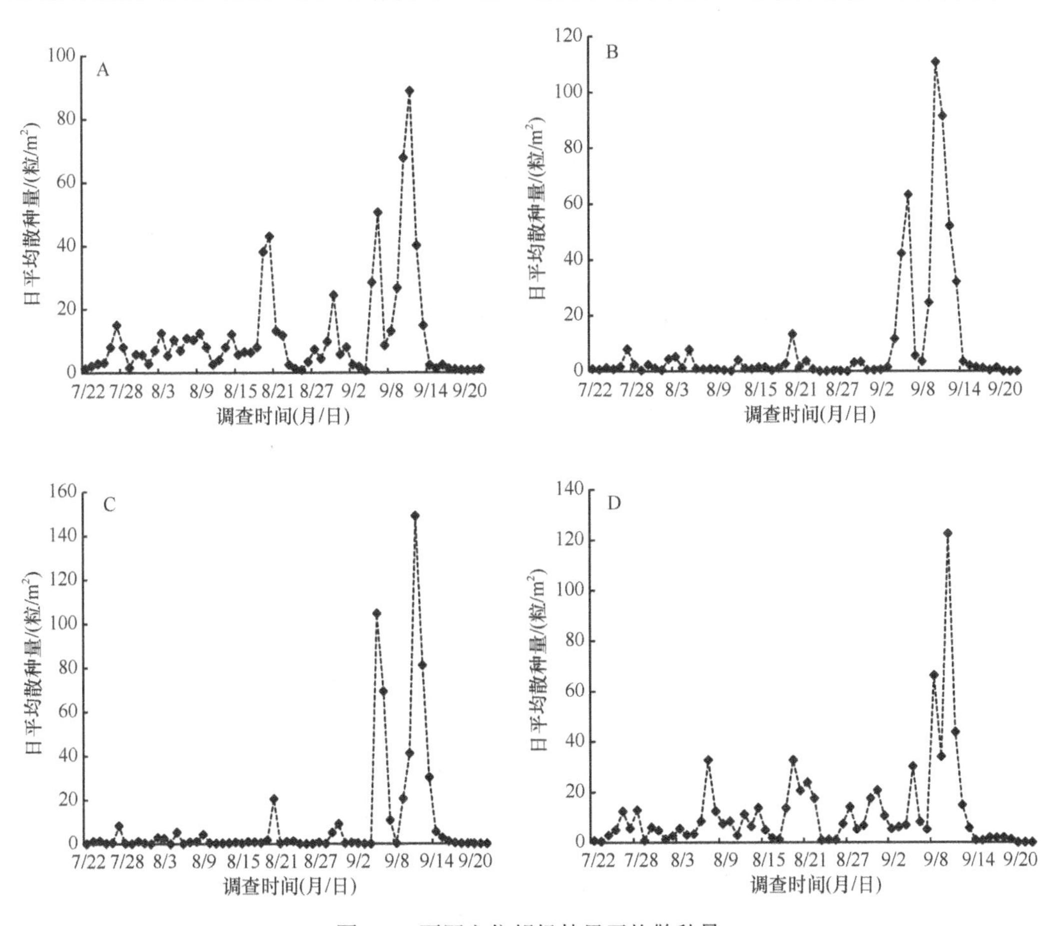

图 7-8　不同方位胡杨林日平均散种量

A. 林内；B. 林东；C. 林北；D. 林南。林东为林外东向；林北为林外北向；林南为林外南向，本章下同

7.6 种子散布的空间格局

由于胡杨林的雌株主要分布在林缘区域，因此以林缘为界，分析林内和林外各方位种子密度空间格局的变化特征。图 7-9 显示，林内累计散落的种子呈不均匀、局部聚集分布格局。在胡杨林南、北方位，累计落种量呈现由林缘（南、北）向林内方向递减的趋势；林内中心区域累计落种量处于较低水平。结合图 7-1 分析，101 棵雌株主要分布在东、西、北方位的林缘，其中以北方位林缘分布最多，北方位林缘及其林内区域种子累计分布相应最多。在南方位林缘没有雌株分布，但林内西南角却是另一个种子密集分布的区域，可能与种子散布期北风和西南风出现频率较高有关（图 7-10）。

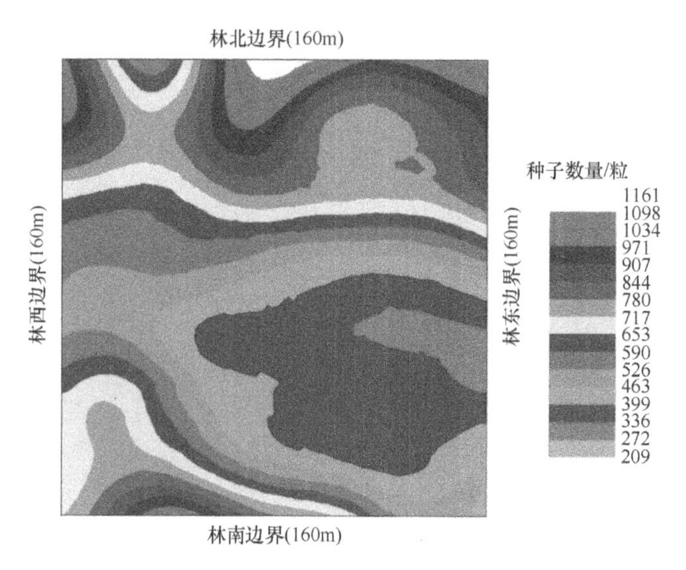

图 7-9 种子散布期林内种子数量格局特征（7 月 22 日至 9 月 22 日）（彩图见封底二维码）

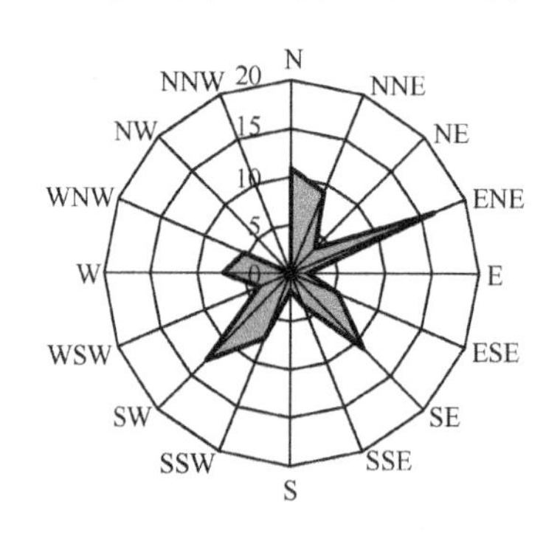

图 7-10 2002 年 7 月 22 日至 9 月 22 日主风风向频率（%）

对林内、林外一天内各时间点种子密度与散种距离的关系进行分析，如图 7-11 和图 7-12 所示。林内种子扩散的曲线呈双峰状态，种子密度的峰值出现在距离种源最近的地方（林缘）。从林缘起，随着与林缘距离的增大，种子密度呈减小的趋势，在林内中央（处）则处于较低的水平。林外种子扩散的曲线呈单峰状态，种子密度的峰值同样都出现在距离种源最近的地方（林缘），且离种源越远，种子密度越小，至林外 160m 处种子密度仍不为 0，说明种子传播距离至少可达 160m。种子的传播在同一时间点具有较高的空间异质性。

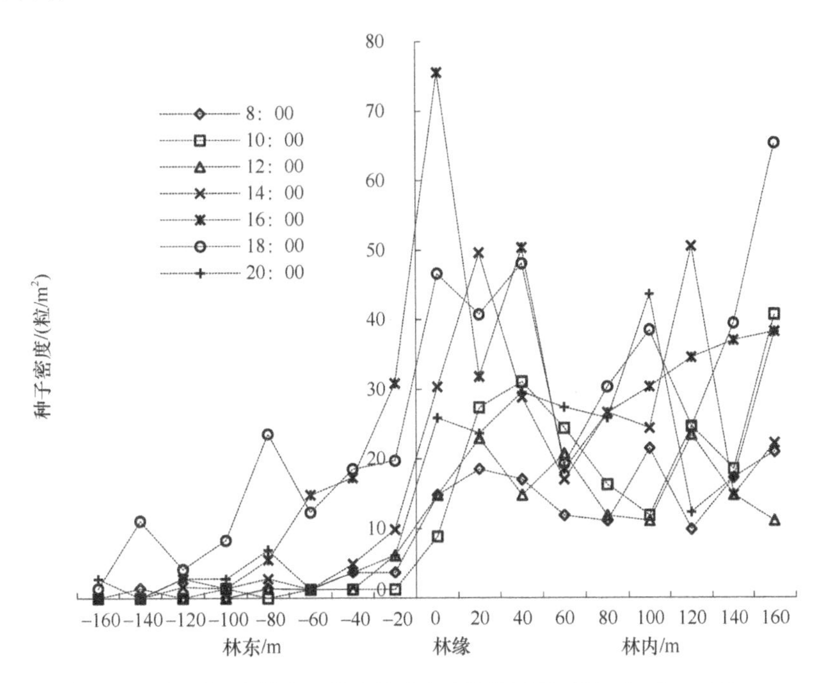

图 7-11　各时间点林东、林内种子密度随距离的变化（8 月 23 日）

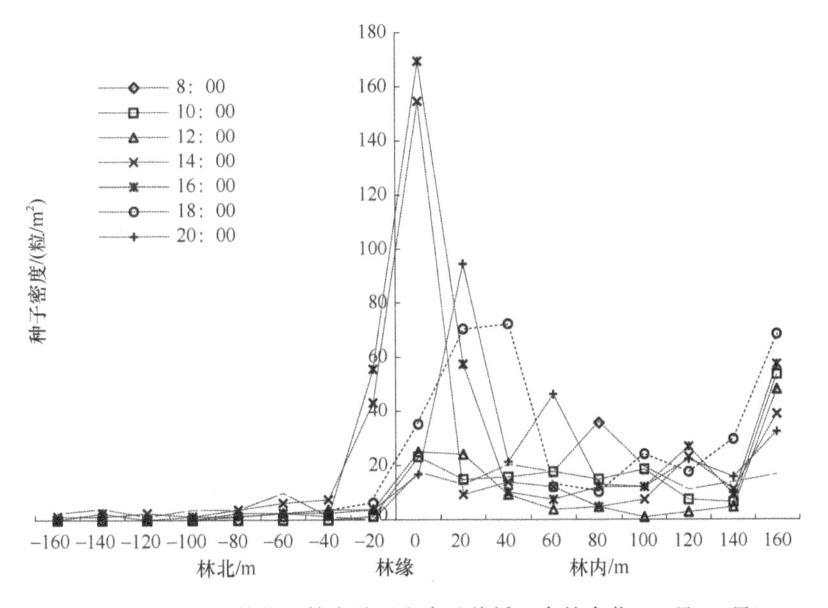

图 7-12　各时间点林北、林内种子密度随传播距离的变化（8 月 23 日）

对林内、林外种子散布期种子密度均值与距离的关系进行分析，如图 7-13 所示。在林内，不同距离间种子密度没有显著差异；在林东、林北，距林缘 0m 处与距林缘 20m、

40m、60m、80m、100m、120m、140m、160m 处种子密度存在极显著差异，但 20m 至 160m 两两间不存在极显著差异。林南种子密度则随着与林缘距离的增大而逐渐减小，在距林缘 25m、30m 处的种子密度分别与 5m、10m、15m 处有极显著差异。结果表明，距林缘同一距离的种子密度林内高于林东、林北，林内、林东、林北不同空间的种子密度不同，反映了胡杨林种子密度分布格局具有较高的空间异质性。

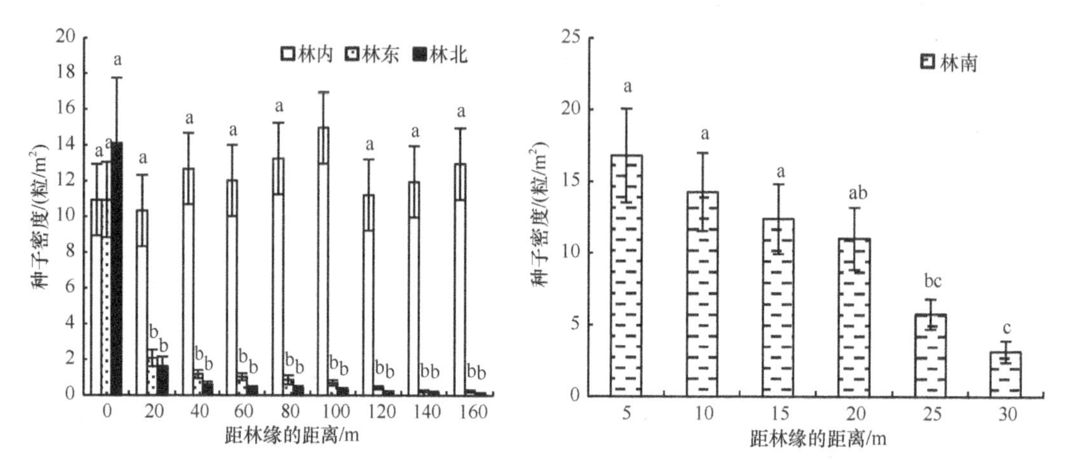

图 7-13　种子密度与距林缘距离的关系

图中不同字母表示同一方位距林缘不同距离之间差异极显著（$P<0.01$）

7.7　散种量与气象因子的关系

在胡杨种子散布期，7～8 月日平均气温呈上升趋势，整个 8 月是日平均气温最高的时段，9 月日平均气温较 8 月明显降低（图 7-14）。

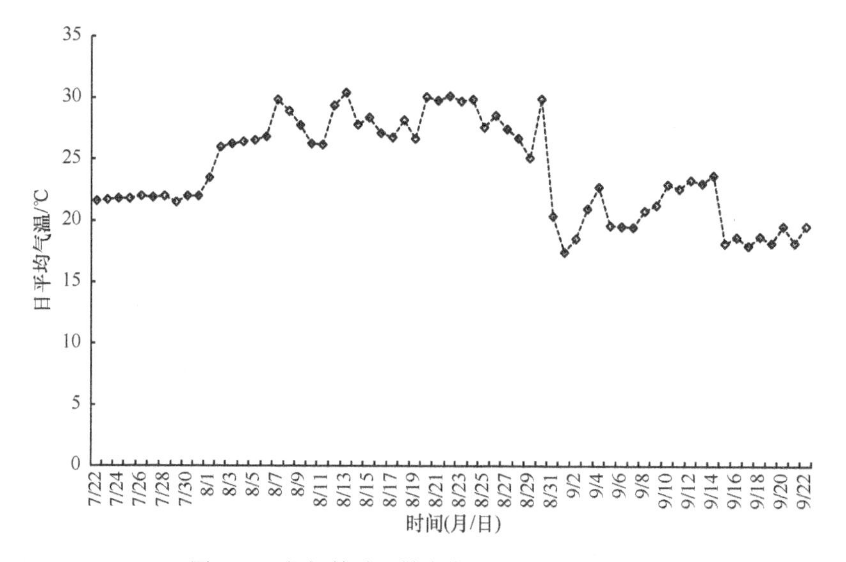

图 7-14　胡杨林种子散布期日平均气温的变化

日平均风速在种子散布期整体呈现逐渐降低的趋势（图 7-15）。在种子散布期，种子雨平均强度的变化趋势与日平均风速的变化趋势正好相反，4 个散种高峰期出现的日期都是日平均风速持续较低的时期；相反，种子雨平均强度较低的 7 月 21 日至 8 月 20 日，是风速较大、变化幅度较大且相对集中的时期。

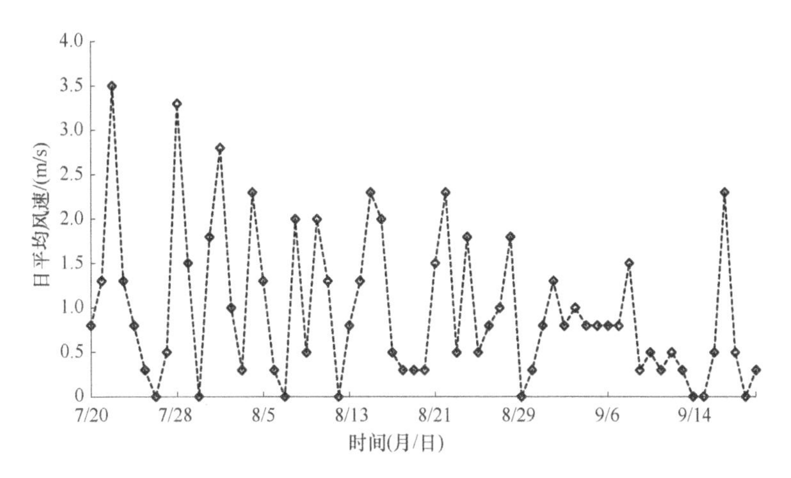

图 7-15　胡杨林种子散布期日平均风速的变化

相关性分析表明（表 7-9），胡杨日散种量与气温呈极显著正相关（$P<0.01$），与日平均空气干燥度呈显著正相关（$P<0.05$），与日平均风速呈负相关，但没有呈现显著相关，说明气温升高使种子散种数量增加有显著影响，较高的空气干燥度会加速果实的成熟和开裂，进而促进散种。

表 7-9　胡杨日散种量与气象因子间的相关性分析（n=63）

项目	日平均气压	日平均空气干燥度	日平均气温	日平均风速
日散种量	0.013	0.275*	0.413**	–0.014

*表示差异显著（$P<0.05$）；**表示差异极显著（$P<0.01$）

实际调查结果显示，8 月是日平均气温、日平均空气干燥度较高的时期，但林内、林外日散种量却不是种子散布期的最高值。分析认为，尽管气温和空气干燥度增高有利于果实成熟、开裂及种子散布，但 2m/s 以上大风出现的频率较高，风速越大胡杨种子被远距离传播到样方外的概率越大，在取样点的种子密度就越小，因此会出现日落种量较低的现象。9 月的情况与之相反，日平均气温、日平均空气干燥度都处于最低的时期，该时期 2m/s 以上大风出现频率较低，但日散种量是种子散布期最高水平，表明尽管气温和空气干燥度降低，但风速的降低会使胡杨种子散布集中在种源附近的范围，表现为 9 月上旬样地种子雨强度高峰期出现，但种子远距离传播受到一定的影响。由此也说明，气温和空气干燥度会显著影响散种节律、散种量，但风速会影响种子散布距离及散种量，胡杨种子散布期风速在时间尺度上的变化是影响种子散布数量及格局的重要因素之一。

7.8 种子自然繁殖的时空特征及其影响因子

从理论上讲，胡杨林可以进行种子繁殖的空间范畴是林内、林外及河岸边胡杨种子可以传播到的范围；可以进行种子繁殖的时间范畴是胡杨林果实成熟后2个月的种子散布期。在林内、林东、林北和林南定期调查样地种子数和幼苗数，发现直到种子散布结束，林内、林外样地均未能发现种子繁殖形成的幼苗。

测定种子散布期林内、林外、河床样地0cm土层土壤总盐含量（表7-10），发现林内、林外、河床地表总盐含量分别达11.9%、0.07%、0.25%。林内无种子繁殖幼苗可能与林内地表总盐含量较高有关；林外地表土壤总盐含量虽然较低，但土壤含水量低，这可能才是林外无种子繁殖幼苗出现的主要原因。

9月12日塔里木河洪水开始消退以后，在靠近胡杨林约250m处的河床上发现有大量种子繁殖形成的幼苗。在9月14日至11月1日期间，河床上3个样带的幼苗数、成活率、真叶叶片数始终是河床样带1＞河床样带2＞河床样带3，其中以河床样带3的幼苗成活率下降最快（表7-11）。

表7-10 林内、林外、河床土壤总盐含量 （%）

样地	0cm 土层	0～5cm 土层	5～10cm 土层	10～15cm 土层
林外	0.07	0.05	0.05	0.03
林内	11.9	12.96	13.96	14.96
河床	0.25	0.14	0.18	0.12

表7-11 河床立地条件下幼苗成活率及土壤含水量 （%）

日期（月/日）	河床样带1		河床样带2		河床样带3	
	幼苗成活率	土壤含水量	幼苗成活率	土壤含水量	幼苗成活率	土壤含水量
9/14	100	30.68	0	洪水未退	0	洪水未退
9/19	78.69	28.45	100	29.99	0	30.29
9/24	66.54	27.79	64.67	27.67	100	28.19
9/28	45.11	27.43	47.33	26.28	54.48	27.43
10/2	43.36	27.53	40.53	25.52	16.67	25.42
10/6	42.23	27.41	37.07	20.41	11.11	21.30
10/10	41.23	23.62	31.47	20.28	10.19	20.34
10/15	40.48	22.97	25.07	19.32	8.33	19.81
10/18	39.85	22.87	24.80	16.52	6.48	17.14
10/21	39.10	26.18	20.93	17.97	6.48	15.78
10/24	25.94	21.91	12.27	18.50	3.70	15.53
10/28	20.93	22.33	9.73	17.88	3.70	14.72
11/1	18.67	22.51	6.93	16.25	2.78	12.99

在种子散布高峰期与洪水开始消退相吻合的时期，河床上有胡杨幼苗种群建立，幼苗种群数量呈现在远离河岸方向逐渐减少、幼苗成活率逐渐降低的空间数量格局。

7.9 讨　　论

7.9.1 种子微形态特征在传播和萌发中的作用

种子形态和重量不但影响种子的散布距离，而且决定种子散布的方式和特点（Fahn and Werker，1972）。研究表明，胡杨和灰杨种子均为长卵形，个体极其微小，千粒重分别为（0.0781±0.0014）g 和（0.0482±0.0032）g，种子重量体现出小而轻、适应风力传播的特点。另外，胡杨、灰杨冠毛以管状中空的结构体现出重量轻的特点，长直型冠毛在外、短弯型冠毛在内的“外长内短”排列方式则构建了近似伞状的结构。野外调查结果表明，胡杨种子在风力作用下可以被传播到 160m 以外的地方，说明冠毛近似伞状的结构特点适应在风力作用下的漂浮运动，适应在水面上随波逐流迁徙，有利于种子远距离散播，郭学民等（2013）研究也认为，胡杨种子基部簇生长冠毛，冠毛纤长而中空，可能有利于种子散播、吸水和隔热。胡杨、灰杨种子形态和重量特征决定了两物种具有适应风力传播的种子散布方式。

对骆驼蓬属植物种子微形态与种子萌发相关的研究表明，种子表面纹饰骆驼蒿呈细网状，骆驼蓬为蜂窝网状，多裂骆驼蓬系不规则皱褶状，其保水能力为皱褶状＞蜂窝网状＞细网状，种子的萌发速度和发芽率均为多裂骆驼蓬＞骆驼蓬＞骆驼蒿，从形态学角度推测这种微形态有利于它们在干旱环境下吸收和保留水分（马骥等，1997）。郭学民等（2013）指出，胡杨种皮表面有网眼和表皮毛，网眼发达，可能有助于吸水萌发、减少蒸腾；表皮毛呈开放式船锚样，起到锚定和吸水的作用，胡杨种子的这些形态特征是对干旱荒漠环境的生态适应。

我们对胡杨、灰杨种子微形态的研究表明，两个物种种皮表面纹饰为复网纹类型，部分网脊延伸弯曲外翘呈毛状，毛状物在种子基部较多，在种子中部和顶部较少，而且毛状物弯曲外翘的方向朝向种子的顶端，与冠毛抱合的方向一致。分析认为，胡杨、灰杨种皮复网纹的纹饰实际上扩大了种皮吸收水分的表面积，另外当种子遇到水时种皮上的网眼可能形成水膜，使种子提高吸水速度，加快萌发速度，这与两个物种快速集中萌发的特征是相适应的；而种子表面复网纹的网脊延伸弯曲外翘的诸多毛状物，可以起到降低种子表面空气流动、减少水分散失的作用，使种子尽可能保持活力；当种子落在荒漠高温地面上时可使种子与荒漠高温地面保持一定的距离，避免高温对种子的伤害；同时也起到辅助种子风力传播的作用。研究表明，同属、同组的胡杨和灰杨种子形状和大小具有相似性，验证了同系、同组的物种其种子微形态、结构大多具有相似性（马骥等，2003）的结论。两物种种子表面都具有复网纹的纹饰，复网纹形成毛状结构，与胡杨种子表面基本纹饰为网穴状的研究结果不同。

胡杨、灰杨种子基部着生长直型及短弯型冠毛，分层排列形成“巢”状结构，种子基部嵌合在冠毛的“巢”状结构中。冠毛形成的“巢”状结构作为种子风传载体，借助风力可以携带种子长距离传播。分析认为，一，冠毛在种子基部构成的“巢”状结构起到保护种子在散布过程中不丢失的作用；二，冠毛可能起到辅助种子固着在湿润土壤表面上的作用，从而使种子飘落地面吸水萌发后胚根尽早伸入土中，这对于个体极其微小的种子实现快速萌发过程是极其重要的。

7.9.2 影响胡杨林种子散布时空格局的因素

有研究表明，林木种子雨在不同群落间存在散布时间的异质性，这可能是立地条件、林分起源的差异造成的结果（Silva Matos and Watkinson，1998；Vormisto et al.，2004；Yu et al.，2008；Cao et al.，2009）。胡杨同一林分，因个体发育状况受其在林内分布位置及光热资源的影响，种群内雌性个体间发育进程存在差异，从而引起雌性单株间开花、结实及种子散布时间的异质性（周正立等，2005；张昊等，2007；买尔燕古丽·阿不都热合曼等，2008），不同林分亦有此特征。有研究报道，胡杨果实成熟期的持续时间有很大差异，长达 4 个多月的果熟期与塔里木河下游生态输水时间相吻合（买尔燕古丽·阿不都热合曼等，2012）。本研究发现，胡杨雌株种子散布期的时间异质性决定了胡杨林种子散布期长达 2 个月。自然状态下，胡杨种子 30 天内几乎完全丧失生命力（黄培祐，1990；刘亚萍等，2005），种子繁殖就取决于种子寿命期内能否与湿润的土壤生境相遇。种子散布期与塔里木河洪水期有较长时间的重叠，使寿命仅有 20～30 天的种子可以有更大概率在不同时间到达不同的空间与洪水漫溢过程相遇，形成“风险分摊”、快速“随遇而安”的繁殖对策。

张玉波等（2005）研究指出，胡杨大部分种子落在母树附近，少部分种子能够进行远距离传播。我们的研究结果与之有相同之处，胡杨林大部分种子落在胡杨林内，少部分种子落在林外。在林内，种子集中分布在林缘雌株集中分布的区域，林内局部聚集分布的空间格局与样地内雌株空间分布不均匀及雌株多分布在林缘有关。在林外，种子传播曲线呈现尖峰态特点，种子在不同方位上均有长距离传播，种子传播距离可达 160m 以上。种子密度呈现随着与林缘距离增大逐渐减小的格局特征。

有研究报道，种子的散布主要受湿度和风的影响，湿度对种子雨的强度起主要作用。风对种子的传播方向和距离起决定性作用，不同方向上的种子传播距离和强度相差很大（李俊清等，2009）。我们研究发现，气温、空气干燥度与种子雨强度呈极显著/显著正相关，它们与风力、风向一起影响种子散布节律、种子传播和落种量。7～8 月日平均气温和空气干燥度远高于 9 月，但种子雨强度却低于 9 月，这可能与 7～8 月 2m/s 以上风速居多有关，频繁的大风会使大量的种子被远距离传播，因此在 7～8 月的种子雨强度较小；在 9 月气温和空气干燥度明显降低，2m/s 以上风速出现频率低，因此 9 月种子雨强度却是最大。此外，在林内没有雌株分布的西南角区域种子集中分布，可能与种子散布期该方位风向出现频率高有关。由此说明，塔里木河河岸胡杨林种子散布的节律、数量格局特征是物种本身生物学特性与环境因子综合作用的体现。

7.9.3 影响胡杨林种子繁殖的因素

有研究报道，在沙土条件下当土壤含水量低于 26%时胡杨种子不能萌发；在覆盖有淤泥层沙土条件下，土壤含水量低于 15%时，胡杨种子不能萌发（高瑞如等，2004）。

1.3%的硫酸盐浓度、0.85%的 NaCl 浓度是胡杨种子萌发的耐盐临界值，超过该耐盐临界值时，胡杨种子萌发及其幼苗生长受到抑制（刘建平等，2004）。我们的研究结果发现，胡杨林种子散布期长达 2 个月，但在种子散布期林内、林外样地均没有发现种子繁殖成功的实例。分析认为，在种子散布期，尽管林内、林外散落有大量种子，但林内、林外地表土壤含水量低于胡杨种子萌发所需的适宜土壤含水量（15%）（高瑞如等，2004），抑制了种子萌发；随着洪水到来，林地地下水位升高和地表强烈蒸发作用导致地表盐分集聚，地表总盐高达 10.96%成为抑制种子萌发及幼苗形成的另外一个重要因素。胡杨种子萌发及幼苗生长阶段需要持续充足的水分，林内、林外种子繁殖失败显然是缺乏种子萌发的安全生境造成的。

在河岸边的调查结果与前人研究结果相似，在种子散布高峰期与洪水开始消退相吻合的时期，在河岸边有胡杨幼苗种群建立，幼苗种群数量在远离河岸方向逐渐减少、幼苗成活率逐渐降低的空间数量格局。分析其原因，首先是洪水消退后显露的河床（一定厚度的淤泥层、水分充足、含盐量低）形成自然条件下胡杨种群可依赖，甚至是唯一的种子萌发安全生境。洪水逐渐消退后依次显露出河床样带 1、河床样带 2、河床样带 3，故河床样带 1 幼苗定植时间最早、幼苗生长发育时期最长、幼苗成活率也就最高，河床样带 2、河床样带 3 种子萌发及幼苗定植时间则依次推后，幼苗生长及成活率随气温、地表温度逐渐降低而降低，故在河岸边幼苗种群呈现由近至远逐渐减少的数量格局特征。胡杨种子萌发及定植的安全生境，建立时期决定了胡杨种子萌发及幼苗种群建立的时间空间序列和数量特征。安全生境建立与种子散布期吻合的时间是影响河床立地条件下胡杨种子自然繁殖的主要因素。除此之外，环境因子对胡杨种子成功繁殖也会产生影响，如湿润河床形成，但缺少一定的风力风向没有种子被传播到湿润河床上，种子繁殖也难以实现。

因个体发育的差异，以及在气温、空气干燥度和风力风向影响下，胡杨林实现持续散种，使种子有更多概率在不同时间到达不同空间，形成“风险分摊”、快速“随遇而安”的繁殖对策。安全生境的建立是胡杨种子繁殖的关键环节，建议在种子散布期采取引洪漫溢的措施，促成种子繁殖的安全生境，以实现天然胡杨林种子繁殖更新。

参考文献

高瑞如, 黄培祐, 赵瑞华. 2004. 胡杨种子萌发及幼苗生长适应机制研究. 淮北煤炭师范学院学报, 25(2): 47-50.

郭强, 朱敏, 徐勒, 等. 2008. 五种杂草种子沉降速度. 生态学杂志, 279(4): 519-523.

郭学民, 刘挨枝, 王华芳. 2013. 胡杨种子微形态结构特征及其耐旱性. 河北科技师范学院学报, 27(1): 23-26.

华鹏. 2003. 胡杨实生苗在河漫滩自然发生和初期生长的研究. 新疆环境保护, 25(4): 14-17.

黄培祐. 1990. 新疆荒漠区几种旱生树种自然分布的制约因素研究. 干旱区资源与环境, 4(1): 59-67.

李俊清, 卢琦, 褚建明, 等. 2009. 额济纳绿洲胡杨林研究. 北京: 科学出版社: 63-71.

李志军, 周正立, 高山, 等. 2003. 胡杨和灰叶胡杨种子散布与繁殖的时空规律. 见: 中国植物学会. 中国植物学会七十周年年会论文摘要汇编. 北京: 高等教育出版社: 178.

刘建平, 李志军, 何良荣, 等. 2004. 胡杨和灰叶胡杨种子萌发期抗盐性的研究. 林业科学, 40(2):

165-169.
刘亚萍，计巧灵，葛春辉，等. 2005. 不同萌发率胡杨种子萌发前后同工酶动态变化分析. 种子, 24(12): 1-4.
马骥，李俊祯，晁志，等. 2003. 64种荒漠植物种子微形态的研究. 浙江师范大学学报(自然科学版), 26(2): 109-115.
马骥，王勋陵，赵松岭. 1997. 骆驼蓬属种子微形态及其生态学与分类学意义. 武汉植物学研究, (4): 323-327.
买尔燕古丽·阿不都热合曼，艾里西尔·库尔班，阿迪力·阿不来提，等. 2008. 塔里木河下游胡杨物候特征观测. 干旱区研究, 25(4): 524-532.
张昊，李俊清，李景文，等. 2007. 额济纳绿洲胡杨种群繁殖物候节律特征的研究. 内蒙古农业大学学报(自然科学版), 28(2): 60-66.
张肖，王瑞清，李志军. 2015. 胡杨种子萌发对温光条件和盐旱胁迫的响应特征. 西北植物学报, 35(8): 1642-1649.
张肖，王旭，焦培培，等. 2016. 胡杨(*Populus euphratica*)种子萌发及胚生长对盐旱胁迫的响应. 中国沙漠, 36(6): 1597-1605.
张玉波，李景文，张昊. 2005. 胡杨种子散布的时空分布格局. 生态学报, 25(8): 1994-2000.
周正立，李志军，龚卫江，等. 2005. 胡杨、灰叶胡杨开花生物学特性研究. 武汉植物学研究, 23(2): 163-168.
Cao D C, LI J W, Chen W Q, et al. 2009. Temporal heterogeneity of *Populus euphratica* seed rain in Ejina Oasis, China. Eurasina Journal of Forest Research, 12(1): 1-8.
Fahn A, Werker E. 1972. Seed Biology. New York: Academic Press.
Ridley H N. 1930. The dispersal of plants throughout the world. Nature: 127.
Silva Matos D M, Watkinson A R. 1998. The fecundity, seed, and seedling ecology of the edible palm Euterpe edulis in Southeastern Brazil. Biotropica, 30: 595-603.
Vormisto J, Tuomisto H, Oksanen J. 2004. Palm distribution patterns in Amazonian rainforests: what is the role of topographic variation? Journal of Vegetation Science, 15: 485-494.
Willson M F. 1983. Plant reproductive ecology. American Scientist, 71(6): 646-647.
Yu Y, Baskin J M, Baskin C C, et al. 2008. Ecology of seed germination of eight non-pioneer tree species from a tropical seasonal rain forest in southwest China. Plant Ecology, 197(1): 1-16.

第 8 章　种子萌发及幼苗生长规律

种子萌发和早期生长是植物生活史的重要阶段，在植物生活周期中至少有 95%的植物死亡发生在种子阶段。这一时期植物体较为弱小，抵抗胁迫的能力低，死亡率较高，因此成为影响植物种群定居和分布最为关键的时期（Fouzia and Janis，2001；Wolfgang et al.，2002）。种群的定居与扩大往往取决于种子萌发阶段和幼苗阶段植物与主要环境因子的关系，进而影响植物天然更新状况和植被恢复的效果。关于温度、光照、土壤含盐量对胡杨种子萌发及幼苗形成的影响的研究已有报道（华鹏，2003；高瑞如等，2004；刘建平等，2004a，2004b；李利等，2005；于晓等，2008），但有关灰杨种子萌发行为对环境条件的适应性研究报道较少。本研究拟探讨干旱和盐胁迫对胡杨、灰杨种子萌发的影响；对比分析不同种源幼苗生长发育的动态规律及环境因子对幼苗生存和发展的影响，可为胡杨、灰杨人工林及天然林的更新和保护提供科学依据。

8.1　研 究 方 法

8.1.1　种子萌发实验

温光处理、盐旱胁迫实验材料来源于塔里木河上游新疆生产建设兵团第一师九团人工胡杨灰杨混交林。不同种源盐胁迫种子萌发试验材料来源于第一师十三团、第一师十四团和第一师十六团天然林，以及叶尔羌河中游第三师四十八团天然林。采集胡杨、灰杨成熟蒴果于室内通风处自然干燥，待果皮自然开裂后将其置于纱网上轻轻揉搓，使冠毛和种子分离。收集种子置于棕色瓶里密封，贮藏在 4℃条件下用于种子萌发试验和播种试验（张肖等，2015，2016）。

（1）温光处理下的种子萌发试验：温度处理为 10℃/15℃、15℃/20℃、20℃/25℃、25℃/30℃、30℃/35℃和 35℃/40℃；光照处理为 24 小时光照（L）、12 小时光照/12 小时黑暗（L/D）及 24 小时黑暗（D），温光两因素处理组合共计 18 个。

（2）干旱胁迫条件下的种子萌发试验：聚乙二醇（PEG）模拟干旱胁迫，设置 PEG6000 溶液渗透势为–0.10MPa、–0.20MPa、–0.40MPa、–0.60MPa、–0.80MPa、–1.00MPa、–1.20MPa，以水为对照，在 12 小时光照/12 小时黑暗、25℃/30℃条件下，进行干旱胁迫种子萌发试验。

（3）盐胁迫条件下种子萌发试验：设置 NaCl 溶液浓度为 0.05mol/L、0.10mol/L、0.20mol/L、0.30mol/L、0.40mol/L、0.60mol/L、0.80mol/L，以水为对照，在 12 小时光照/12 小时黑暗、25℃/30℃条件下，进行盐胁迫条件下种子萌发试验。

以上种子萌发试验每个处理 100 粒种子，3 次重复。种子萌发试验在 RTOT 型培养箱中进行，种子萌发以胚根突破种皮为标准，种子萌发试验持续 7 天，胚生长观察持续 9 天。每 12 小时统计一次萌发种子数，每 12 小时在 NIKOSM1500 体式显微镜下观察、测量下胚轴长、子叶长和胚根长等指标参数。各指标参数按以下公式计算：

$$种子最终萌发率(FGP) = \sum n / N$$

$$种子萌发速率(GR) = \sum 100n / (ND)$$

$$平均萌发时间(MGT) = \sum (Dn) / \sum n$$

式中，N 是供试种子数；D 是从种子置床起算的天数（置床之日为 0）；n 是相应各天的种子萌发数。

（4）不同种源种子萌发期盐胁迫试验设计：设 NaCl 和 Na_2SO_4 两个单盐系列，两个系列的盐溶液浓度均设置为 0.0%、0.2%、0.4%、0.6%、0.9%、1.2%、1.5%。

根据国际种子检验规程进行发芽试验。每个种源 7 个处理，3 次重复，每个重复 100 粒种子，置床（TP）并加盐溶液 4ml，放于种子发芽箱内并盖上皿盖（以防水分蒸发过快）。试验在恒温 30℃条件下进行。每日统计发芽数量，并于第 40 小时统计子叶展平率（2 片子叶展平呈 180°），第 7 天统计 2 个单盐系列不同浓度盐溶液处理下各种源种子的发芽率，再以最佳发芽浓度所对应的发芽率为基数，计算出各浓度处理下的相对发芽率及发芽指数。发芽指数（G_i）计算公式如下

$$G_i = \sum G_t / D_t$$

式中，G_t 为在 t 日内的发芽数；D_t 为相应的发芽日数（郑光华，2004）。

对两种单盐系列处理下各种源种子的相对发芽率、子叶展平率进行相关分析，并对相对发芽率进行回归分析，求得回归方程。然后令相对发芽率为 75%、50%、0%，求得所对应的盐溶液浓度，并拟定为种子发芽时抗盐的适宜值（相对发芽率为 75%时的盐溶液浓度）、临界值（相对发芽率 50%时的盐溶液浓度）和极限值（相对发芽率 0 时的盐溶液浓度），依其值大小对胡杨和灰杨不同种源种子萌发阶段耐盐性强弱进行排序。

8.1.2 幼苗生长动态调查

为了进一步分析胡杨和灰杨种子繁殖过程中幼苗生长阶段对环境的适应，对同一年份自然繁殖的胡杨幼苗和人工繁殖的幼苗进行幼苗越冬成活率调查和对比分析。

（1）自然繁殖幼苗生长调查：2000 年 9 月 12 日洪水退去河床显露时，在河岸和河床上设置 4 个平行于河岸的样带，每个样带上设 3 个 1m×1m 的样方，调查各样方胡杨幼苗数、幼苗越冬成活率及幼苗成长率。

（2）人工繁殖幼苗生长调查：以不同种源的胡杨、灰杨种子为材料，于 2000 年 8 月 15 日采用垄线水播的方法播种。各种源采用完全随机区组排列，10 次重复，每个重复播种 2 行。9 月、10 月、11 月中旬分别测定幼苗根长和根粗。2001 年 3 月 29 日开始，在每个样方随机抽取 10 株苗木，调查越冬幼苗株高和地径。每 15 天调查一次，直至 10 月 27 日。

（3）数据分析：应用 Logistic 函数对株高和地径的年生长规律进行拟合，即

$$Y = \frac{K}{1 + me^{-rt}} \tag{8-1}$$

式中，Y 为苗高/地径；K 为苗高/地径最大值；r 为苗高/地径的增长率；t 为时间；m 为

与苗初始高度/地径有关的参数。

对 Logistic 函数求导，分别估算株高和地径日生长量的最大值和速生期的 2 个拐点

$$X = \frac{1}{R} \times \ln m \tag{8-2}$$

速生期的 2 个拐点为

$$X_1 = \frac{1}{R} \times \ln(\frac{m}{2+\sqrt{3}}) \tag{8-3}$$

$$X_2 = \frac{1}{R} \times \ln(\frac{m}{2-\sqrt{3}}) \tag{8-4}$$

式中，X 为株高；R 为地径；X_1 为速生期的起始天数；X_2 为速生期的终止天数。

根据速生期拐点将株高与地径年生长划分为 3 个时期，应用 DPS 数据处理系统对不同种源幼苗生长量进行方差分析，采用 Duncan 新复极差法进行多重比较。

8.2　种子萌发及胚生长对温度和光照变化的响应

8.2.1　温度和光照对种子萌发的影响

在 24 小时光照（L）、24 小时黑暗（D）和 12 小时光照/12 小时黑暗（L/D）处理下进行胡杨、灰杨种子萌发试验。在 6 种变温处理下，胡杨种子最终萌发率均达到 70%以上，其中，25℃/30℃、30℃/35℃处理的种子最终萌发率达 95%以上（表 8-1），且显著高于 10℃/15℃处理；在 20℃/25℃、30℃/35℃处理下，L 和 D 处理间种子最终萌发率无显著差异，但与 L/D 处理有差异。

胡杨种子萌发速率随温度升高而增加，在 25℃/30℃、30℃/35℃处理下，种子萌发速率均无显著差异，但它们显著高于 10℃/15℃、15℃/20℃、20℃/25℃处理下的种子萌发速率（表 8-1）；在 6 种变温处理下，L、D 和 L/D 处理间种子萌发速率有的有显著差异有的无显著差异。

表 8-1　温度和光照对胡杨种子萌发的比较

指标	处理	10℃/15℃	15℃/20℃	20℃/25℃	25℃/30℃	30℃/35℃	35℃/40℃
最终萌发率/%	L	91.00±3.06 a（c）	92.67±1.76 a（bc）	96.00±1.53 a（ab）	97.67±1.20 a（a）	98.67±0.88 a（a）	97.33±0.33 a（a）
	L/D	88.33±1.45 a（d）	89.67±1.2 a（d）	90.67±0.88 b（cd）	95.00±2.08 a（ab）	96.67±1.86 a（a）	93.33±0.88 b（bc）
	D	77.67±1.20 b（b）	93.33±2.33 a（a）	93.66±1.76 ab（a）	95.66±0.88 a（a）	95.33±1.20 a（a）	93.33±0.33 b（a）
萌发速率/（%/h）	L	2.22±0.10 a（c）	2.53±0.11 b（c）	3.06±0.07 a（b）	3.48±0.08 b（a）	3.59±0.08 a（a）	3.63±0.10 a（a）
	L/D	1.71±0.06 b（e）	2.52±0.04 b（d）	2.99±0.05 a（c）	3.46±0.02 b（ab）	3.65±0.15 a（a）	3.41±0.01 b（b）
	D	1.74±0.07 b（c）	3.03±0.18 a（b）	3.08±0.05 a（b）	3.76±0.04 a（a）	3.60±0.07 a（a）	3.74±0.02 a（a）
平均萌发时间/h	L	51.91±0.95 b（a）	37.44±2.08 ab（b）	30.39±0.57 a（c）	23.93±0.94 a（d）	22.49±0.65 a（d）	20.80±1.59 a（d）
	L/D	66.10±1.63 a（a）	41.86±1.23 a（b）	32.81±1.55 a（c）	23.70±0.71 a（d）	20.32±1.05 a（d）	22.02±0.52 a（d）
	D	48.77±1.56 b（a）	32.99±2.24 b（b）	30.82±0.81 a（b）	17.14±0.85 b（c）	19.19±1.67 a（c）	16.03±0.40 b（c）

注：同行括号内不同字母表示温度处理间差异显著（P<0.05）；同列括号外不同字母表示光照处理间差异显著（P<0.05）

胡杨种子平均萌发时间随温度升高而减少，在 25℃/30℃、30℃/35℃、35℃/40℃处理下的种子平均萌发时间显著少于 10℃/15℃、15℃/20℃、20℃/25℃处理的。在 6 种变温处理下，L、D 和 L/D 处理间种子平均萌发时间有的有显著差异有的无显著差异（表 8-1）。

温度和光照对胡杨种子萌发进程也有一定影响。3 种光周期条件下，25℃/30℃、30℃/35℃、35℃/40℃处理种子累计萌发率在 48 小时内均达 90%以上，种子表现出在较短时间内集中快速萌发的特点；较低的温度（10℃/15℃、15℃/20℃、20℃/25℃）延长了种子达到最大萌发率的时间（图 8-1）。

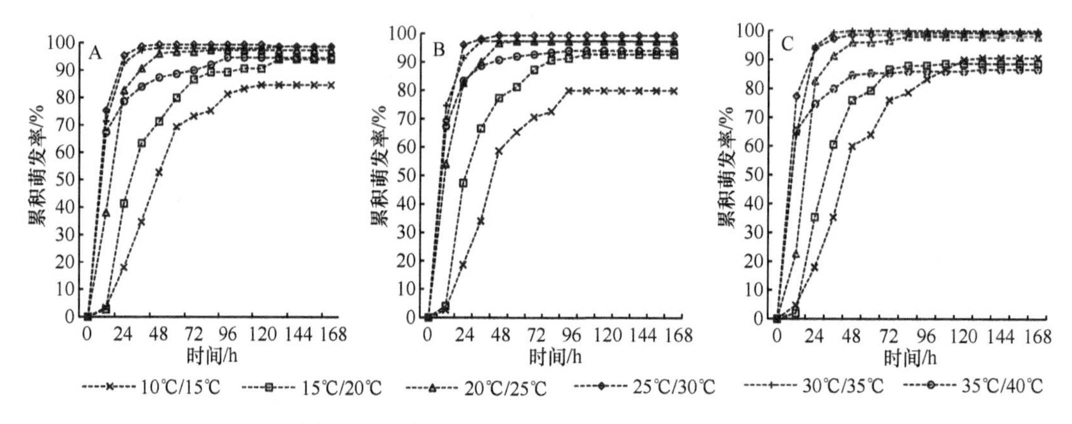

图 8-1 温度和光照对胡杨种子萌发进程的影响

A. L；B. L/D；C. D

3 种光周期条件下，6 种变温处理灰杨种子最终萌发率均达到 80%以上（表 8-2）。其中，24 小时光照、24 小时黑暗 10℃/15℃条件下，种子最终萌发率均显著低于其他温度处理；在 12 小时黑暗/12 小时光照 25℃/30℃、30℃/35℃、35℃/40℃变温处理下，种子最终萌发率显著低于其他两种光照条件。种子萌发速率在 25℃/30℃、30℃/35℃、35℃/40℃处理下显著高于其他温度处理；同一温度处理下，灰杨种子萌发速率以 D 处理最高。种子平均萌发时间均随温度升高而缩短，同一温度处理下种子平均萌发时间均以 24 小时黑暗处理下的最短。

表 8-2 温度和光照对灰杨种子萌发的比较

处理		10℃/15℃	15℃/20℃	20℃/25℃	25℃/30℃	30℃/35℃	35℃/40℃
最终萌发率/%	L	85.67±3.71 b（a）	93.00±2.08 ab（a）	92.50±0.50 ab（a）	97.67±1.45 a（a）	98.67±0.33 a（a）	94.50±3.50 a（ab）
	L/D	86.33±1.76 a（a）	86.00±4.04 a（a）	88.00±5.29 a（a）	91.00±1.00 a（b）	92.67±1.20 a（b）	88.33±0.88 a（b）
	D	83.33±5.46 b（a）	94.33±0.88 a（a）	96.00±1.15 a（a）	97.00±1.53 a（a）	96.33±0.33 a（a）	95.33±1.67 a（a）
萌发速率/（%/h）	L	1.37±0.04 d（ab）	1.94±0.14 cd（a）	2.25±0.02 bc（b）	3.14±0.16 a（b）	3.28±0.03 a（b）	2.81±0.54 ab（b）
	D	1.24±0.01 d（b）	1.91±0.05 c（a）	2.99±0.12 b（a）	3.10±0.07 b（b）	3.39±0.04 a（b）	3.12±0.05 b（ab）
	L/D	1.57±0.07 d（a）	2.17±0.18 c（a）	3.00±0.05 b（a）	3.51±0.04 a（a）	3.69±0.07 a（a）	3.68±0.02 a（a）
平均萌发时间/h	L	68.78±4.48 a（b）	44.78±2.65 b（b）	42.68±0.10 bc（a）	30.96±1.85 d（a）	27.81±0.22 d（a）	32.53±7.43 cd（a）
	L/D	80.67±3.43 a（a）	54.61±2.16 b（a）	33.26±1.20 c（b）	24.71±0.11 d（b）	24.65±1.58 d（a）	25.51±0.58 d（ab）
	D	53.42±1.41 a（c）	45.63±2.25 b（b）	34.26±0.48 c（b）	21.72±1.74 d（b）	18.36±0.89 d（b）	18.42±0.29 d（b）

注：同行括号外不同字母表示温度处理间差异显著（$P<0.05$）；同列括号内不同字母表示光照处理间差异显著（$P<0.05$）

温度和光照对灰杨种子萌发进程也有一定影响。3 种光周期条件与 25℃/30℃、30℃/35℃、35℃/40℃处理组合，灰杨种子累计萌发率在 48 小时内均达 80%以上，种子表现出在较短时间内集中快速萌发的特点；较低的温度 10℃/15℃、15℃/20℃、20℃/25℃显著延长了种子达到最大萌发率的时间（图 8-2）。

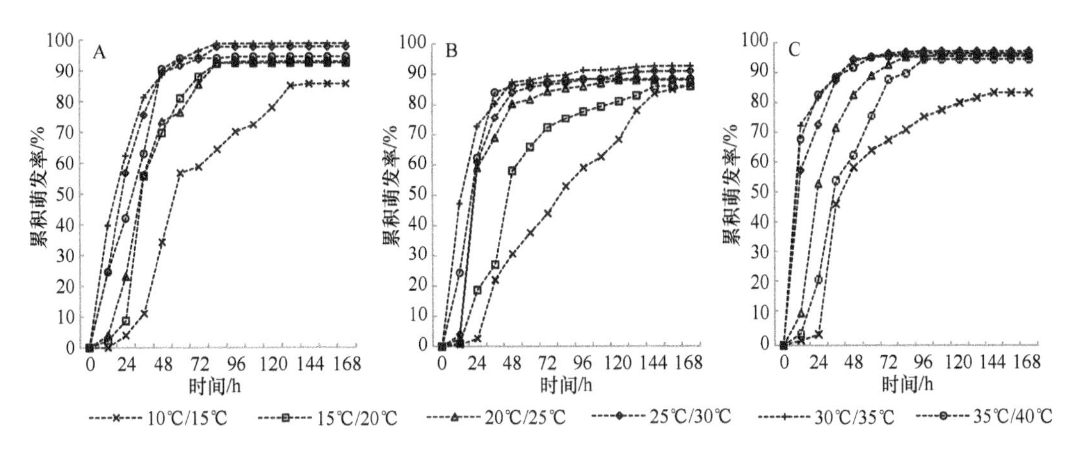

图 8-2　温度和光照对灰杨种子萌发进程的影响

A. L；B. L/D；C. D

综合分析表明，胡杨、灰杨种子在 3 种光周期、6 个变温处理下均可以萌发，胡杨种子最适萌发温度为 25℃/30℃或 30℃/35℃，此温度下 3 种光照处理对种子萌发的影响无显著差异；灰杨种子萌发的最适条件为 24 小时连续黑暗与 25℃/30℃或 30℃/35℃。胡杨、灰杨种子在 3 种光照条件下都具有宽泛的萌发温度，较高的温度有利于种子在短时间内完成快速萌发。

8.2.2　温度和光照对胚生长的影响

胡杨、灰杨种子在最适萌发条件下（25℃/30℃、12 小时光照/12 小时黑暗）6 小时内胚根即可突破种皮，随后胚根逐渐伸长并出现根毛，两片子叶逐渐展开变为绿色，48 小时后子叶展平且逐渐呈深绿色。胡杨种子萌发后平均 5.23 天第一对真叶开始露出（图 8-3），灰杨种子萌发后平均 6.04 天第一对真叶开始露出（图 8-4），幼苗形成。

胡杨种子萌发后，胚在不同温度和光照处理下的生长有所不同。胚根在 3 种光照 35℃/40℃变温处理下生长处于停滞状态，其余变温处理下胚根长度随培养时间延长

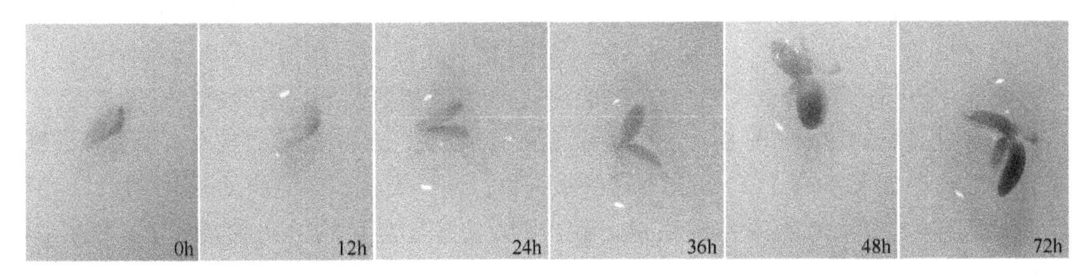

图 8-3　最适条件下胡杨种子萌发及胚生长过程的形态变化（彩图见封底二维码）

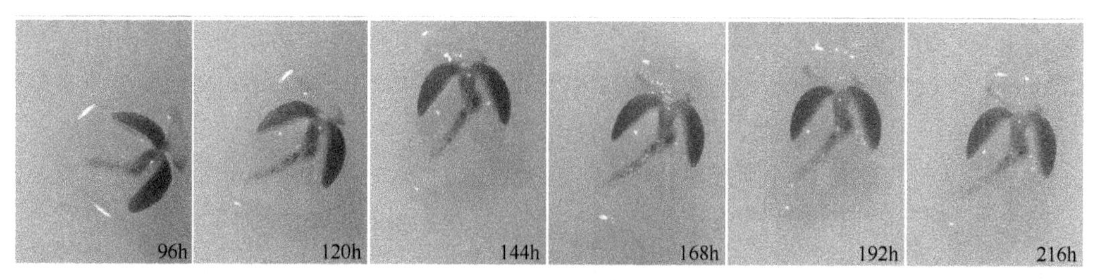

图 8-3 最适条件下胡杨种子萌发及胚生长过程的形态变化（彩图见封底二维码）（续）

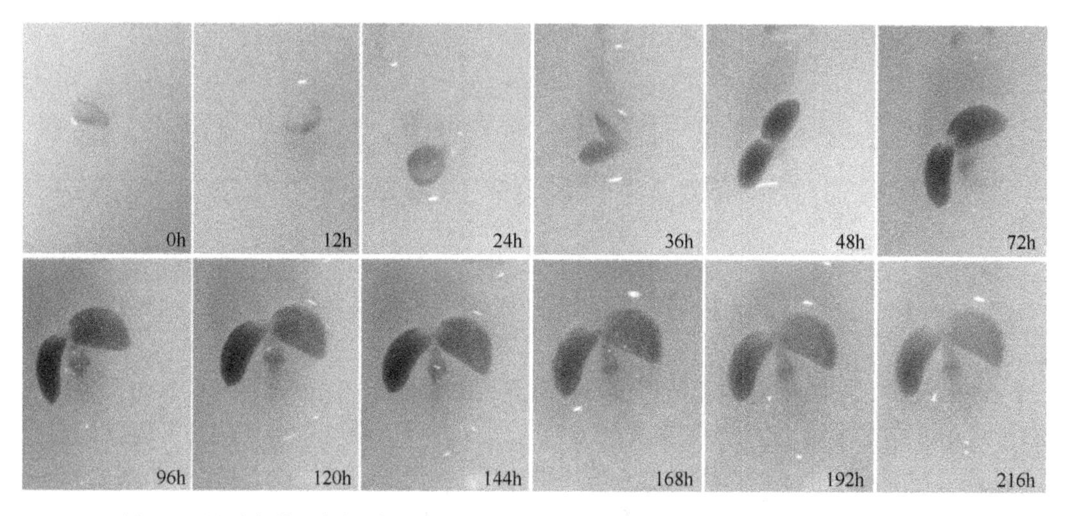

图 8-4 最适条件下灰杨种子萌发及胚生长过程的形态变化（彩图见封底二维码）

逐渐增加。同一温度处理下，3 种光照处理间的胚根长有差异或无差异（图 8-5，图 8-6，表 8-3）。

下胚轴在各变温处理下均表现出 24 小时黑暗条件下的生长量显著高于 12 小时光照/12 小时黑暗和 24 小时光照处理下的生长量。在 12 小时光照/12 小时黑暗光照处理下，温度变化对下胚轴长度影响不显著；在 24 小时光照和 30℃/35℃条件下，下胚轴伸长生长受到显著抑制；但在 24 小时黑暗和 25℃/30℃变温处理下，下胚轴的伸长生长达到最大值，较低和较高的温度都会显著抑制下胚轴的伸长生长（图 8-5，图 8-6，表 8-3）。

在 25℃/30℃处理下，12 小时光照/12 小时黑暗、24 小时光照和 24 小时黑暗条件下的子叶长度无显著差异；其余温度处理下三种光照条件下的子叶长度有差异或无差异。总体上有光照条件下子叶长度大于无光照条件下的（图 8-5，图 8-6，表 8-3），表明光照时间对子叶生长有一定影响。根据子叶、胚根和下胚轴生长量情况综合分析得出，12 小时光照/12 小时黑暗和 20℃/25℃、30℃/35℃变温是胡杨胚生长的最适宜温光条件。

在 3 种光照处理下（图 8-7，表 8-4），灰杨子叶长度在 10℃/15℃显著小于其余温度条件下的，在 25℃/30℃、30℃/35℃达到最大值；同一温度不同光照处理下相比较，24 小时光照和 12 小时光照/12 小时黑暗处理下子叶长显著大于 24 小时黑暗处理，表明 24 小时黑暗、较低和较高的温度均对子叶长度有显著影响，12 小时光照/12 小时黑暗与（15℃/20℃）～（30℃/35℃）是子叶生长的适宜温光条件。

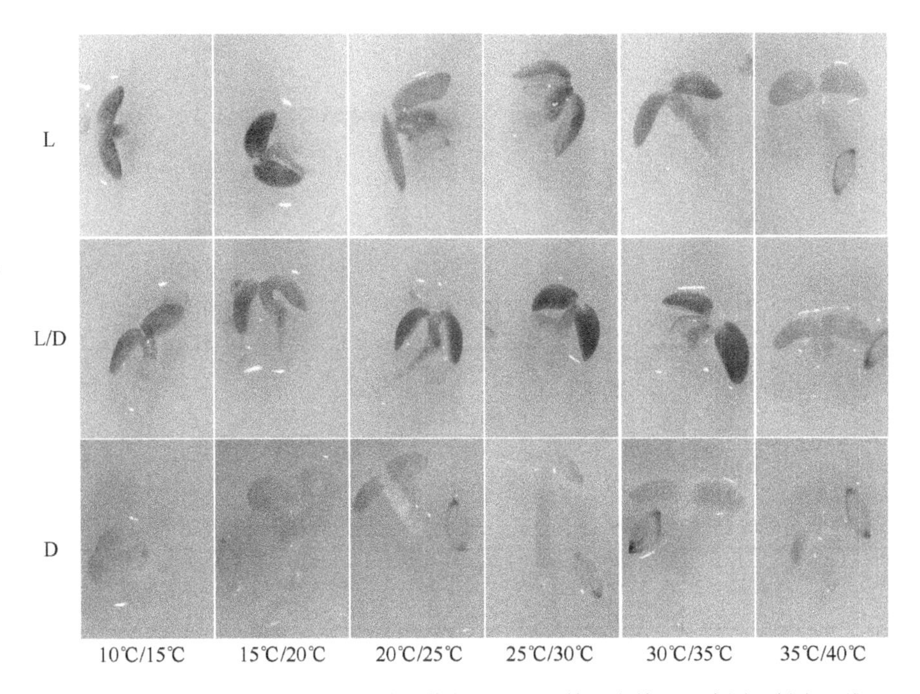

图 8-5 不同温度和光照处理下胡杨种子萌发 7 天后胚的形态特征（彩图见封底二维码）

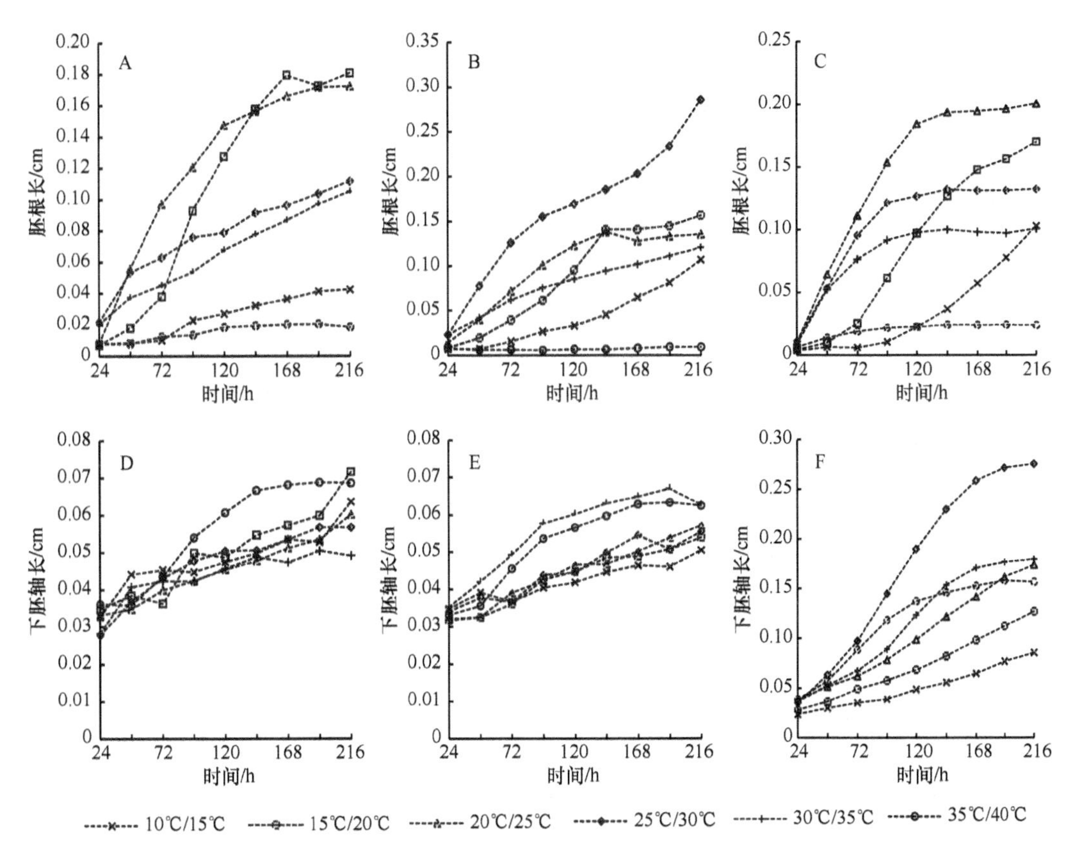

图 8-6 温度、光照对胡杨胚生长动态的影响

A. L；B. L/D；C. D；D. L；E. L/D；F. D；G. L；H. L/D；I. D

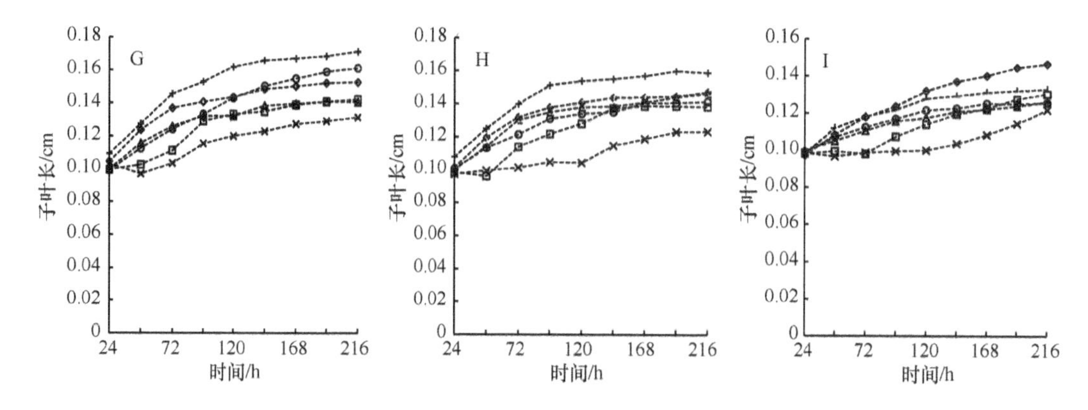

图 8-6 温度、光照对胡杨胚生长动态的影响（续）

表 8-3 不同温度和光照处理下胡杨种子萌发 7 天后胚根、下胚轴及子叶长度比较 （单位：cm）

形态指标	光照处理	10℃/15℃	15℃/20℃	20℃/25℃	25℃/30℃	30℃/35℃	35℃/40℃
胚根长	L	0.0372 b（c）	0.2045 a（a）	0.1709 ab（a）	0.1123 b（b）	0.1099 a（b）	0.0181 ab（c）
	L/D	0.1098 a（b）	0.1567 b（b）	0.1381 b（b）	0.3155 a（a）	0.1319 a（b）	0.0089 b（c）
	D	0.1134 a（c）	0.1726 ab（ab）	0.2089 a（a）	0.1381 b（bc）	0.1056 a（c）	0.0223 a（d）
下胚轴长	L	0.0605 b（ab）	0.0696 b（a）	0.0603 b（ab）	0.0553 b（ab）	0.0492 c（c）	0.0695 b（a）
	L/D	0.0501 b（a）	0.0540 b（a）	0.0571 b（a）	0.0560 b（a）	0.0627 b（a）	0.0618 b（a）
	D	0.0860 a（d）	0.1268 a（c）	0.1707 a（b）	0.2601 a（a）	0.1785 a（b）	0.1550 a（b）
下胚轴横径	L	0.0420 b（c）	0.0406 b（c）	0.0430 b（c）	0.0459 b（bc）	0.0506 b（ab）	0.0518 b（a）
	L/D	0.0430 b（c）	0.0433 b（bc）	0.0416 b（c）	0.0406 c（c）	0.0471 b（ab）	0.0511 b（a）
	D	0.0527 a（b）	0.0592 a（a）	0.0559 a（ab）	0.0567 a（a）	0.0575 a（a）	0.0575 a（a）
子叶长	L	0.1320 a（d）	0.1421 a（bc）	0.1389 a（cd）	0.1495 a（b）	0.1698 a（a）	0.1615 a（a）
	L/D	0.1226 b（d）	0.1384 ab（c）	0.1458 a（bc）	0.1461 a（b）	0.1604 b（a）	0.1410 b（bc）
	D	0.1240 b（c）	0.1316 b（b）	0.1243 b（c）	0.1489 a（a）	0.1317 c（b）	0.1266 c（bc）

注：同行括号内不同字母表示温度处理间差异显著（$P<0.05$）；同列括号外不同字母表示光照处理间差异显著（$P<0.05$）

灰杨胚根长均表现出在 15℃/20℃、20℃/25℃、25℃/30℃处理下显著大于 10℃/15℃、35℃/40℃处理下的；在 15℃/20℃、25℃/30℃、12 小时光照/12 小时黑暗条件下，胚根长显著大于 24 小时光照和 24 小时黑暗处理下的（图 8-7，表 8-4）。较低和较高的温度均会抑制胚根生长，12 小时光照/12 小时黑暗与 15℃/20℃、20℃/25℃、25℃/30℃是胚根生长的适宜温光条件。

灰杨下胚轴在 24 小时光照、12 小时光照/12 小时黑暗处理下的生长均弱于连续黑暗处理下的；在 24 小时黑暗处理下，胚轴长度在 10℃/15℃、15℃/20℃、20℃/25℃、25℃/30℃处理下随温度增加而增加，在 25℃/30℃、30℃/35℃、35℃/40℃处理下随温度增加而减小（图 8-7，表 8-4）。结果表明，光照对灰杨下胚轴伸长生长有显著的抑制作用，24 小时黑暗与 20℃/25℃、25℃/30℃是灰杨下胚轴生长的适宜条件。

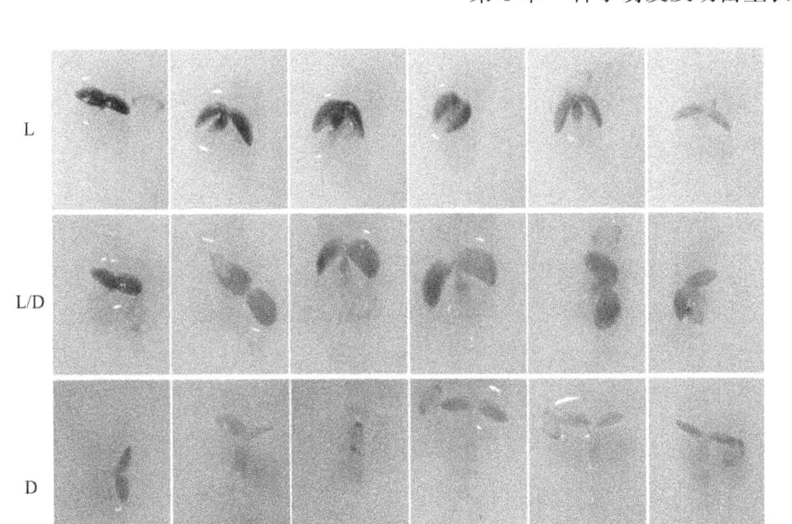

图 8-7　不同温度和光照处理下灰杨种子萌发 7 天后胚的形态特征（彩图见封底二维码）

表 8-4　不同温度和光照处理下灰杨种子萌发 7 天后胚根、下胚轴及子叶长度比较　（单位：cm）

形态指标	光照处理	10℃/15℃	15℃/20℃	20℃/25℃	25℃/30℃	30℃/35℃	35℃/40℃
子叶长	L	0.1053 ±0.0027 c（a）	0.1279 ±0.0026 ab（a）	0.1290 ±0.0034 ab（a）	0.1319 ±0.0029 ab（b）	0.1348 ±0.0027 a（b）	0.1249 ±0.0029 b（a）
	L/D	0.1093 ±0.0018 d（a）	0.1290 ±0.0025 bc（a）	0.1345 ±0.0030 b（a）	0.1430 ±0.0032 a（a）	0.1469 ±0.0036 a（a）	0.1255 ±0.0026 c（a）
	D	0.0974 ±0.0019 e（b）	0.1041 ±0.0021 d（b）	0.1158 ±0.0026 bc（b）	0.1197 ±0.0031 ab（c）	0.1230 ±0.0023 a（c）	0.1113 ±0.0017 c（b）
下胚轴长	L	0.0540 ±0.0032 a（b）	0.0557 ±0.0022 a（b）	0.0546 ±0.0036 a（b）	0.0554 ±0.0025 a（b）	0.0501 ±0.0028 a（c）	0.0567 ±0.0030 a（c）
	L/D	0.0392 ±0.0016 d（c）	0.0503 ±0.0024c（b）	0.0561 ±0.0028 bc（b）	0.0625 ±0.0032 ab（b）	0.0710 ±0.0038 a（b）	0.0686 ±0.0040 a（b）
	D	0.0671 ±0.0034 d（a）	0.1207 ±0.0055 c（a）	0.1733 ±0.0086 a（a）	0.1901 ±0.0126 a（a）	0.1424 ±0.0068 b（a）	0.1231 ±0.0049 bc（a）
胚根长	L	0.0277 ±0.0033 c（b）	0.0963 ±0.0117 b（b）	0.1277 ±0.0171 a（b）	0.0792 ±0.0084 b（c）	0.0855 ±0.0070 b（a）	0.0204 ±0.0031 c（b）
	L/D	0.0635 ±0.0041 cd（a）	0.1827 ±0.0164 b（a）	0.2713 ±0.0234 a（a）	0.1945 ±0.0147 b（a）	0.0938 ±0.0111 c（a）	0.0248 ±0.0025 d（b）
	D	0.0580 ±0.0051 b（a）	0.1079 ±0.0065 a（b）	0.1121 ±0.0045 a（b）	0.1133 ±0.006 a（b）	0.0978 ±0.0054 a（a）	0.0411 ±0.0021 c（a）

注：同行括号外不同字母表示温度处理间差异显著（$P<0.05$）；同列括号内不同字母表示光照处理间差异显著（$P<0.05$）

综合分析得出，12 小时光照/12 小时黑暗和 25℃/30℃是灰杨种子萌发和胚生长最适温光条件。此温度、光照条件下灰杨种子表现出集中快速萌发的特点，胚根、子叶和下胚轴生长较好。

8.3　种子萌发及胚生长对干旱胁迫的响应

8.3.1　干旱胁迫对种子萌发的影响

在 12 小时光照/12 小时黑暗、25℃/30℃处理下进行 PEG6000 模拟干旱胁迫种子萌发试验。胡杨种子在渗透势-1～0MPa 时，种子最终萌发率达到 85%以上且各处理间无显著差异，但当 PEG6000 溶液渗透势由–1.0MPa 降到–1.20MPa 后，种子最终萌发率随渗透势的降低显著下降（图 8-8A），种子萌发速率从–0.40MPa 开始随渗透势的降低显著下降，最终萌发率和萌发速率在–1.40MPa 降到最低值（图 8-8C）。PEG6000 溶液渗透势为–0.2～0MPa 对种子萌发进程无影响，在初始 12 小时萌发率达到 65%以上，在 24 小时内种子基本完成萌发，但在–1.4～–0.2MPa 胡杨种子萌发进程随着渗透势的降低初始萌发率逐渐降低，萌发高峰期逐渐向后推移（图 8-8B），在渗透势为–1.6MPa 时没有种子萌发。根据种子最终萌发率、萌发速率和萌发进程对 PEG6000 溶液胁迫的响应情况综合分析认为，–1.0MPa 为胡杨种子萌发期忍耐渗透胁迫的临界值，–1.40MPa 为胡杨种子萌发期忍耐渗透胁迫的极限值。

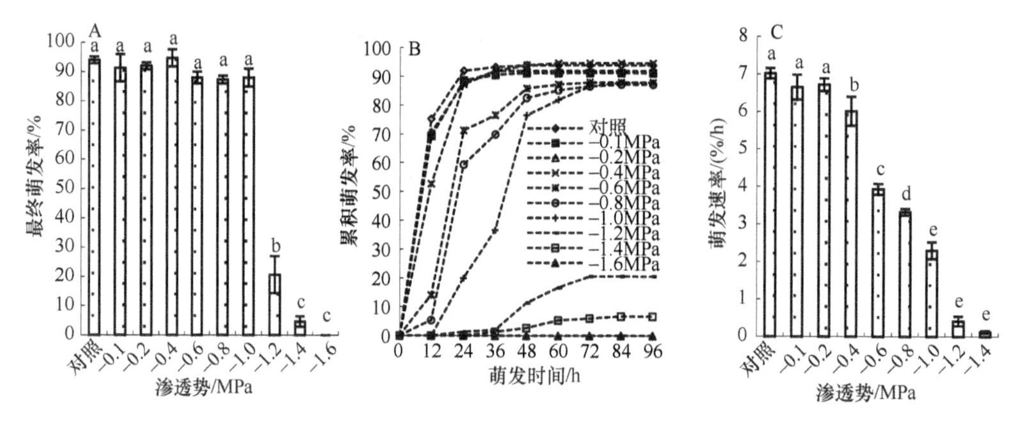

图 8-8　干旱胁迫对胡杨种子最终萌发率（A）、萌发进程（B）和萌发速率（C）的影响

不同字母表示处理间差异显著（$P<0.05$），本章下同

灰杨种子最终萌发率、萌发速率分别在–1.6～–1.2MPa、–1.6～–0.8MPa 随溶液渗透势的降低显著降低，种子平均萌发时间则在–1.4～–0.8MPa 随溶液渗透势的降低显著延长。灰杨种子萌发后 12 小时的累计萌发率在–1.6～–0.8MPa 随溶液渗透势的降低显著降低（图 8-9A～C）。结果表明，在 12 小时光照/12 小时黑暗、25℃/30℃处理下，PEG6000 溶液渗透势达–0.8MPa 时就会对灰杨种子萌发有显著的影响。

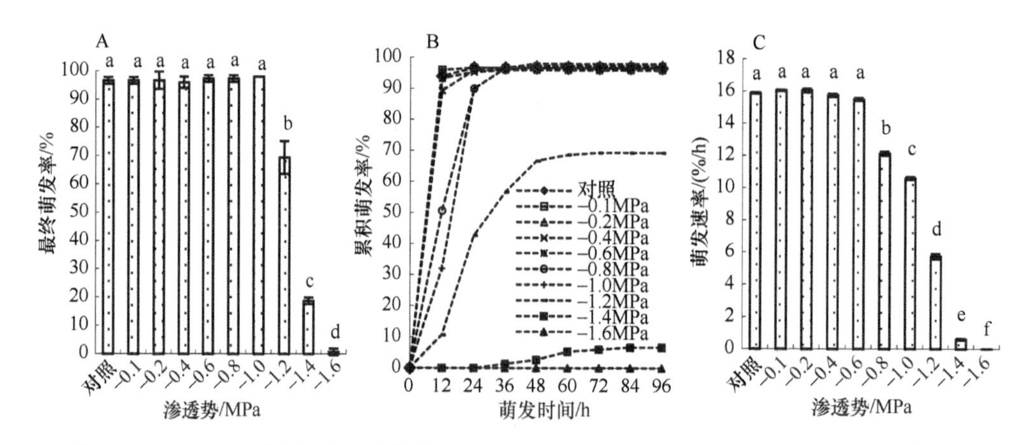

图 8-9　干旱胁迫对灰杨种子最终萌发率（A）、萌发进程（B）和萌发速率（C）的影响

8.3.2　干旱胁迫对胚生长的影响

与对照相比，在渗透势–0.4～0MPa 时，胡杨胚根和下胚轴伸长生长受影响不显著，渗透势低于–0.4MPa 时胚根和下胚轴伸长生长明显受到影响。在不同的渗透势溶液中培养 4 天的胚，从渗透势–0.1MPa 开始子叶长度就随渗透势降低呈降低趋势；当渗透势低于–1.0MPa，不但子叶长度增长量为零，而且子叶不再展开（图 8-10，图 8-11）。综合分析表明，–0.4MPa 是胡杨胚生长忍耐 PEG6000 渗透胁迫的临界值，–0.8MPa 是胡杨胚生长忍耐 PEG6000 渗透胁迫的极限值。

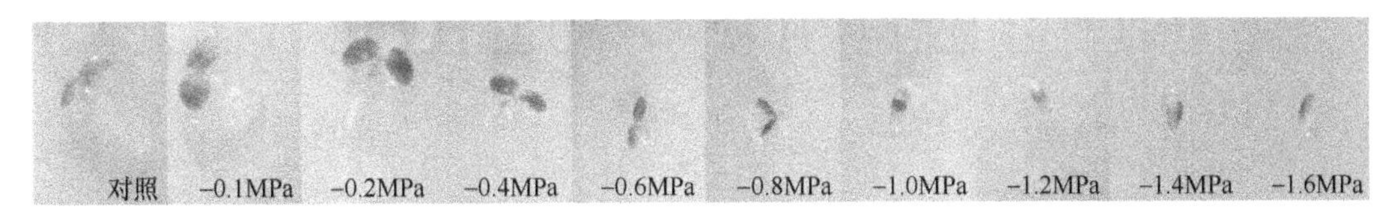

图 8-10　不同干旱胁迫处理下胡杨胚的形态特征（培养 4 天）（彩图见封底二维码）

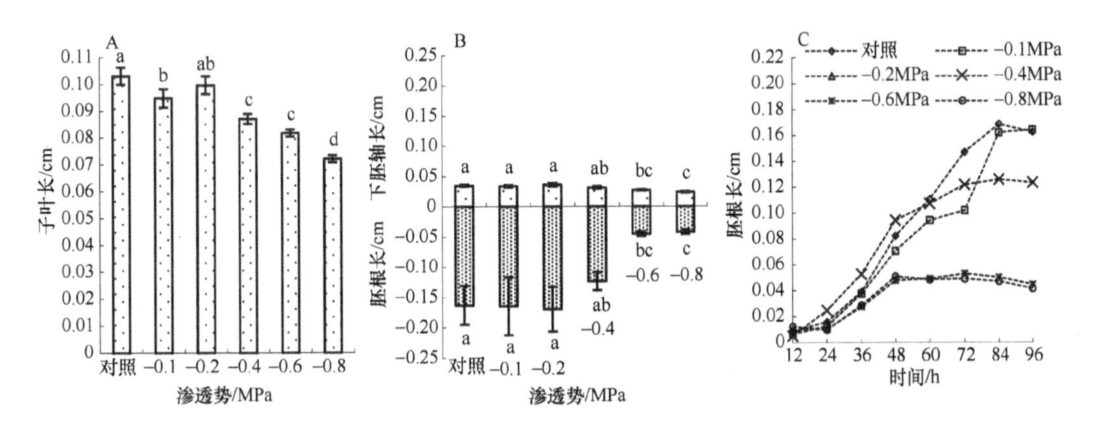

图 8-11　干旱胁迫对胡杨子叶、下胚轴和胚根长度的影响

灰杨种子可以在渗透势为–1.6～0MPa 的 PEG6000 溶液中萌发，但不同 PEG6000 渗透胁迫处理灰杨胚的生长状况有明显不同。图 8-12 和图 8-13 显示，从–0.1MPa 开始随着溶液渗透势的降低子叶长度受到显著抑制，在溶液渗透势为–1.2MPa 或低于–1.2MPa 情况下，子叶尽管呈现绿色但子叶展开受到影响。下胚轴和胚根伸长生长从–0.4MPa 开始随着溶液渗透势的降低受到显著抑制。结果表明，子叶长度对 PEG6000 溶液渗透胁迫的敏感性大于胚根和下胚轴。

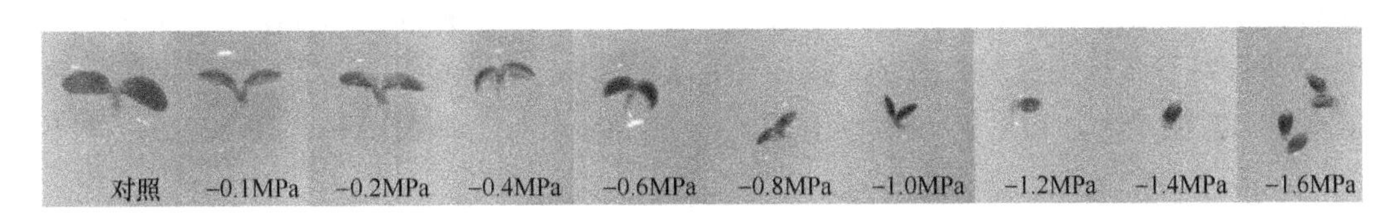

图 8-12　不同干旱胁迫条件下灰杨胚的形态特征（培养 4 天）（彩图见封底二维码）

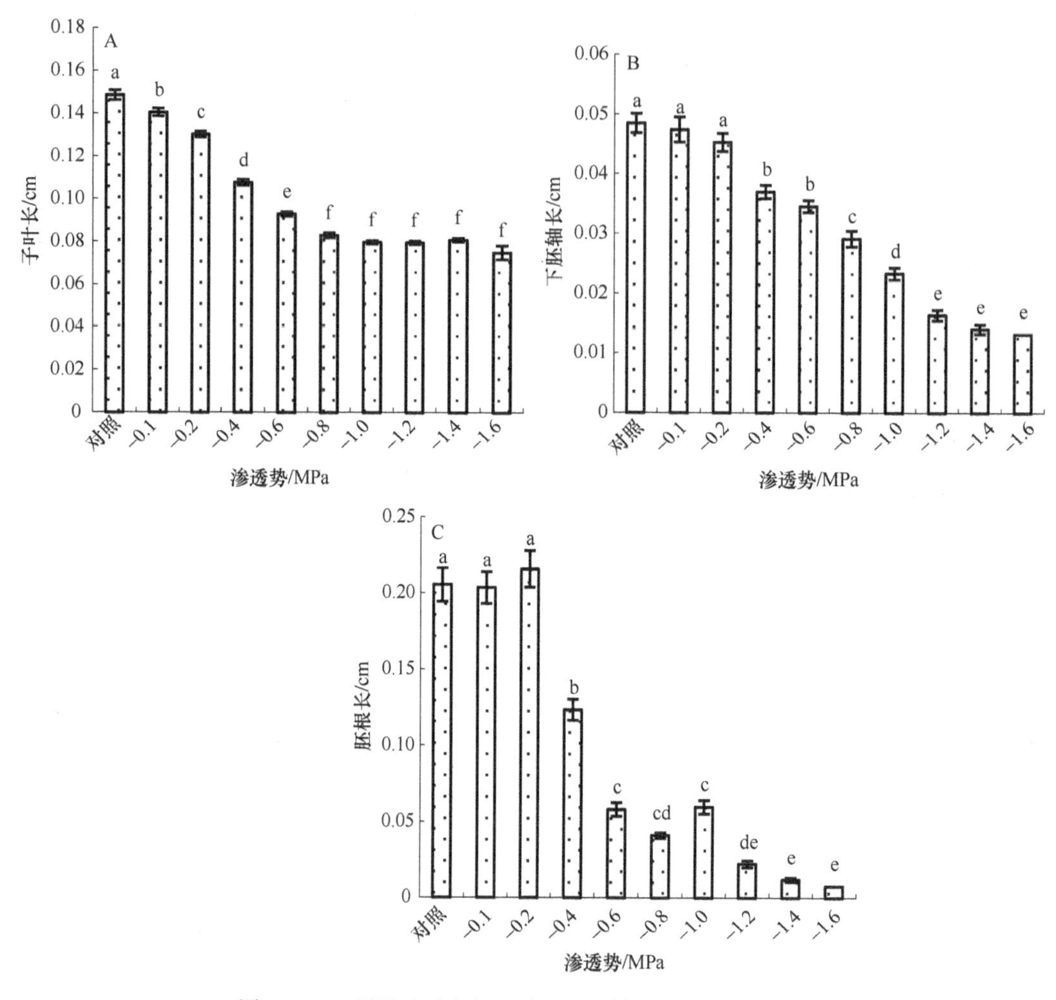

图 8-13　干旱胁迫对灰杨子叶、下胚轴和胚根长度的影响

8.4　种子萌发及胚生长对盐胁迫的响应

8.4.1　盐胁迫对种子萌发的影响

在 12 小时光照/12 小时黑暗、25℃/30℃条件下进行 NaCl 胁迫下的胡杨、灰杨种子萌发试验。胡杨种子最终萌发率在 NaCl 溶液浓度为 0～0.20mol/L 均达到 80%以上，但从 0.40mol/L 开始，随 NaCl 溶液浓度增加种子最终萌发率、萌发速率均显著降低，至 0.80mol/L 种子最终萌发率降低到 2.27%（图 8-14A）；随着 NaCl 溶液浓度的增大，种子累计萌发率达到最高值的时间延长（图 8-14B）；在 0～0.10mol/L 下种子萌发高峰出现在 12 小时内，均达到 60%以上，0.30～0.80mol/L 下萌发高峰出现在 12～24 小时内（图 8-14C）。

图 8-15 显示，灰杨种子可以在浓度为 0～0.80mol/L 的 NaCl 溶液中萌发，但在 0.30～0.80mol/L 时，种子最终萌发率、累计萌发率、萌发速率均随 NaCl 溶液浓度的增加显著

降低，种子平均萌发时间显著延长。结果表明，在适宜温度和光照条件下，NaCl 溶液浓度为 0.30mol/L 或高于 0.30mol/L 对灰杨种子萌发有显著的抑制作用。

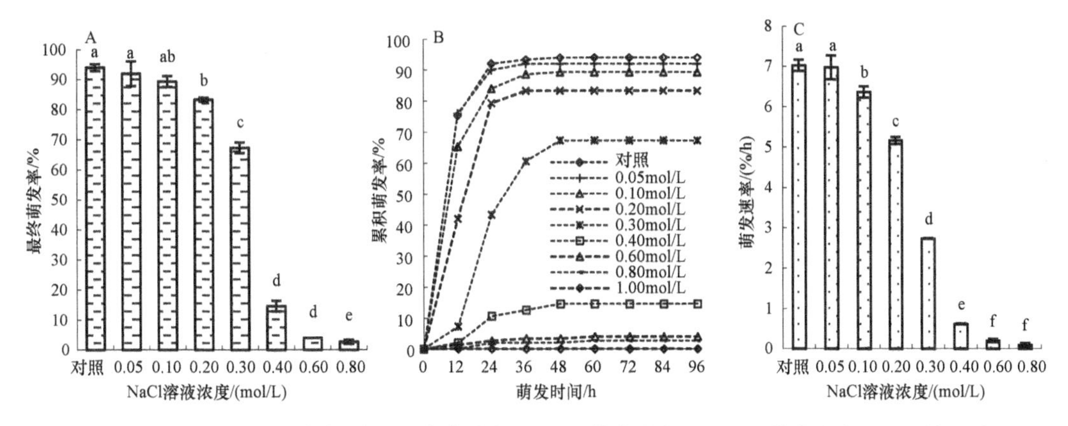

图 8-14 NaCl 胁迫对胡杨种子最终萌发率（A）、萌发进程（B）和萌发速率（C）的影响

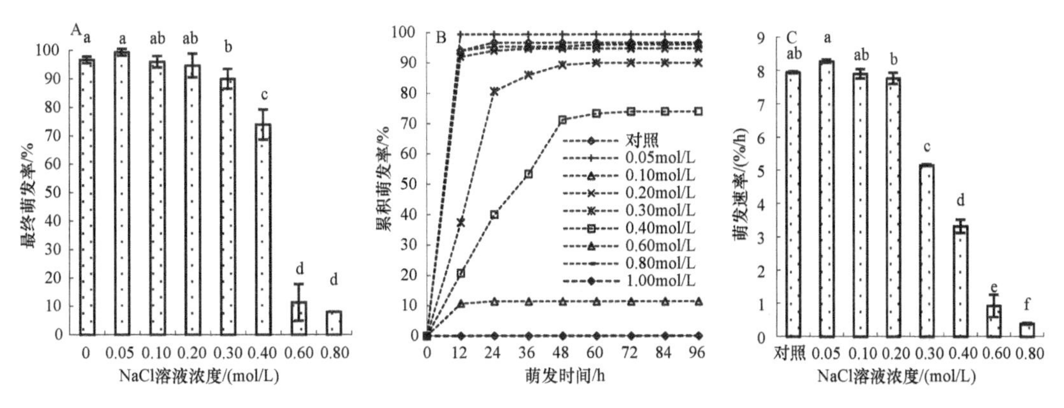

图 8-15 NaCl 胁迫对灰杨种子最终萌发率（A）、萌发进程（B）和萌发速率（C）的影响

8.4.2 盐胁迫对胚生长的影响

胡杨种子可以在浓度为 0.05～0.10mol/L 的 NaCl 溶液中萌发，胚生长过程中子叶可展平；在浓度为 0.10mol/L 的 NaCl 溶液中，子叶叶绿素含量明显少于对照；在浓度为 0.20～0.80mol/L 的 NaCl 溶液中，胡杨种子可以萌发但子叶不能展开，表明浓度大于 0.05mol/L 的 NaCl 溶液可影响子叶叶度绿素的含量。胚根和子叶长度在 NaCl 溶液浓度为 0.05mol/L 时受到显著影响，下胚轴长度在 NaCl 溶液浓度为 0.20mol/L 时才会受到显著影响（图 8-16，图 8-17）。说明胡杨胚根、子叶生长过程对 NaCl 胁迫的敏感性大于下胚轴，种子萌发期及胚的生长过程对 NaCl 胁迫的忍耐性较弱。

灰杨种子可以在浓度为 0～0.80mol/L 的 NaCl 溶液中萌发。NaCl 溶液胁迫处理 4 天，NaCl 溶液浓度越高胚生长越慢、子叶不展开且呈非绿色（图 8-18）。与对照相比，子叶长、胚根长及下胚轴长分别在 NaCl 溶液浓度为 0.05～0.80mol/L、0.10～0.80mol/L、0.20～0.80mol/L 时随 NaCl 溶液浓度增高显著减少。子叶生长对 NaCl 胁迫的敏感性大于胚根和下胚轴（图 8-19）。

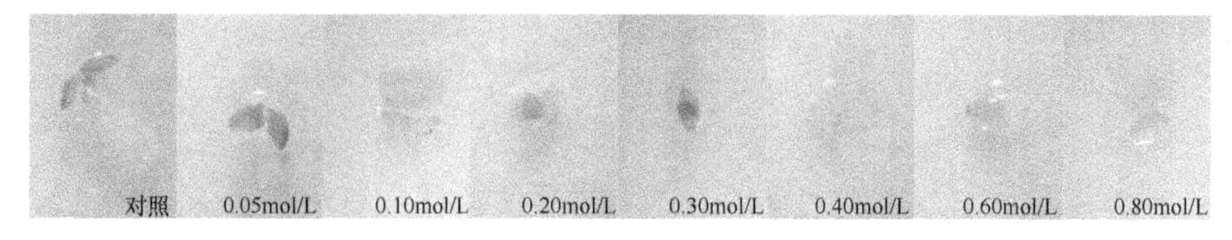

图 8-16 NaCl 胁迫下胡杨胚的形态特征（培养 4 天）（彩图见封底二维码）

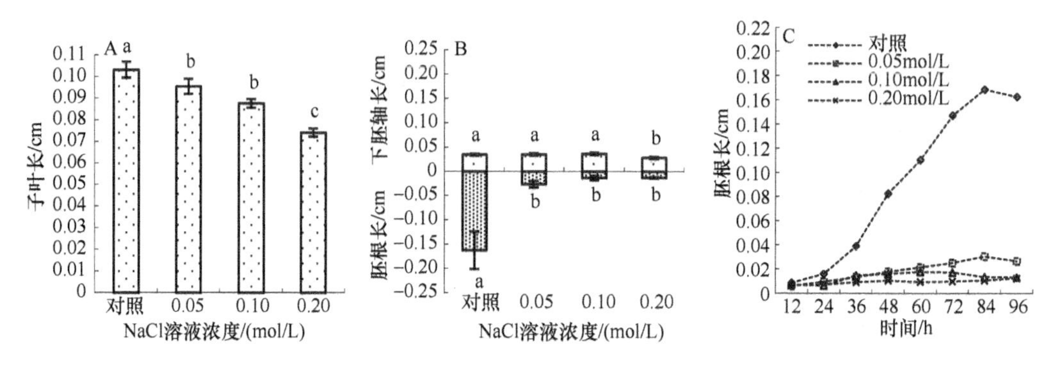

图 8-17 NaCl 胁迫对胡杨胚生长的影响

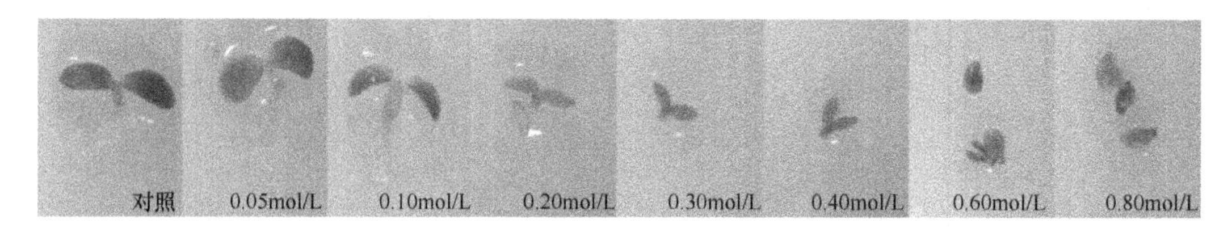

图 8-18 NaCl 胁迫下灰杨胚的形态特征（培养 4 天）（彩图见封底二维码）

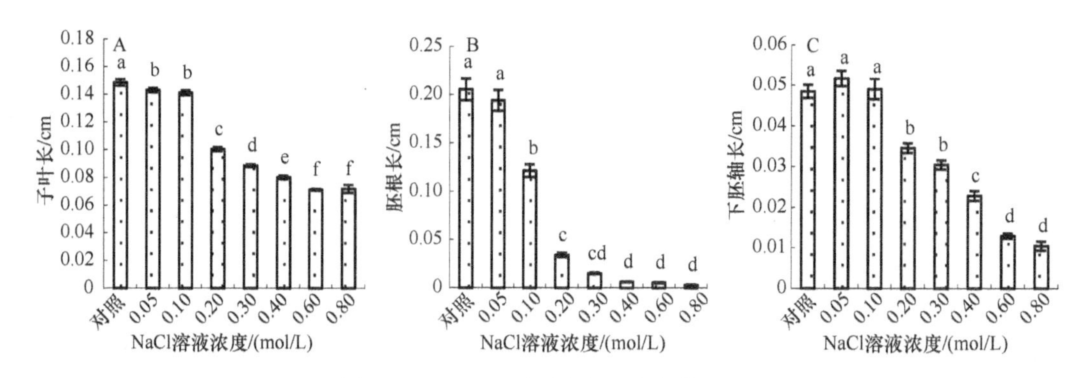

图 8-19 NaCl 胁迫对灰杨胚生长的影响

8.5 不同种源种子萌发对盐胁迫的响应

8.5.1 不同种源种子萌发对盐胁迫响应的差异

随着两种盐溶液浓度的增加，胡杨和灰杨种子的相对发芽率呈下降趋势（表 8-5）。由表 8-6 的相关系数可见，各种源种子相对发芽率与盐溶液浓度间呈现极显著或显著负相关。

表 8-5　胡杨和灰杨不同种源种子在两种盐溶液处理下的相对发芽率　（%）

盐溶液	物种	种源	盐溶液浓度						
			0.0%	0.2%	0.4%	0.6%	0.9%	1.2%	1.5%
NaCl	胡杨	第一师九团	100	64.5	41.9	67.8	32.2	25.8	9.7
		第一师十六团	92.6	93.8	100	69.1	50.6	27.1	23.4
		第一师十四团	100	60.5	79	57.5	55.3	21	23.7
		第三师四十八团	100	84.2	50	31.6	23.7	23.7	23.7
		平均	98.2	75.8	67.7	56.6	40.5	24.4	20.1
	灰杨	第一师九团	100	66.6	25	25	20.8	0	0
		第一师十三团	96.6	100	63.6	42	20.5	11.4	3.4
		第三师四十八团	100	53.8	33.3	40.9	17.4	15.9	12.1
		平均	98.9	73.5	40.6	36	19.6	9.1	5.1
Na_2SO_4	胡杨	第一师九团	68.9	100	75.5	40	26.7	35.5	20
		第一师十六团	100	68	82.6	86.6	73.3	58.6	57.3
		第一师十四团	100	97.4	73.7	68.4	73.7	60.5	63.2
		第三师四十八团	100	76.3	50	23.7	31.6	23.7	23.7
		平均	92.2	77.9	70.5	54.7	51.3	44.6	41.1
	灰杨	第一师九团	100	50	54.1	29.1	33.3	0	0
		第一师十三团	100	90.6	62.3	43.5	22.3	18.8	11.8
		第三师四十八团	100	39.4	43.2	35.6	37.9	20.5	23.5
		平均	100	60	53.2	36.1	31.2	13.1	11.8

表 8-6　胡杨和灰杨不同种源种子相对发芽率与盐溶液浓度之间的相关及回归关系

盐溶液	物种	种源	浓度/%	r	回归方程	F	适宜值/%	临界值/%	极限值/%
NaCl	胡杨	第一师九团	0～1.5	-0.91^{**}	y=83.54–50.73x	21.29^{**}	0.17	0.66	1.65
		第一师十六团	0～1.5	-0.96^{**}	y=103.89–56.33x	48.05^{**}	0.51	0.96	1.84
		第一师十四团	0～1.5	-0.91^{**}	y=89.18–47.23x	24.47^{**}	0.3	0.83	1.89
		第三师四十八团	0～1.5	-0.88^{*}	y=83.02–50.87x	15.34^{*}	0.16	0.65	1.63
		平均	0～1.5	-0.99^{**}	y=96.44–54.16x	199.69^{**}	0.39	0.85	1.78
	灰杨	第一师九团	0～0.9	-0.89^{**}	y=84.13–87.78x	10.06	0.1	0.39	0.9
		第一师十三团	0～1.5	-0.97^{**}	y=96.11–69.89x	54.11^{**}	0.3	0.66	1.38
		第三师四十八团	0～1.5	-0.86^{*}	y=72.39–48.59x	13.72^{*}	0	0.46	1.49
		平均	0～1.5	-0.94^{**}	y=82.19–58.10x	33.97^{**}	0.12	0.55	1.41
Na_2SO_4	胡杨	第一师九团	0～1.5	-0.85^{*}	y=83.60-45.53x	11.79^{*}	0.19	0.74	1.84
		第一师十六团	0～1.5	-0.796^{*}	y=90.75–22.64x	8.39^{*}	0.7	1.8	4.01
		第一师十四团	0～1.5	-0.87^{*}	y=93.92–25.12x	14.44^{*}	0.75	1.75	3.74
		第三师四十八团	0～1.5	-0.85^{*}	y=79.46–47.39x	12.52^{*}	0.09	0.63	1.68
		平均	0～1.5	-0.94^{**}	y=88.73–29.25x	31.43^{**}	0.46	1.30	2.99
	灰杨	第一师九团	0～0.9	-0.93^{**}	y=81.63–67.38x	6.9	0.1	0.47	1.21
		第一师十三团	0～1.5	-0.95^{**}	y=92.55–62.23x	49.64^{**}	0.12	0.68	1.49
		第三师四十八团	0～1.5	-0.76^{*}	y=68.18–36.95x	6.64^{*}	0	0.49	1.85
		平均	0～1.5	-0.90^{**}	y=77.78–48.02x	22.42^{**}	0.06	0.58	1.62

*表示差异显著（P<0.05）；**表示差异极显著（P<0.01），本章下同

两种盐溶液处理时，同一个种不同种源的种子发芽适宜浓度有明显不同（表 8-6），由各种源种子对 NaCl、Na_2SO_4 两单盐的抗盐临界值及极限值综合分析可看出，胡杨均以第三师四十八团种源抗盐性最强，第一师十六团、第一师九团人工林种源次之，第一师十四团种源抗盐性最弱；灰杨均以第一师十三团种源抗盐性最强，第三师四十八团种源次之，第一师九团人工林最弱。

不同种源种子萌发后子叶展平率对盐胁迫的响应不同。从表 8-7 可以看出，随着两单盐溶液浓度的增加，胡杨和灰杨各种源种子发芽期子叶展平率呈降低趋势，子叶展平率与单盐溶液浓度呈极显著或显著负相关。其中，胡杨各种源种子的子叶展平率受两单盐的影响由大到小排序为第三师四十八团＞第一师九团＞第一师十四团＞第一师十六团；灰杨各种源种子的子叶展平率受两单盐的影响由大到小排序为第一师九团＞第一师十三团＞第三师四十八团。这个结果与各种源种子发芽率对两单盐的抗性表现一致，说明种子抗盐性越强，种子发芽率和子叶展平率受盐的影响越小。此外，由表中还可看出，在相同盐浓度下，NaCl 与 Na_2SO_4 对胡杨和灰杨种子萌发后的子叶展平率影响不同。试验表明 Cl^-对子叶展平率的影响大于 SO_4^{2-}。

表 8-7　胡杨和灰杨不同种源种子在不同盐溶液浓度下的子叶展平率　　(%)

盐溶液	物种	种源	盐溶液浓度							相关系数
			0.00%	0.20%	0.40%	0.60%	0.90%	1.20%	1.50%	
NaCl	胡杨	第一师九团	8.66	5	3.67	6.33	2.67	2.33	0.33	−0.886*
		第一师十六团	22	20	24.67	14.67	12	6	4.67	−0.937*
		第一师十四团	10.33	5.67	8.67	5.67	3.33	2.33	0.67	−0.927*
		第三师四十八团	9.67	8.33	5.67	3	2	1	0.33	−0.951*
		平均	12.67	9.75	10.67	7.42	5	2.92	1.75	
	灰杨	第一师九团	6	2.67	1.67	1.33	0.67	0	0	−0.867*
		第一师十三团	26	24	12.67	9	5.33	1.33	0.33	−0.947**
		第三师四十八团	38	18.67	9.33	10.67	7	5	2.67	−0.825*
		平均	23.33	15.11	7.89	7	4.33	2.11	1	
Na_2SO_4	胡杨	第一师九团	8.66	10.67	11	4.67	3.33	5.33	3.67	−0.771*
		第一师十六团	22	9	8	6	15.56	13.67	1.33	−0.985*
		第一师十四团	10.33	11	7.67	6.33	6.67	7	6.67	−0.760*
		第三师四十八团	9.67	8.67	5.67	2	3.33	3	2.67	−0.824*
		平均	17.10	12.47	7.99	5.88	5.78	4.68	2.29	
	灰杨	第一师九团	6	1.33	2.67	2	2.33	0	0	−0.787*
		第一师十三团	26	24	14.33	9.33	6	3	2	−0.949**
		第三师四十八团	38	16.67	15	13	9	8	0.33	−0.766*
		平均	23.33	14	10.67	8.11	5.78	3.67	0.78	

8.5.2 种子萌发期抗盐性的种间差异

比较两种盐溶液处理下胡杨和灰杨不同种源种子的相对发芽率、子叶展平率，发现随着两单盐溶液浓度的增加，灰杨种子相对发芽率及子叶展平率迅速降低，而胡杨种子相对发芽率及子叶展平率降低相对较慢。无论是在 NaCl 溶液中还是在 Na_2SO_4 溶液中，胡杨种子抗盐临界值和极限值均高于灰杨种子在相同条件下的抗盐临界值和极限值，说明在种子萌发期胡杨较灰杨有较强的抗盐性。此外，相同浓度下，NaCl 对胡杨种子发芽率和子叶展平率的影响大于 Na_2SO_4 的影响；在浓度 0%～0.4%，Na_2SO_4 对灰杨种子相对发芽率和子叶展平率的影响大于 NaCl 的影响，而在 0.4%～1.5%浓度，却是 NaCl 对灰杨种子相对发芽率和子叶展平率的影响大于 Na_2SO_4 的影响。

8.6　幼苗生长发育规律

8.6.1　当年生幼苗生长发育规律

2000 年 8 月 15 日人工播种后调查显示，种子在湿润的立地条件下 24 小时就能够萌发，胚根和子叶同时撑破种皮伸出。1～2 天后两片子叶展开至 180°，21 天左右第一对真叶出现，与一对子叶呈“十”字形排列。

胡杨幼苗子叶椭圆形，真叶披针形；灰杨幼苗真叶、子叶均为椭圆形。由于幼茎节间较短，真叶簇生在茎的顶端。上胚轴很短，下胚轴较长，根系发达。至 9 月 17 日，幼苗已具 4～6 片真叶，6 周后幼苗的真叶叶片数不再增加。

幼苗生长至 10 月中旬，根开始加粗生长，此时胡杨根平均长度 9.72cm，灰杨根平均长度 8.22cm。11 月上旬幼苗生长基本停止，停止生长时茎高平均 0.5cm，胡杨根平均长度和平均直径分别为 12.71cm 和 0.13cm；灰杨根平均长度和平均直径分别为 11.23cm 和 0.11cm。

8.6.2　当年生幼苗越冬成活率及其影响因子

调查塔里木河河岸和河床各样方幼苗越冬成活率（表 8-8），发现幼苗越冬成活率仅有 9.27%，2001 年 6 月对各样区越冬存活的幼苗进行生长状况调查，那些越冬存活的幼苗存活率也只有 19.7%。分析原因有以下两个方面。一是幼苗的生长发育状况不足以越冬。例如，样区 3 和样区 4 土壤水分充足，也无人踩踏和牲畜啃食的影响，但种子萌发定植成幼苗的时间较晚，越冬前幼苗仅有两片真叶，幼苗越冬抗性较差成为幼苗越冬成活的限制因子。二是人为影响。样区 1 和样区 2 幼苗尽管生长发育阶段较长，幼苗生长较健壮而且能够越冬生存，但这两个样区有人踩踏和牲畜啃食，导致样区幼苗越冬成活率降低。说明人踩踏和牲畜啃食是影响越冬幼苗后期生长的主要因素。

表 8-8　河岸、河滩地胡杨自然繁殖幼苗越冬存活率

样区号	2000 年 11 月 1 日		2001 年 4 月 10 日		2001 年 6 月 19 日	
	幼苗/(个/m^2)	真叶/个	幼苗/（个/m^2）	越冬存活率/%	幼苗/（个/m^2）	幼苗存活率/%
1	149	5～7	127	9.29	35	19.7
2	52	4～6	12	2.31	7	2.7
3	4	1～2	0	0	0	0

不同种源的幼苗成活率和越冬成活率有所不同，可以分为 4 种情况（表 8-9）：第一种情况是幼苗当年成活率、幼苗越冬存活率和第二年幼苗存活率都较高，如第三师四十八团胡杨、第一师九团和第一师十三团灰杨；第二种情况是当年幼苗成活率很高、幼苗越冬存活率低于 50%，但第二年幼苗存活率较高，如第一师九团胡杨和第三师四十八团灰杨；第三种情况是幼苗当年成活率较低，但幼苗越冬存活率和第二年幼苗存活率都较高，如第一师十四团胡杨；第四种情况是幼苗当年成活率、幼苗越冬存活率和第二年幼苗存活率在 60%～75%，如第一师十六团胡杨。胡杨或灰杨不同种源幼苗当年成活率、幼苗越冬存活率和第二年幼苗存活率表现出来的差异，反映了不同种源种子存在差异。

表 8-9　胡杨和灰杨不同种源人工繁殖幼苗越冬成活率

物种	种源	2000 年 9 月 17 日		2000 年 10 月 17 日		2001 年 4 月 17 日		2001 年 6 月 17 日	
		幼苗/（个/m^2）	真叶/个	幼苗/（个/m^2）	幼苗成活率/%	幼苗/（个/m^2）	越冬存活率/%	幼苗/（个/m^2）	幼苗存活率/%
胡杨	第一师九团	178	4～8	163	91.46	96	59.46	89	93.26
	第一师十六团	226	4～7	150	66.46	111	74.25	74	66.67
	第一师十四团	172	4～6	133	77.22	124	93.86	100	80.24
	第三师四十八团	235	4～7	224	95.37	161	71.93	135	83.80
灰杨	第一师九团	111	4～6	104	94.70	98	94.73	80	81.19
	第一师十三团	348	2～6	328	94.38	270	82.63	235	86.42
	第三师四十八团	78	4～6	72	91.67	33	43.11	24	77.78

8.6.3　二年生幼苗生长差异分析

不同种源幼苗越冬存活后在第二年的生长呈现差异。用 Logistic 曲线对胡杨和灰杨不同种源二年生幼苗的株高（H）、地径（D）年生长进行拟合，其相关系数均达 0.98 以上。经方差检验，都达到了极显著水平（表 8-10）。

表 8-10　不同种源二年生幼苗“S”形曲线拟合株高、地茎生长量参数

物种	种源	项目	参数			相关系数	*F* 值
			K	*m*	*R*		
胡杨	第一师九团	H	44.5297	29.9179	0.0569	0.9848	420.2581**
		D	0.4647	3.2029	0.0215	0.9838	394.5175**
	第一师十六团	H	43.6171	30.3689	0.0677	0.9850	427.0879**
		D	0.4889	2.6938	0.0212	0.9949	1268.8776**
	第一师十四团	H	58.4399	24.3197	0.0513	0.9735	239.1793**
		D	0.5040	4.1054	0.0245	0.9844	411.06**
	第三师四十八团	H	56.7383	51.0775	0.0689	0.9916	764.5645**
		D	0.4748	3.1147	0.0249	0.9943	1131.9183**
灰杨	第一师九团	H	58.1668	51.2325	0.0451	0.9941	1092.7639**
		D	0.4979	4.3325	0.0199	0.9813	340.3561**
	第一师十三团	H	40.6825	36.8196	0.0432	0.9984	4029.3444**
		D	0.4219	3.2022	0.0165	0.9894	606.4409**
	第三师四十八团	H	59.9553	47.0483	0.0393	0.9906	687.8169**
		D	0.4288	4.1051	0.0189	0.9904	671.4417**

由图 8-20～图 8-23 可以看出，胡杨和灰杨二年生幼苗株高生长与地径生长均符合“S”形曲线，其年生长可划分为生长初期、速生期与硬化期 3 个时期。不同种源的幼苗株高、地径生长在前期差异不大，但进入速生期后，株高、地径生长差异加大。在胡杨各种源中，株高生长速生期生长速率最高的是第三师四十八团胡杨，第一师十四团与第一师十六团基本一致，第一师九团最低；而地径生长速率表现为各种源在 4 月 22 日前基本一致，后期第一师十四团、第三师四十八团胡杨的生长速率增加很快。在灰杨各种源中，株高、地径速生期生长速率均表现为第一师九团＞第一师十三团＞第三师四十八团。

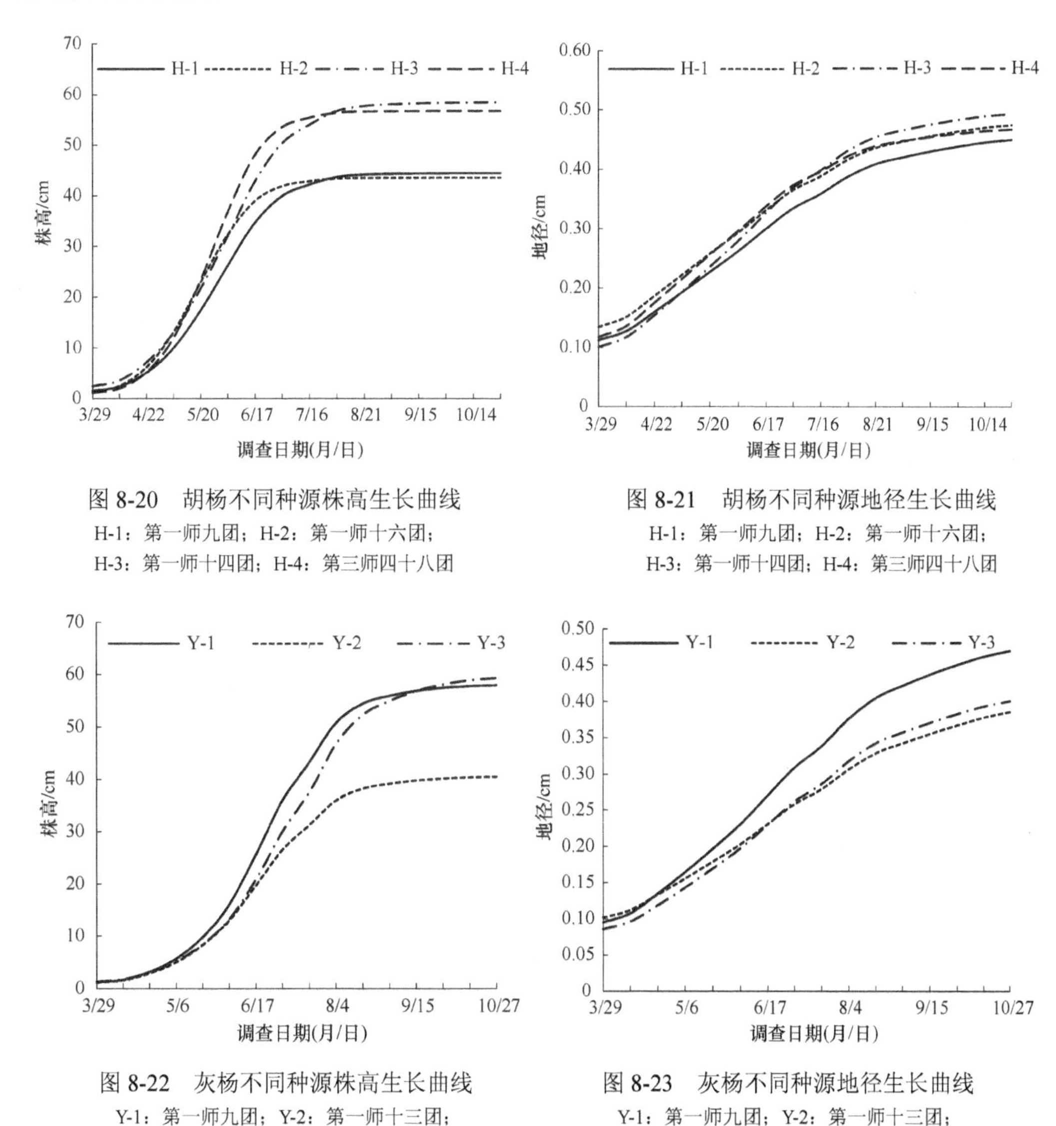

图 8-20　胡杨不同种源株高生长曲线

H-1：第一师九团；H-2：第一师十六团；
H-3：第一师十四团；H-4：第三师四十八团

图 8-21　胡杨不同种源地径生长曲线

H-1：第一师九团；H-2：第一师十六团；
H-3：第一师十四团；H-4：第三师四十八团

图 8-22　灰杨不同种源株高生长曲线

Y-1：第一师九团；Y-2：第一师十三团；
Y-3：第三师四十八团

图 8-23　灰杨不同种源地径生长曲线

Y-1：第一师九团；Y-2：第一师十三团；
Y-3：第三师四十八团

由表 8-11 可以看出，胡杨和灰杨不同种源株高、地径生长速生期的起点、终点与持续时间是不同的。胡杨种源中，第一师十六团胡杨进入高生长速生期的起始时间最早，结束时间也最早，而其余各种源进入速生期的时间基本一致，结束时间有所差异，以第一师十四团胡杨最晚结束；从地径生长来看，也表现为第一师十六团胡杨最早进入速生期，但不是最早结束，以第三师四十八团胡杨最早结束，第一师九团胡杨最晚结束。灰杨种源中，株高生长速生期以第一师十三团灰杨最早到来最早结束，第三师四十八团灰杨最晚到来最晚结束；地径生长速生期表现为第一师十三团灰杨最早到来最晚结束。从速生期持续天数来看，胡杨各种源株高、地径生长持续天数由多到少排序分别为第一师十四团＞第一师九团＞第一师十六团＞第三师四十八团和第一师十六团＞第一师九团＞第一师十四团＞第三师四十八团；灰杨各种源株高、地径生长持续天数由多到少排序分别为第三师四十八团＞第一师十三团＞第一师九团和第一师十三团＞第三师四十八团＞第一师九团。

表 8-11　胡杨和灰杨不同种源二年生幼苗速生点与速生期

物种	种源	项目	速生点		速生期				持续天数/天
			X/天	日期	X_1/天	X_2/天	起点	终点	
胡杨	第一师九团	H	60	5月28日	37	83	5月5日	6月21日	46
		D	54	5月22日	−7	115	3月22日	7月22日	122
	第一师十六团	H	50	5月18日	31	70	4月29日	6月7日	39
		D	47	5月15日	−15	109	3月14日	7月16日	124
	第一师十四团	H	62	5月30日	37	88	5月5日	6月25日	51
		D	57	5月25日	4	111	4月1日	7月18日	107
	第三师四十八团	H	57	5月25日	38	76	5月6日	6月13日	38
		D	46	5月14日	−7	99	3月22日	7月6日	106
灰杨	第一师九团	H	87	6月24日	58	117	5月26日	7月24日	58
		D	73	6月10日	7	139	4月4日	8月15日	132
	第一师十三团	H	83	6月20日	53	114	5月21日	7月21日	61
		D	71	6月8日	−9	150	3月20日	8月26日	160
	第三师四十八团	H	98	7月5日	64	131	6月1日	8月7日	67
		D	74	6月11日	5	144	4月2日	8月20日	139

由表 8-11 中还可以看出，胡杨地径生长速生期一般比株高生长速生期提前 33～46 天，结束要晚 23～39 天；灰杨地径生长速生期一般比株高生长速生期提前 51～62 天，结束晚 22～36 天。此外，从速生期持续天数来看，无论是胡杨还是灰杨，其地径生长速生期持续天数要比株高生长速生期持续时间长，这与李毅（1996）的研究结果一致。

胡杨和灰杨不同种源的株高、地径生长量在各个时期的表现不同（表 8-12）。胡杨各种源地径生长量在速生期、硬化期均差异不显著，而株高生长量在生长初期与速生期均表现为第一师九团与第一师十六团、第一师十四团与第三师四十八团差异不显著，其余各种源间差异极显著；在硬化期，株高生长量各种源间差异不显著。灰杨各种源间株高、地径生长量在硬化期均差异不显著；而株高生长量在生长初期与速生期分别表现为第一师九团与第一师十三团、第一师九团与第三师四十八团差异不显著，其余各种源间差异显著或极显著；在速生期，灰杨地径生长量除第一师九团与第一师十三团差异极显著外，其余均差异不显著。

表 8-12　胡杨和灰杨不同种源二年生幼苗期生长差异比较　　（单位：cm）

物种	种源	生长初期		速生期		硬化期	
		株高	地径	株高	地径	株高	地径
胡杨	第一师九团	2.18 cB	—	9.37 bC	0.030 a	1.48 a	0.015 a
	第一师十六团	2.58 bcAB	—	8.94 bBC	0.028 a	1.67 a	0.012 a
	第一师十四团	3.05 abA	—	11.67 aAB	0.034 a	2.19 a	0.014 a
	第三师四十八团	3.18 aA	—	12.45 aA	0.033 a	1.60 a	0.007 a
灰杨	第一师九团	1.94 bB	—	7.36 aAB	0.031 aA	2.15 a	0.013 a
	第一师十三团	1.68 bB	—	4.93 bB	0.022 bB	0.96 a	0.008 a
	第三师四十八团	2.68 aA	—	8.69 aA	0.026 abAB	2.30 a	0.013 a

注：同一树种同一列不同小写字母表示差异显著（P<0.05）；同一列不同大写字母表示差异极显著（P<0.01）

对胡杨和灰杨各种源“S”形曲线、速生期估算值分别取平均值。由表 8-13 可以看出，胡杨株高与地径生长进入速生期的时间要早于灰杨，分别比灰杨提前 23 天和 7 天，而速生期结束时间胡杨也比灰杨早，一般提早 40 天左右，这使得灰杨幼苗的速生期持续天数多于胡杨。从速生期生长速率来看，胡杨的株高、地径生长速率均高于灰杨（图 8-24，图 8-25）。

表 8-13　胡杨和灰杨二年生幼苗速生点与速生期

物种	项目	速生点		速生期				持续天数/天
		X	日期	X_1	X_2	起点	终点	
胡杨	H	57	5 月 25 日	36	79	5 月 4 日	6 月 16 日	44
	D	51	5 月 19 日	–6	108	3 月 23 日	7 月 15 日	115
灰杨	H	90	6 月 27 日	59	121	5 月 27 日	7 月 28 日	62
	D	73	6 月 10 日	1	144	3 月 29 日	8 月 20 日	143

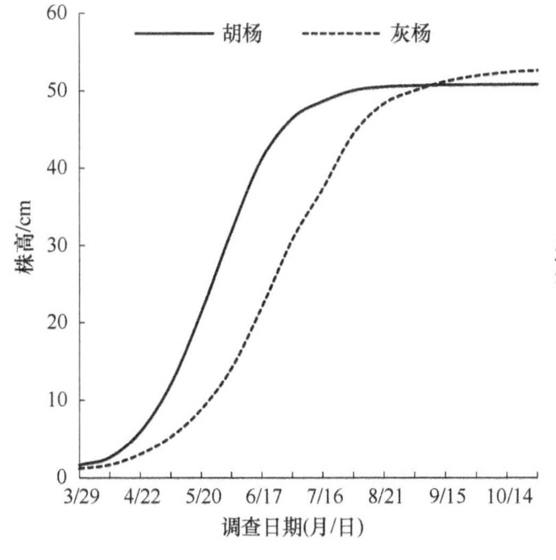

图 8-24　胡杨和灰杨株高生长曲线图

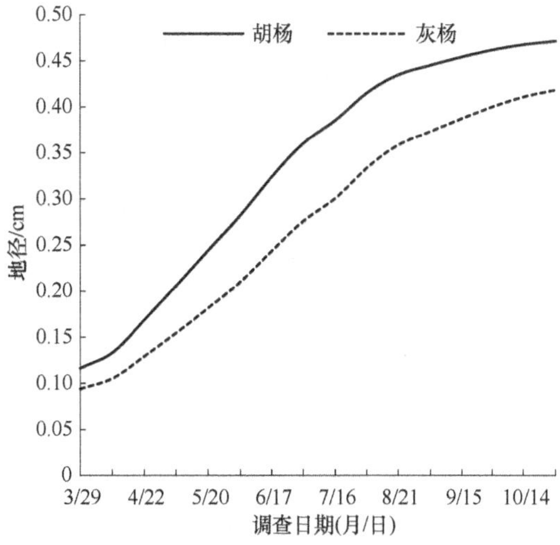

图 8-25　胡杨和灰杨地径生长曲线图

8.7 讨论

8.7.1 种子萌发对温度、光照变化的响应

在荒漠或半荒漠地区，植物种子的萌发对光照有不同的要求，大部分种子萌发对光照不敏感，但部分荒漠植物种子的萌发需要严格光照，如 *Artemisia monosperma*、*Capparis deciduas*、白沙蒿（*Artemisia sphaerocephala*）（Delph，1993；Bowers et al.，2000；高润宏，2005）。有些植物种子要在黑暗中萌发，如沙芥属沙芥和斧翅沙芥的种子在适宜的萌发温度和水分条件下，种子萌发随光强和光照时间的增加受到显著的抑制（吴平等，2005），而碟果虫实（*Corispermum patelliforme*）的种子只有在连续黑暗的条件下才能萌发（张胜邦等，1996）。大多数荒漠植物种子无论在光下还是在暗中都萌发得很好，如梭梭种子无论在光下和暗中均能萌发，萌发率无显著性差异（黄培祐，1991）。胡杨种子在水分适宜的条件下 4～6 小时即开始萌发，6～12 小时子叶开始展平接受光照而很快进入幼苗的早期生长阶段（Llerton and Lack，1992；Bosch et al.，1997）。本研究发现，胡杨种子在 24 小时光照、24 小时黑暗和 12 小时光照/12 小时黑暗条件下都能萌发，且具有较高的萌发率（在 10℃/15℃条件下最低萌发率达到 77.67%）；不同温度条件下各光照处理间种子最终萌发率、萌发速率和平均萌发时间相差都很小，表现出对光照变化不敏感。胡杨种子寿命短，当种子被风力传播到水分含量瞬息万变的河漫滩上，只要种子捕捉到适宜的含水量则不受光照条件的限制而迅速萌发，无疑增加了种子繁殖成功的概率。

不同的植物种子需要不同的萌发温度，有不同的最适萌发温度，这是植物长期适应环境的结果。种子萌发对温度的要求确保了大部分种子在合适的季节萌发，可以增大幼苗存活的机会（张宏和樊自立，1993）。温度强烈影响种子的萌发率、萌发速率和萌发进程，适宜温度可促进种子萌发和幼苗生长（中国科学院植物研究所，1989；《新疆森林》编辑委员会，1989）。本研究表明，胡杨、灰杨种子在 10℃/15℃、15℃/20℃、20℃/25℃、25℃/30℃、25℃/30℃、30℃/35℃、35℃/40℃下都能萌发，种子最终萌发率可以达到 70%以上，萌发温度范围比较宽泛，这与李利等（2005）研究发现胡杨种子在恒温 10～40℃时萌发率均超过 50%的结果相似。本研究还发现，胡杨、灰杨种子在 25℃/30℃、30℃/35℃、35℃/40℃条件下呈现快速集中萌发的特点。在干旱荒漠区自然条件下，昼夜温差大，较宽泛的种子萌发温度范围是胡杨、灰杨长期适应环境温度变化的结果。另外，胡杨、灰杨种子具有较高的最适萌发温度范围，同样是对果实成熟期、种子散布期地表温度较高的适应。反过来，较高的温度促使种子快速而集中萌发。胡杨、灰杨种子能够在较宽的温度范围内萌发，并迅速完成萌发过程，且不受光照条件限制，这些特点对胡杨天然更新有着重要意义，是种子萌发阶段快速占据生境资源的生态适应策略之一。

8.7.2 种子萌发对干旱胁迫的响应

水势与温度一样，是控制种子萌发的基本环境因子，对种子最终萌发率和萌发速率都有影响（中国科学院植物研究所，1989）。外界环境渗透势的大小决定着种子细胞从外界吸

收水分的能力，外界渗透势越小种子吸收水分的难度越大，对低渗环境的适应也是种子的一种萌发策略。胡杨种子在–1.0～0MPa 渗透胁迫处理下的萌发率大于 90%，处理间无显著差异，其耐渗透胁迫能力与梭梭（Primack，1980）相比偏弱，但比碱蓬（Primack，1980）强，而与刚毛柽柳（*Tamarix hispida*）（Augspurger，1983）相当。研究发现，外界渗透势在–0.2～0MPa 时，胡杨种子萌发进程基本不受影响，且 12 小时萌发率均达到 65%以上，24 小时基本完成种子萌发；灰杨种子在 PEG 溶液渗透势为–1.6～–0.8MPa 时萌发受到显著影响（张肖等，2015）。这些都说明胡杨、灰杨种子可以忍受一定程度的渗透胁迫，从而利用有限的水资源而快速萌发。同时，胡杨、灰杨种子虽然能在低渗溶液中萌发，但子叶展开和胚根伸长都受到影响，只有渗透势在–0.2MPa 以上时胚才能正常地生长（张肖等，2016），这也是只能在湿润河漫滩才能看到胡杨实生小苗（Llerton and Lack，1992；Petanidou et al.，1995），而在其他干旱的地方则很少能见到的原因。胡杨种子寿命短暂（Mith-Ramirez，1998），干旱荒漠地区降水稀少，蒸腾强烈，胡杨散种时间与河流洪水期一致（Llerton and Lack，1992），胡杨种子高渗透势下快速萌发对于有限水资源的利用具有重要意义。

8.7.3 种子萌发对盐胁迫的响应

盐对植物的影响主要表现在渗透效应和离子效应两个方面。前者影响植物对水分的吸收，后者在植物中积累到一定水平后造成毒害作用。盐对种子萌发的影响主要表现在降低种子萌发率，延长种子萌发进程，或者使种子失去生活力（郑万钧，1985；黄培祐，1991；王让会等，2002）。杨帆等（2012）对角果碱蓬（*Suaeda corniculata*）二型性种子（棕色和黑色）的研究发现，盐胁迫对两种类型种子的生活力均没影响，但盐胁迫显著降低两种类型种子的初始萌发率、恢复萌发率和最终萌发率。黄振英等（2001）研究发现，梭梭种子在浓度低于 0.2mol/L 的 NaCl 溶液中萌发受到的影响不大，但从 0.8mol/L 起其萌发率随着浓度增高而降低，且 NaCl 处理后的部分种子永久地失去萌发力。在 NaCl 和 PEG6000 溶液胁迫下，萌发率与水势呈显著线性负相关（R^2>0.89），并受到温度的微弱影响（于晓等，2008）。本研究发现，胡杨、灰杨种子萌发在 NaCl 溶液浓度高于 0.20mol/L、0.30mol/L 时受到显著影响，种子最终萌发率降低，这与刘建平等（2004a）和王海珍等（2013）的研究结果一致。同时，我们还发现 NaCl 胁迫降低了种子萌发速率，推迟了种子萌发高峰出现的时间。刘建平等（2004a）和王海珍等（2013）研究还发现，随着盐浓度的增加胡杨、灰杨子叶展平率呈显著下降的趋势，不利于子叶的同化作用。自然条件下，胡杨实生苗主要分布在河漫滩地，这是由于河水漫溢河漫滩后降低了土壤中的盐分含量（Lovett D J and Lovett D L，1988），从而有利于胡杨种子快速萌发和幼苗建成。

胡杨和灰杨各种源种子萌发阶段对 Na_2SO_4、NaCl 单盐的抗盐性不同。各种源种子的相对发芽率、子叶展平率均随两单盐浓度的增加而逐渐减小，呈现极显著或显著负相关。胡杨各种源种子在 Na_2SO_4、NaCl 盐溶液下萌发盐害的盐溶液平均临界值（分别为 1.30%、0.85%）高于灰杨各种源的 Na_2SO_4、NaCl 盐溶液平均临界值（分别为 0.58%、0.55%），说明胡杨种子萌发期的抗盐性强于灰杨；同一个种各种源也均表现为在 Na_2SO_4

溶液下种子萌发临界值高于 NaCl 溶液下的种子萌发临界值，说明胡杨和灰杨种子萌发期对 Na_2SO_4 溶液的耐盐性强于同一浓度的 NaCl 盐溶液。对不同种源种子萌发期抗盐性的研究表明，不同种源的种子对同一种盐胁迫的反应不同，说明种子自身的遗传特性、养分状况都可能影响种子萌发阶段的耐盐性。

有研究表明，土壤盐分含量越高胡杨种子的萌发率越低（刘建平等，2004；于晓等，2008），低浓度的盐对种子的萌发有抑制作用（Wolfgang et al.，2002；李利等，2005）。在 NaCl 和 PEG 溶液胁迫下，胡杨种子萌发率与水势呈显著线性负相关（R^2>0.89），并受到温度的微弱影响（于晓等，2008）。在盐胁迫下胚根生长比种子萌发受到的抑制明显（Willson，1983）。我们的研究表明，胡杨种子在 NaCl 溶液浓度为 0.05～0.30mol/L 时，最终萌发率可以达到 60%以上，其中 0.05mol/L 时，种子最终萌发率可达到 90%以上，但在 0～0.80mol/L 时，胚根和子叶生长均受到显著的影响，由此影响到胚对水分的吸收及子叶的光合作用，最终不能正常生长形成幼苗而死亡。灰杨也表现出种子萌发期及胚生长过程对 NaCl 胁迫的忍耐性很弱。由此说明 NaCl 胁迫可能是限制胡杨、灰杨种子萌发后成苗的关键因素。

8.7.4 幼苗生长发育规律及生长适应性

胡杨和灰杨种子萌发后 3 周真叶出现，开始进入幼苗生长发育阶段。停止生长时茎高仅 0.5cm，而地下根系生长远较地上茎叶部分生长迅速，根前期生长以伸长生长为主，后期以加粗生长为主。种间比较，停止生长时胡杨根的平均长度和粗度都大于灰杨。根系的这种发育特点有利于幼苗快速占据地下资源，为幼苗越冬和下一年生长奠定基础（刘建平等，2004b）。

种子萌发期和幼苗期是植物生活史中最脆弱的阶段，这个阶段对环境的适应常常决定了植物的生存和分布。塔里木河河岸和河漫滩各样方幼苗越冬前和越冬后的成活率都很低，这是由于种子萌发形成幼苗的时间较晚，越冬前幼苗仅有两片真叶，幼苗越冬抗性较差而不足以越冬。显然，河漫滩淤泥层形成（种子繁殖安全生境的建立）早晚成为当年生幼苗越冬成活的限制因子。

在相同的人工栽培管理条件下，不同种源的胡杨和灰杨幼苗当年成活率、幼苗越冬存活率和第二年幼苗生长存活率有所不同，不同种源幼苗在不同的生长发育阶段表现出不同的生存发展命运，这可能是不同种源种子遗传基础、营养状况方面的差异引起的不同种源幼苗生长、越冬抗逆性方面的差异。

参 考 文 献

高瑞如，黄培祐，赵瑞华. 2004. 胡杨种子萌发及幼苗生长适应机制研究. 淮北煤炭师范学院学报, 25(2): 47-50.

高润宏，董智，张昊. 2005. 额济纳绿洲胡杨林更新及群落生物多样性动态. 生态学报，25(5): 1019-1025.

华鹏. 2003. 胡杨实生苗在河漫滩自然发生和初期生长的研究. 新疆环境保护, 25(4): 14-17.

黄培祐. 1990. 新疆荒漠区几种旱生树种自然分布的制约因素研究. 干旱区资源与环境, 4(1): 59-67.

黄培祐. 1991. 荒漠河岸胡杨林的生活周期对生境水条件的动态适应的研究. 新疆环境保护, 13(2): 5-10.

黄振英, 张新时, Yitzchak G, 等. 2001. 光照、温度和盐分对梭梭种子萌发的影响. 植物生理学报, (03): 275-280.

李利, 张希明, 何兴元. 2005. 胡杨种子萌发和胚根生长对环境因子变化的响应. 干旱区研究, 22(4): 520-525.

李毅. 1996. 胡杨无性系苗期年生长动态分析. 甘肃农业大学学报, 31(3): 252-256.

刘建平, 李志军, 何良荣, 等. 2004a. 胡杨和灰叶胡杨种子萌发期抗盐性的研究. 林业科学, 40(2): 165-169.

刘建平, 周正立, 李志军, 等. 2004b. 胡杨、灰叶胡杨不同种源苗期生长动态研究. 新疆环境保护, (S1): 107-111.

王海珍, 韩路, 贾文锁. 2013. 胡杨(*Populus euphratica*)与灰胡杨(*Populus pruinosa*)种子萌发对不同盐类胁迫的响应. 中国沙漠, 33(3): 743-750.

王让会, 王晓伟, 游先祥, 等. 2002. 荒漠河岸林生态系统的结构分析. 干旱区研究, 19(2): 7-11.

吴平, 赵健, 王文丽, 等. 2005. 额济纳绿洲胡杨生物生态学特性的调查. 内蒙古草业, 17(3): 4-7.

《新疆森林》编辑委员会. 1989. 新疆森林. 乌鲁木齐: 新疆人民出版社: 208-246.

杨帆, 曹德昌, 杨学军, 等. 2012. 盐生植物角果碱蓬种子二型性对环境的适应策略. 植物生态学报, 36(8): 781-790.

于晓, 严成, 朱小虎, 等. 2008. 盐分和贮藏对胡杨种子萌发的影响. 新疆农业大学学报, 31(1): 12-15.

张宏, 樊自立. 1993. 全球变化下的绿洲生态学研究. 干旱区资源与环境, 13(1): 43-48.

张胜邦, 田剑, 闫朝锋, 等. 1996. 柴达木盆地胡杨生境及生物生态学特性调查. 青海农林科技, (4): 28-30.

张肖, 王瑞清, 李志军. 2015. 胡杨种子萌发对温光条件和盐旱胁迫的响应特征. 西北植物学报, 35(8): 1642-1649.

张肖, 王旭, 焦培培, 等. 2016. 胡杨(*Populus euphratica*)种子萌发及胚生长对盐旱胁迫的响应. 中国沙漠, 36(6): 1597-1605.

郑光华. 2004. 种子生理研究. 北京: 科学出版社, 706.

郑万钧. 1985. 中国树木志(第 2 卷). 北京: 中国林业出版社: 2005-2007.

中国科学院植物研究所. 1989. 中国濒危和稀有植物. 上海: 上海教育出版社: 288-289.

Augspurger C K. 1983. Phenology, flowering synchrony, and fruit set of six neotropical shrubs. Biotropica, 15: 257-267.

Bosch J, Retana J, Cerdo X. 1997. Flowering phenology, floral traits and pollinator composition in a herbaceous Mediterranean plant community. Oecologia, 109: 583-591.

Bowers M D, Stamp N E, Jarzomski C M. 2000. Effects of plant phenology, nutrients and herbivory on growth and defensive chemistry of plantain, *Plantago lanceolata*. OIKOS. 88(No.2): 371-379.

Delph L F. 1993. Factors affecting intraplant variation in flowering and fruiting in the gynodioecious species *Hebe subalpina*. Journal of Ecology, 81: 287-296.

Llerton J, Lack A J. 1992. Flowering phenology: an example of relaxation of natural selection? Trends in Ecology and Evolution, 7: 274-276.

Lovett D J, Lovett D L. 1988. Plant reproductive ecology: patterns and strategies. Oxford: Oxford University Press.

Mith-Ramirez C, Armesto J J, Figueroa J. 1998. Flowering, fruiting and seed germination in Chilean rain forest Myrtaceae: ecological and phylogenetic constraints. Plant Ecology, 136: 119-131.

Petanidou T, Ellis W N, Margaris N S, et al. 1995. Constraints on flowering phenology in a phryganic (East Mediterranean shrub) community. American Journal of Botany, 82: 607-620.

Primack R B. 1980. Variation in the phenology of natural populations of montane shrubs in New Zealand. Journal of Ecology, 68: 849-962.

Willson M F. 1983. Plant reproductive ecology. American Scientist, 71(6): 646-647.

Wolfgang S, Milberg P, Lamont B B. 2002. Germination requirements and seedling responses to water availability and soil type in four eucalypt species. Acta Oecologica, 23: 23-30.

第三篇　胡杨和灰杨克隆繁殖

第 9 章　克隆繁殖器官分布特征

胡杨和灰杨以地下横走侧根为克隆繁殖器官，克隆繁殖器官的生长、扩展在克隆散布中占有主导地位。关于胡杨根蘖繁殖特性的研究主要集中在根系的分布和生长特点（刘速和黄培祐，1990；杨丽等，2006；王永斌和努尔巴依·阿布都沙力克，2007），根蘖发生部位和根蘖芽的形态（李志军等，2003；Wiehle et al.，2009），以及胡杨克隆繁殖能力与环境因子的相互关系，包括胡杨林不同林隙条件下根蘖幼苗的密度、苗高和基径等生长状况，林隙内主要的环境影响因子（赵文智等，2005；武逢平等，2008；曹德昌等，2009）。胡杨克隆繁殖器官——横走侧根的土层分布深度对克隆分株发生数量的增加及种群规模的扩大是非常重要的，但横走侧根的空间分布与不定芽发生的关系等尚不清楚，（王永斌和努尔巴依·阿布都沙力克，2007；Wiehle et al.，2009）。本章以胡杨和灰杨单株为研究对象，对胡杨和灰杨在不同生境条件下克隆繁殖器官空间分布与克隆繁殖间的关系进行了研究，为揭示胡杨、灰杨的克隆繁殖机理奠定了基础。

9.1　研究方法

9.1.1　研究区概况及样方设置

研究区位于塔里木河上游第一师十六团、塔里木河中游轮台县、叶尔羌河中游第三师四十八团及叶尔羌河下游，自然概况如下。

（1）塔里木河上游第一师十六团灰杨林研究区　位于40°29′N、80°50′E，海拔1023m，年平均日照2992h，年平均气温11.28℃，最低气温–26℃，最高气温41℃，年平均降水量42mm，年平均蒸发量1188mm，相对湿度52%。研究区地势平坦，地表为细沙质，局部地段有盐结皮，每年洪水可漫及部分林地（李志军等，2003）。在灰杨林内，沿垂直河道的方向选择河道边（A1）、距河道200m林内（A2）和距河道400m林内（A3）3个不同的生境为样地，样地大小100m×100m，地下水位1.08m。

（2）塔里木河中游轮台县胡杨林研究区　位于41°05′N、83°38′E，海拔1002m，年平均日照2725h，年平均气温10.6℃，最低气温–25℃，最高气温40℃，年平均降水量52mm，年平均蒸发量2072mm，相对湿度50%。土壤以冲积、风积细沙为主，每年洪水可漫及林地（李志军，2003）。在天然胡杨林内选择河道边（C1）和林内（C2）2个不同的生境为样地，样地大小100m×100m，地下水位2.56m。

（3）叶尔羌河中游第三师四十八团胡杨灰杨混交林研究区　位于39°31′N、74°19′E，海拔1122m，年平均日照2464h，年平均气温12.4℃，最低气温–24℃，最高气温43℃，年平均降水量47mm，年平均蒸发量2257mm，相对湿度53%。研究区地下水位1.57m，地表枯叶层较厚，土壤为草甸土，每年洪水可漫及，树木干部以下1.2m均被水淹没（从树干上的水印线上判断），更新状况好。胡杨和灰杨混交林位于冲积沟河岸两侧，为中龄林，但夹有丛状幼林，多为根蘖成林。

（4）叶尔羌河下游阿瓦提县胡杨灰杨混交林研究区　位于39°40′N、80°05′E，海拔992m，年平均日照2729h，年平均气温10.4℃，最低气温–25℃，最高气温39℃，年平均降水量50mm，年平均蒸发量1880mm，相对湿度56%，地势平坦，地表为松散的细沙质（李志军等，2003）。在混交林内选择灰杨（B1）和胡杨（B2）相对集中的生境为样地，样地大小100m×100m，地下水位3.34m。

9.1.2　克隆繁殖器官空间分布调查

（1）在叶尔羌河中游第三师四十八团胡杨林、叶尔羌河下游阿瓦提县胡杨灰杨混交林、塔里木河上游第一师十六团灰杨林及塔里木河中游轮台县胡杨林研究区各样方中，采取挖剖面的方法，从主干开始，分别在植株东、南、西、北4个方位沿一级横走侧根延伸方向挖剖面，调查测定近地面一级横走侧根在垂直下扎土壤前的长度，一级横走侧根方位发生改变的方位角（磁方位角），以及方位发生改变时的土壤深度；测量前后拐点之间的距离，并测量该部分横走侧根的直径；测量克隆分株所在部位的横走侧根土壤深度，分析近地面一级横走侧根水平扩展的特点。同时调查生境地下水位、水资源补给及面积单位克隆分株数量。

（2）在塔里木河上游第一师十六团天然林，沿垂直河道的方向在林缘（距河道200m）、林内（距河道400m）两个不同的微生境各设置3个30m×30m的样方，并设置围栏对样方进行保护（以免羊群啃食克隆分株幼苗）。于2014年和2015年的4～10月每隔20天调查一次。以克隆分株为目标，在林内、林缘的每个样方中随机挖取10株克隆分株所在部位的横走侧根，包括左右延伸的近端根和远端根（近端根是指距离母株端近的横走侧根；远端根是指远离母株端的横走侧根）部分。以克隆分株所在部位的50cm横走侧根为中间根段，并在近端根和远端根方向以50cm为间隔各划分2段（图9-1），5段共计2.5m长（定义为单位长度）（郑亚琼等，2013）。在垂直剖面测量各根段的分布深度，调查统计产生不定芽的横走侧根及各根段不定芽数量的比例。

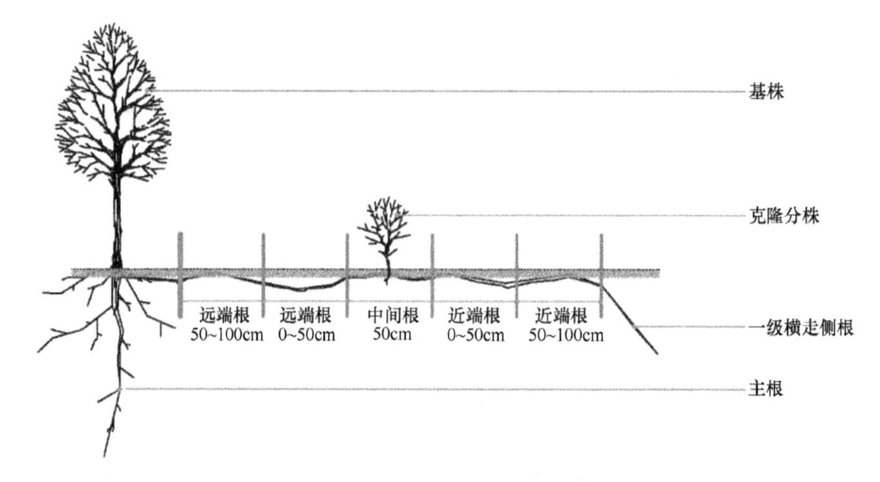

图9-1　横走侧根根段示意图

（3）在上述调查的同时，统计单位长度（2.5m）横走侧根根段区域不定芽、未出土克隆分株和出土克隆分株数量，计算根段不定芽、未出土克隆分株和出土克隆分株数量的平均值，计算不定芽向未出土克隆分株的转化率和未出土克隆分株向出土克隆分株的转化率。计算公式如下

$$\text{不定芽向未出土克隆分株的转化率（\%）}=\frac{\text{未出土克隆分株数量}}{\text{不定芽数量+未出土克隆分株数量}}\times 100\%$$

$$\text{未出土克隆分株向出土克隆分株的转化率（\%）}=\frac{\text{出土克隆分株数量}}{\text{未出土克隆分株数量+出土克隆分株数量}}\times 100\%$$

9.1.3　数据处理

单因素方差分析不定芽数量、未出土克隆分株数量、出土克隆分株数量的差异。

9.2　根系结构特点

胡杨、灰杨根系由主根、发达的横走侧根及次一级侧根组成，主根上最早产生的一级横走侧根与主根近垂直排列，在土壤中沿水平方向伸展（图 9-2）。一级横走侧根上可以产生多级分枝，构成发达的横走侧根“网络”体系，为克隆生长奠定了基础（郑亚琼等，2013）。

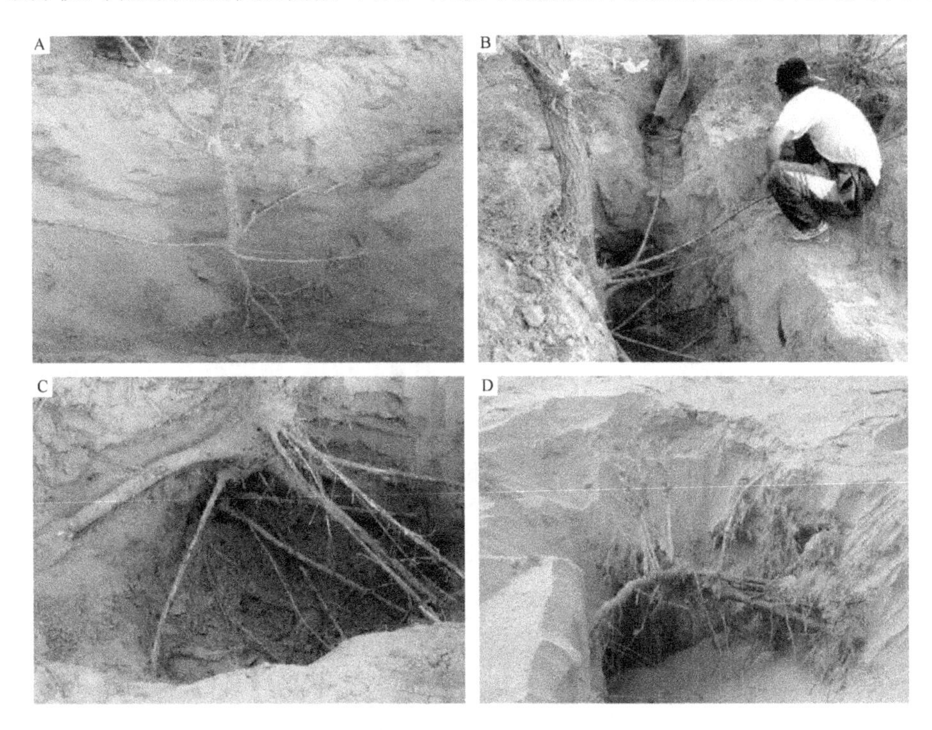

图 9-2　胡杨、灰杨根系及克隆分株（彩图见封底二维码）

A. 胡杨幼龄植株横走侧根空间分布（叶尔羌河中游第三师四十八团）；B、C. 灰杨成年植株横走侧根空间分布（叶尔羌河中游第三师四十八团）；D. 距地面 15cm 的灰杨横走侧根及克隆分株（叶尔羌河中游第三师四十八团）；E、F. 距地面 28cm 的灰杨横走侧根（D）及克隆分株（F）（塔里木河上游第一师十六团）；G、H. 距地面 21cm 的灰杨横走侧根及克隆分株生长状态（塔里木河上游第一师十六团）

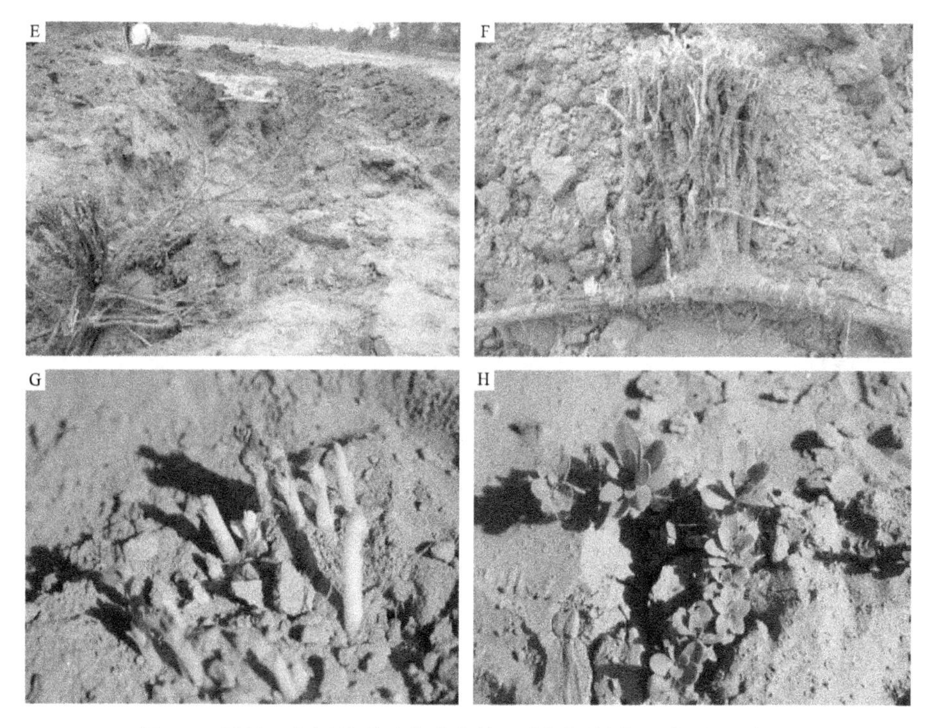

图 9-2　胡杨、灰杨根系及克隆分株（彩图见封底二维码）（续）

9.3　横走侧根垂直空间分布特征

胡杨、灰杨一级横走侧根垂直空间分布特征因树龄不同而异。一年生实生苗主根上的一级横走侧根分布在距地面 5～25cm 的土层，集中分布在 10～15cm 土层；5～6 年生植株主根上的一级横走侧根分布在距地面 10～70cm 的土层，其中 20～40cm 的土层为横走侧根集中分布区；成年植株主根上的一级横走侧根分布在距地面 20～100cm 的土层，20～40cm 的土层为横走侧根集中分布区。

9.4　横走侧根水平空间分布特征

胡杨、灰杨具有一级横走侧根水平伸长生长一定阶段后垂直下扎的生长特性。胸径为 24.1cm 的胡杨成年单株近地面的一级横走侧根水平伸长生长到 38.1m 后垂直下扎，横走侧根直径由近主根处的 4.086cm 逐渐减小到下扎前的 0.42cm。一级横走侧根在土壤内水平生长过程中方向不断发生改变（有 13 个拐点），同时呈现“波浪式”生长，表现为近主根第一个拐点距地面深度为 75cm，下扎前距地面深度为 46cm，其间距地面深度最小值为 24cm。很有趣的是，克隆分株就发生在距地面深度为 24cm、26cm 处，直径为 0.41cm、0.60cm 的一级横走侧根上（郑亚琼等，2013）。

灰杨幼龄单株近地面的 6 个一级横走侧根分布在不同的方位，其上分布有次一级侧根。6 个一级横走侧根近主干的第一个拐点深度（近地面的垂直距离）分别是 17cm、20cm、

23cm、29cm、32cm 和 42cm，对应处的横走侧根直径依次为 0.92cm、2.56cm、1.29cm、1.25cm、1.75cm 和 0.41cm。随着横走侧根的伸长，其水平扩展方向在不断变化，直径逐渐减小，在土壤中分布深度逐渐增大，直至最终垂直下扎。6 个一级横走侧根的生长也不相同。例如，第一个拐点深度为 20cm、直径为 2.56cm 的横走侧根，在水平伸长生长过程中拓展方向发生了 4 次改变，水平方向伸长生长至 11.75m 后垂直下扎，下扎前横走侧根的直径为 0.63cm，下扎处的土壤深度为 46cm。

树冠为 1.5m×1.6m、树高 2.5m 的灰杨幼株，其近地表一级横走侧根下扎前的最大长度可达 11.75m，最短的一级横走侧根也长达 4.6m。根据横走侧根直径变化来分析，其垂直和水平空间分布范围比已挖出部分还要广阔。水平根系的这种生长分布特点，显示了它们具有较强的占据水平空间资源的能力。一级横走侧根水平生长呈现方向不断改变、波浪式前行的拓展方式，可能是由于横走侧根生长过程中对土壤水、肥资源调节的结果。

9.5　横走侧根形态特点

观察发现，横走侧根上有不定芽、克隆分株产生的部位直径较两端增粗，无不定芽、克隆分株产生的部位直径较均匀，横走侧根上不定芽、未出土克隆分株和出土克隆分株密集分布部位直径的增粗比不定芽、未出土克隆分株和出土克隆分株单个分布部位直径的增粗更为明显。从表 9-1 可以看出，不同的研究区及同一研究区的不同生境中，产生克隆分株的横走侧根形态上均表现为出土克隆分株、未出土克隆分株和不定芽所在部位的横走侧根最粗，向两端逐渐变细，且远端根始终比近端根要粗，同一条横走侧根的不同根段直径差异显著或无差异。

表 9-1　横走侧根不同根段直径的比较　　（单位：cm）

研究区/样方编号	近端根 50～100cm	近端根 0～50cm	中间根 50cm	远端根 0～50cm	远端根 50～100cm
第一师十六团/A1	0.54±0.05 cC	0.70±0.07 cBC	1.44±0.16 aA	1.02±0.11 bB	0.71±0.07 cBC
第一师十六团/A2	0.54±0.06 cC	0.73±0.06 bcBC	1.69±0.20 bcaA	1.01±0.08 bB	0.80±0.08 bcBC
第一师十六团/A3	0.39±0.04 cC	0.65±0.07 bcBC	1.56±0.16 aA	0.89±0.09 bB	0.63±0.06 bcBC
阿瓦提县/B1	0.92±0.06 dD	1.77±0.17 bcBC	3.59±0.23 aA	2.20±0.13 bB	1.43±0.12 cCD
阿瓦提县/B2	1.08±0.13 dD	1.91±0.14 bcBC	3.91±0.23 aA	2.38±0.17 bB	1.52±0.16 cdCD
轮台县/C1	0.61±0.10 bB	0.99±0.17 bAB	1.55±0.25 aA	1.14±0.19 bB	0.76±0.12 bB
轮台县/C2	1.46±0.12 cB	2.33±0.10 dC	4.55±0.16 aA	2.76±0.14 bB	1.70±0.15 dC

注：同一行不同小写字母表示各根段间差异显著（P<0.05）；同一行不同大写字母表示各根段间差异极显著（P<0.01）

9.6　横走侧根垂直空间分布与克隆繁殖的关系

在不同生境条件下，灰杨产生克隆分株的横走侧根在土壤中的分布深度有所不同。例如，在林缘生境，产生不定芽的横走侧根分布在 0～30cm 的土层中，其中 97.78%集中分布在 0～20cm 的土层；在林内生境，产生不定芽的横走侧根分布在 0～40cm 的土层，其中 86.67%集中分布在 10～30cm 的土层中（图 9-3A）。不定芽、未出土克隆分株和出土克隆分株数量均以 10～20cm 土层横走侧根上最多，其次是 0～10cm（林缘）、20～30cm（林内）（图 9-3B～D）。说明林缘 10～20cm 土层、林内 10～30cm 土层中分布的横走侧根最适宜不定芽发生及不定芽转化为未出土或出土克隆分株。

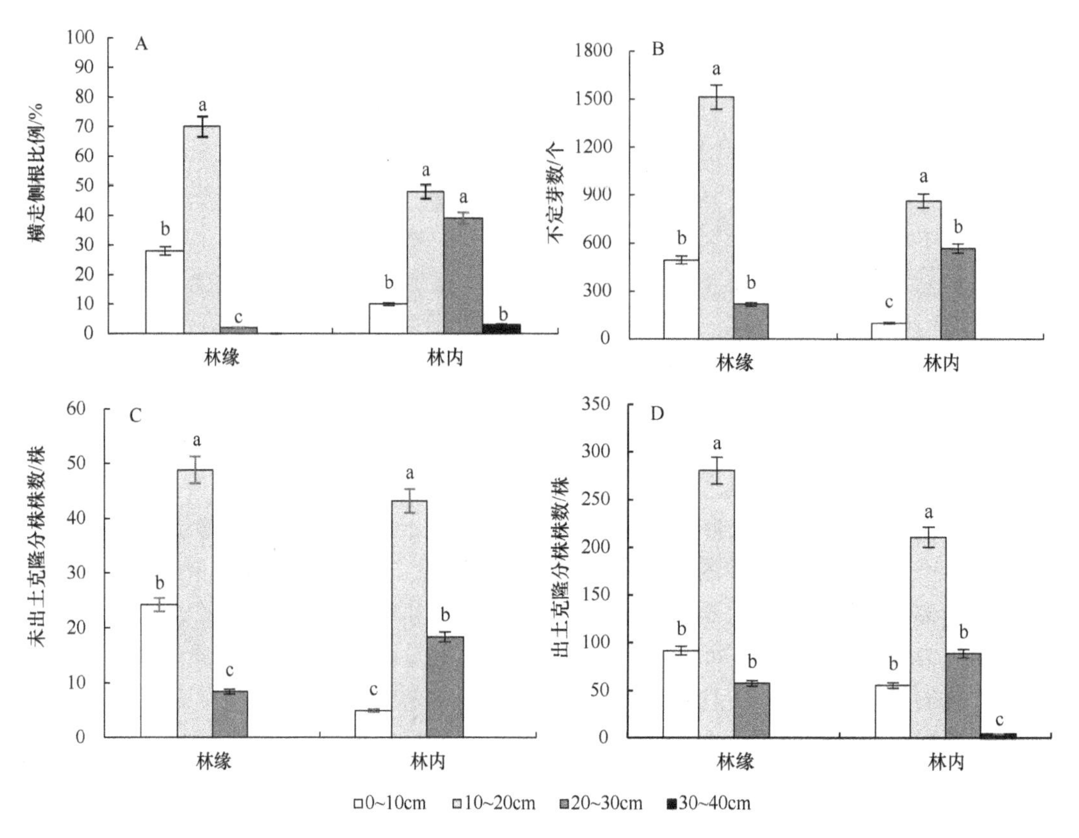

图 9-3　各土层横走侧根上不定芽、未出土克隆分株和出土克隆分株数量

图中每组柱子上方的不同字母表示差异显著（$P<0.05$）

对不同生境的调查表明（表 9-2），近端根、中间根和远端根在土壤中分布的深度均表现出远端根比近端根深，中间根分布的深度比远端根和近端根浅的空间分布规律。进一步分析可以看出，第一师十六团的 3 个生境中灰杨中间根、近端根和远端根分布深度依次为河道边＜距河道 200m 林内＜距河道 400m 林内。3 个生境中中间根均分布在 10～20cm 的土层内，但近端根和远端根在河道边分布在 10～20cm 的土层内，距河道 200m 林内和距河道 400m 林内分布在 20～40cm 的土层内。阿瓦提县混交林内，灰杨和胡杨中间根及近端根和远端根基本都分布在 20～40cm 的土层内。轮台县天然胡杨林两个生境中，河道边胡杨近端根、中间根分布在 10～20cm 的表层土壤内，远端根分布在 20～40cm 的土层内；林内胡杨中间根、近端根和远端根均分布在 20～40cm 的土层内。

不同生境条件下胡杨和灰杨能够产生克隆分株的横走侧根垂直空间分布几乎一致，主要分布在距地面 10～40cm 土层内（表 9-3）。在每年有洪水漫灌的林地，分布在距地表 5～20cm 深的横走侧根上发生克隆分株较多；在地下水位低于 3m 的林地，一级横走侧根产生克隆分株较少；在地下水位 7m 的林地，分布在距地表 24～26cm 深的横走侧根能够产生克隆分株，但数量很少。有无洪水漫灌可影响两个物种横走侧根上克隆繁殖的发生。

表 9-2　产生克隆分株的横走侧根分布部位的分布深度比较　　（单位：cm）

研究区/样方编号	近端根	中间根	远端根
第一师十六团/A1	11.60±1.28 bAB	11.45±1.46 bAB	15.85±1.61 aA
第一师十六团/A2	26.90±2.11 bB	15.05±0.45 cC	33.05±1.98 aA
第一师十六团/A3	29.85±2.33 bA	15.20±2.33 cB	37.75±2.95 aA
阿瓦提县/B1	30.55±1.93 abA	28.90±2.60 bA	37.30±2.41 aA
阿瓦提县/B2	32.45±1.15 abA	29.48±0.95 bA	41.70±1.62 aA
轮台县/C1	17.10±2.60 aA	15.95±2.63 aA	21.00±2.84 aA
轮台县/C2	29.15±2.12 bA	32.58±1.96 abA	40.10±2.13 aA

注：同一行不同小写字母表示各根段间差异显著（P<0.05）；同一行不同大写字母表示各根段间差异极显著（P<0.01）

表 9-3　不同生境下胡杨和灰杨横走侧根空间分布及克隆繁殖调查

地点	类别	林内	林内	林外
第三师四十八团胡杨灰杨混交林	位置	垂直老河道 400m	垂直老河道 200m	林缘老河道边
	地下水位/m	3.25	1.57	1.10
	水资源补给	地下水	地下水	每年有洪水漫灌及地下水
	克隆分株/（个/900m^2）	108	232	298
	横走侧根距地面深度/cm	20～30	15～25	10～20
轮台县胡杨林 1	位置	距河岸 8km	距河岸 1km	林缘河滩地
	地下水位/m	7.20	2.17	0.81
	水资源补给	地下水	地下水	每年有洪水漫灌
	克隆分株/（个/900m^2）	50	124	286
	横走侧根距地面深度/cm	20～30	20～30	5～20
第一师十六团胡杨灰杨混交林	位置	垂直老河道 400m	垂直老河道 200m	林缘老河道边
	地下水位/m	1.12	1.08	1.03
	水资源补给	每年有洪水漫灌	每年有洪水漫灌	每年有洪水漫灌
	克隆分株/（个/900m^2）	269	309	369
	横走侧根距地面深度/cm	10～20	10～20	10～20
阿瓦提县胡杨灰杨混交林	位置	距河岸 5km 林内	距河岸 2km 林内	距河岸 0.5km 林内
	地下水位/m	3.45	3.21	2.04
	水资源补给	地下水	地下水	地下水
	克隆分株/（个/900m^2）	178	269	325
	横走侧根距地面深度/cm	20～40	20～40	20～40
轮台县胡杨林 2	位置	距河岸 1km 林内	距河岸 0.5km 林内	林缘河滩地
	地下水位/m	3.17	2.56	1.21
	水资源补给	地下水	地下水	每年有洪水漫灌
	克隆分株/（个/900m^2）	198	275	369
	横走侧根距地面深度/cm	20～40	20～40	10～20

9.7 讨　论

9.7.1 横走侧根空间分布特点与生态适应性

自然状态下胡杨幼苗仅发生于河漫滩，而许多成年株又生长在深地下水位的河流故道或二、三级阶地上，所以在胡杨一生中大都经历了地下水位由高到低的过程。对塔里木地区胡杨根系在不同水位条件下的发育特征和走向趋势的研究表明，在河漫滩的幼苗阶段主根弯曲生长而且不发达，在浅土层形成庞大的水平走向浅根系；当河流改道，地下水位由高变低，立地土壤通气条件改变，胡杨植株为了适应渐变的环境，水平走向的一级侧根萌生出垂直走向的二级侧根（刘速和黄培祐，1990）。这就是生长在低水位的胡杨既具有发达的近地表水平走向的浅根系，也具有垂直向下根系的主要原因。这种伴随地下水位变化而改变走向的根系特点，无疑为胡杨的克隆繁殖奠定了基础，因为能够产生克隆繁殖的就是那些分布在距地面 5～30cm 土层中的一级横走侧根（李志军等，2003；武逢平等，2008；Wiehle et al.，2009；曹德昌等，2009）。

灰杨根系结构特点及横走侧根水平拓展规律与胡杨相似，主根上产生发达的一级横走侧根，与主根排列成近 90°角，在土壤中沿水平方向进行营养生长和扩展。在灰杨从幼株到成株的个体发育过程中，一级横走侧根进行一定时期水平方向的伸长生长，同时在一级横走侧根上又产生发达的二级侧根。一级横走侧根在产生、水平生长伸展到垂直下扎土壤的过程中，其水平生长长度、生长方向（水平范围的和垂直范围的）、直径及在土壤中的分布深度，在不同生境、同一生境的不同微环境及同一条横走侧根不同部位的微环境，都发生着不断变化，横走侧根在土壤中的空间分布是其生长过程对生境光、热、水资源适应的结果（《新疆森林》编辑委员会，1989）。

9.7.2 横走侧根垂直分布深度与克隆繁殖的关系

胡杨根系在 0～4.6m 的土层皆有分布，而萌蘖处的横走侧根分布深度一般在 1m 以内，多集中分布在 5～60cm 的土层，土层 40cm 以内是胡杨根系萌生不定芽的有效深度，分布深度大于 40cm 的根系上不能萌生不定芽（李志军等，2003；王永斌和努尔巴依·阿布都沙力克，2007；张昊等，2007；武逢平等，2008；Wiehle et al.，2009）；灰杨一级横走侧根集中分布在 20～40cm 的土层，不同生境条件下能够产生克隆分株的横走侧根垂直空间分布几乎一致，主要分布在距地面 5～30cm 土层内（郑亚琼等，2013）。本研究结果表明，无论是在地下水位 1.08m 的第一师十六团胡杨灰杨林还是地下水位 3.45m 的阿瓦提县胡杨灰杨混交林，产生不定芽和克隆分株的横走侧根都分布在 10～40cm 土层中，这与前人的研究结果一致。有研究指出，随着土壤深度的增加，土壤通气状况变差，减弱了根上萌生不定芽的能力，到达一定深度后，根上就不再萌生不定芽；根上萌生出的不定芽在突破土层时会遇到土壤的阻力，相对来说较深层的土壤更加紧实，会增加不定芽突破土层向上生长的阻力，不利于根蘖繁殖幼苗的出土（朱雅娟等，2006）。

9.7.3 横走侧根形态特征与不定芽发生的关系

尽管胡杨具有发达的侧根根系，但多数侧根较细，粗根数量占的比例较小，并且具有克隆繁殖能力的萌蘖根也表现出细根多于粗根的特点（冯起等，2008）。当生境条件相对适宜时，直径在 0.1～4.0cm 的横走侧根均可产生根蘖苗，且以直径在 0.1～1.6cm 的出苗率最高，达到 83.95%，而大于 4.0cm 的根系几乎无根蘖苗出现，萌蘖能力基本丧失，这可能与直径较大的根系具有较高的木质化程度和较低的分生组织活力有关（张昊等，2007）。我们的观察显示，不定芽在一定直径范围内的横走侧根上才会产生，并且横走侧根越细不定芽数量越多，超过一定直径的胡杨和灰杨横走侧根上不会产生不定芽。研究还发现，胡杨和灰杨横走侧根上有不定芽、未出土克隆分株和出土克隆分株产生的部位直径增粗，无不定芽、未出土克隆分株和出土克隆分株产生的部位直径较均匀。分析认为，横走侧根的这种形态变化可能是已经形成的克隆分株产生光合产物并在其着生部位附近积累的结果，这也同时为在其周围产生更多不定芽提供了物质基础，也反映了已经形成的克隆分株和新一轮不定芽发生之间的内在关系。Martin 等（2009）的研究得到相似结果，认为这是由于根蘖苗的同化吸收，远端根很快就变得比它的近端根粗。

参 考 文 献

曹德昌，李景文，陈维强，等. 2009. 额济纳绿洲不同林隙胡杨根蘖的发生特征. 生态学报, 29(4): 1954-1961.

冯起，司建华，李建林，等. 2008. 胡杨根系分布特征与根系吸水模型建立. 地球科学进展, 23(7): 765-772.

李志军，刘建平，于军，等. 2003. 胡杨、灰叶胡杨生物生态学特性调查. 西北植物学报, 23(7): 1292-1296.

刘速，黄培祐. 1990. 胡杨根系与塔里木河流域生态环境的关系. 干旱区地理, 13(2): 89-92.

王永斌，努尔巴依・阿布都沙力克. 2007. 胡杨(*Populus euphratica* Oliv.)根繁殖特征. 生态学杂志, 26(12): 1937-1941.

武逢平，李俊清，李景文，等. 2008. 胡杨(*Populus euphratica*)在额济纳绿洲三种生境内的克隆繁殖特性. 生态学报, 28(10): 4703-4709.

《新疆森林》编辑委员会. 1989. 新疆森林. 乌鲁木齐：新疆人民出版社: 208-246.

杨丽，张秋良，常金宝. 2006. 胡杨树根系空间分布特性. 内蒙古农业大学学报, 27(3): 15-17.

张昊，李俊清，李景文，等. 2007. 额济纳绿洲胡杨种群繁殖物候节律特征的研究. 内蒙古农业大学学报(自然科学版), 28(2): 60-66.

赵文智，常学礼，李秋艳. 2005. 人工调水对额济纳胡杨荒漠河岸林繁殖的影响. 生态学报, 25(8): 1987-1993.

郑亚琼，周正立，李志军. 2013. 灰叶胡杨横走侧根空间分布与克隆繁殖的关系. 生态学杂志, 32(10): 2641-2646.

朱雅娟，董鸣，黄振英. 2006. 种子萌发和幼苗生长对沙丘环境的适应机制. 应用生态学报, 17(1):

137-142.

Martin W, Pascal E, Niels T, et al. 2009. Root suckering patterns in *Populus eyphratica* (Euphrates poplar, Salicaceae). Trees-Structure and Function, 23(5): 991-1001.

Wiehle M, Eusemann P, Thevs N, et al. 2009. Root suckering patterns in *Populus euphratica* (Euphrates poplar, Salicaceae). Trees: Structure and Function, 23(5): 991-1001.

第 10 章　克隆繁殖的解剖学特征

根蘖更新是植物克隆繁殖的一种重要方式。植物母株根系上的不定芽通过无性繁殖产生繁殖体，定居成功后成为潜在的独立个体，即无性系子株或克隆分株，从而达到种群更新的目的（Alpert，1996）。由于不定芽产生的克隆分株在一段时间内仍然与母株根系相连接，因此各繁殖体之间可以通过物质交换传输的生理整合作用共同利用生境内的资源，这种繁殖方式与植物的有性繁殖相比降低了生长代价；另外，生境资源空间分布的异质性对植株生长、发育和功能形态形状的表达产生影响，决定了植株产生克隆分株的数量（张玉芬和张大勇，2006）。胡杨、灰杨具有相似的克隆繁殖特性，能够从分布于20～40cm土层的水平横走侧根上单个或丛生状萌生出不定芽(李志军等，2003a，2003b)。目前，关于胡杨、灰杨横走侧根上不定芽发生、在哪里发生、发生的时间空间有什么规律尚不明晰。本研究从组织细胞水平上探究胡杨、灰杨克隆繁殖过程不定芽发生发育的解剖学特点，以期揭示胡杨、灰杨克隆繁殖机理和生态适应性，为荒漠河岸林的克隆（根蘖）繁殖及更新提供理论依据。

10.1　研 究 方 法

10.1.1　样品采集

胡杨根样品采集于新疆轮台县天然胡杨林保护区，灰杨根样品采集于叶尔羌河下游阿瓦提县丰收三场天然灰杨林。

10.1.2　组织切片制作及其观察方法

在天然林挖取胡杨、灰杨横走侧根，分别选取不同直径、带有不定芽的横走侧根（胡杨 24 个、灰杨 28 个）以福尔马林-酒精-冰醋酸混合固定液（FAA）固定。常规石蜡法制片，切片厚度 8～10μm，番红-固绿染色，加拿大树胶封片。在尼康 Ti-E（DS-Ri1，成像设备 CCD）显微镜下观察横走侧根横切面解剖结构及不定芽发生的解剖学特征并拍照。以 NIS-Elements AR 分析软件测定横走侧根的直径、不定芽芽轴基部直径。

10.2　胡杨横走侧根的形态特征

实地挖根调查表明，能够产生不定芽的横走侧根主要是分布在距地面 10～40cm 土层的一级横走侧根。20～30 年生胡杨的一级横走侧根长度可达 38.1m，其上着生较多的二级侧根。横走侧根在无不定芽产生的根段区域直径较均匀；在产生不定芽的部位横走侧根直径增大，不定芽密集分布的部位比不定芽单个分布的部位横走侧根直径增大更为明显（图 10-1A～D）。

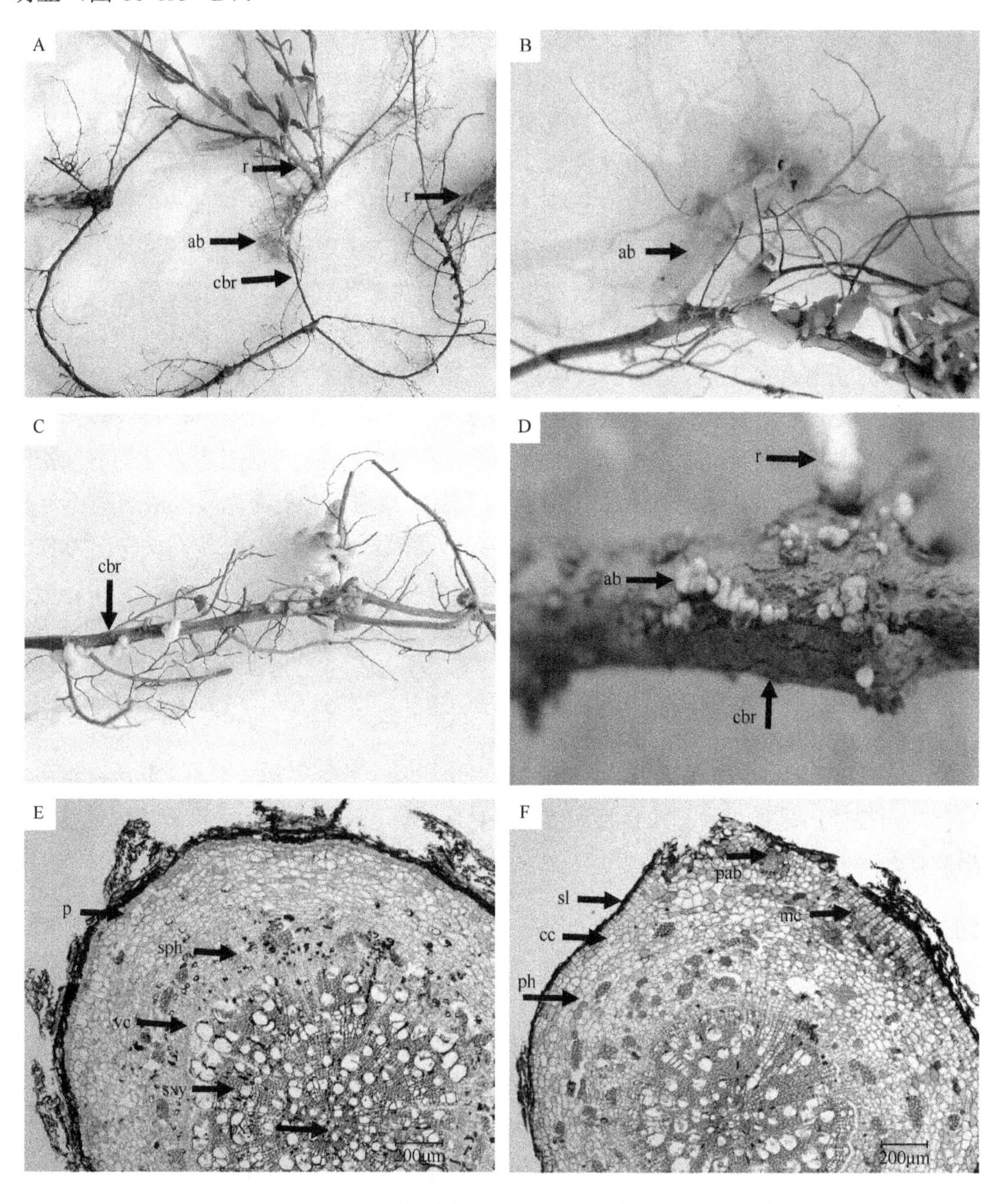

图 10-1　胡杨不定芽和克隆分株形态及横走侧根解剖特征（彩图见封底二维码）

A. 不同直径横走侧根（cbr）形态及不定芽（ab）和克隆分株（r）着生状况；B. A 图中不定芽部分放大；C. 不定芽单个或集聚丛生；D. 多年生横走侧根上的克隆分株和分布在不同部位的不定芽；E. 二年生横走侧根横切面，示周皮（p）、次生韧皮部（sph）、维管形成层（vc）、次生木质部（sxy）和中央四原型的初生木质部（pxy）；F. 横走侧根横切面，示木栓层（sl）、木栓形成层（cc）、栓内层（ph）、木栓形成层活动开始形成不定芽原基（pab），以及周围黏液化的栓内层薄壁细胞（mc），G. F 图中木栓形成层活动部位的局部放大；H. 不定芽原基形成

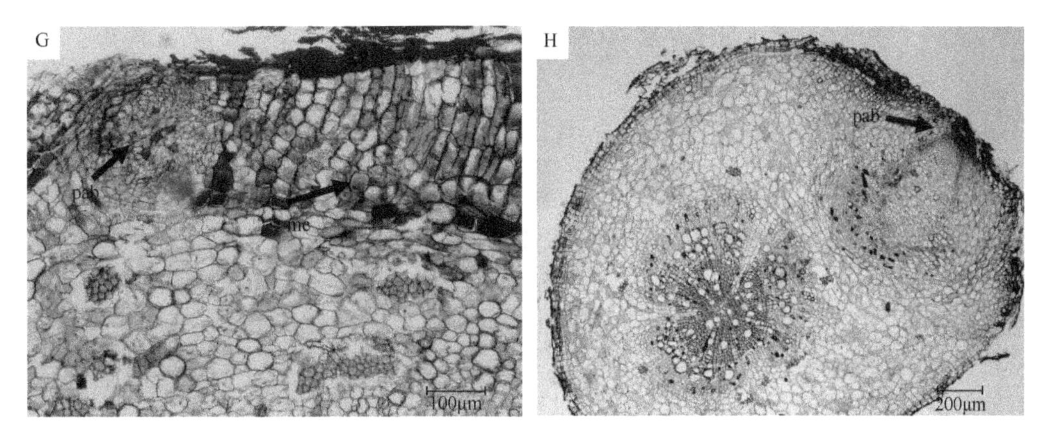

图 10-1　胡杨不定芽和克隆分株形态及横走侧根解剖特征（彩图见封底二维码）（续）

10.3　胡杨横走侧根的解剖学特征

观察胡杨、灰杨的横走侧根（胡杨横走侧根直径 0.15～0.33cm，灰杨横走侧根直径 0.15～0.27cm）连续组织切片，根据解剖结构特征判断它们为 2～3 年生横走侧根，横走侧根上均有不定芽发生。

胡杨 2～3 年生横走侧根横切面由外向内依次为周皮、次生韧皮部、维管形成层、次生木质部和初生木质部（图 10-1E）。

周皮由木栓层、木栓形成层和栓内层组成，其中，木栓层由 3 层切向长方形细胞组成；木栓形成层细胞 2 层；栓内层由 6～8 层薄壁细胞组成，细胞体积较大（图 10-1F）。

次生维管组织包括次生韧皮部、维管形成层和次生木质部（图 10-1E）。维管形成层为 2～3 层扁平细胞，其外侧的次生韧皮部在次生维管组织横切面上所占的比例远小于次生木质部。次生韧皮部由筛管、伴胞、韧皮薄壁细胞、韧皮纤维和韧皮射线细胞组成，各类组成细胞均较小。当年形成的筛管、伴胞结构清晰，分布在维管形成层附近，与韧皮薄壁细胞集中分布在韧皮射线之间；韧皮纤维细胞呈不连续束状排列，在次生韧皮部的外侧，细胞壁尚未木质化。

维管形成层内侧的次生木质部由导管分子、木纤维细胞、木薄壁细胞和木射线细胞组成，其在次生维管组织横切面上所占的比例很大，木质部发达。当年产生的次生木质部导管分子数量多、口径较大，单个或几个成群径向排列于次生木质部射线间；木薄壁细胞较小，夹在导管分子之间。早期产生的次生木质部（靠近初生木质部）导管分子数量少，木纤维细胞数量居多，木纤维细胞壁加厚部分仍为初生壁（图 10-1E、H）。

胡杨横走侧根中央的初生木质部为四原型（图 10-1E）或三原型（图 10-1H）。

10.4 胡杨不定芽发生的形态解剖学特征

10.4.1 不定芽的形态及分布特点

挖根调查表明，胡杨横走侧根上不定芽的数量、大小及分布特征在同一部位或不同部位有所不同。胡杨横走侧根上不定芽数量、大小及分布特点如下。

（1）24 份直径为 0.15～0.33cm 的 2～3 年生横走侧根上均有不定芽发生（图 10-1），挖取获得的直径为 1cm 的多年生横走侧根上也有不定芽发生（图 10-1D）。

（2）同一条横走侧根上的不同部位，不定芽的数量明显不同，有的部位仅有几个，有的部位多达十几个（图 10-1A～D）。

（3）分布在横走侧根同一个部位或不同部位的不定芽大小不一（图 10-1B、C），不定芽生长发育成的克隆分株也表现出个体大小上的差异（图 10-1A）；同一条横走侧根上不同部位的不定芽和克隆分株的大小不同（图 10-1B）。

（4）不定芽单个或多个丛生于横走侧根上，不定芽之间距离或远或近，丛生在一起的不定芽可以分布在横走侧根的同一侧表皮上（图 10-1B、C），或环绕横走侧根表皮分布在不同位点上（图 10-1D）。

（5）不定芽突破横走侧根的保护组织之前，在横走侧根上呈现为乳白色的斑点（图 10-1D）；此后不定芽在土壤中的生长阶段呈现粗壮的白色至黄色的肉质嫩芽（图 10-1A、C）。

10.4.2 不定芽发生发育的解剖学特征

观察 24 份胡杨不同直径的横走侧根组织切片发现，不定芽的发生发育具有如下结构特征。

（1）不定芽是外起源的，起源于横走侧根周皮中的木栓形成层。由木栓形成层细胞分裂活动形成不定芽原基（图 10-1F～H），经不定芽原基细胞分裂和生长分化，最终形成在横走侧根表面可观察到的不定芽（图 10-1C）。

（2）不定芽具有单点或多点发生的空间特征。单点发生表现为横走侧根的不定芽在一个位点发生，该位点可以形成单芽（图 10-2A），也可以形成双芽（图 10-2B）或多芽并生在一起（图 10-2E）；多点发生表现为横走侧根的不定芽在多个位点发生，不同位点可以形成单芽（图 10-2C）、双芽（图 10-2F）或多芽丛生在一起（图 10-2I～K）。

（3）不定芽具有同步或非同步发生的时间特征。在同一个位点的不定芽，有的在同时期（同一个生长季节）发生（图 10-2B、E、F），有的在不同时期（不同的生长季节或不同的年份）发生（图 10-2C、F）；在不同位点的不定芽非同步发生更为普遍（图 10-2C、F，图 10-2I～K）。

10.4.3 不定芽的生长发育特点

不定芽生长发育包括以下四方面的特点。

（1）不定芽原基的活动遵循双子叶植物茎端分生组织的活动规律。不定芽纵剖面观

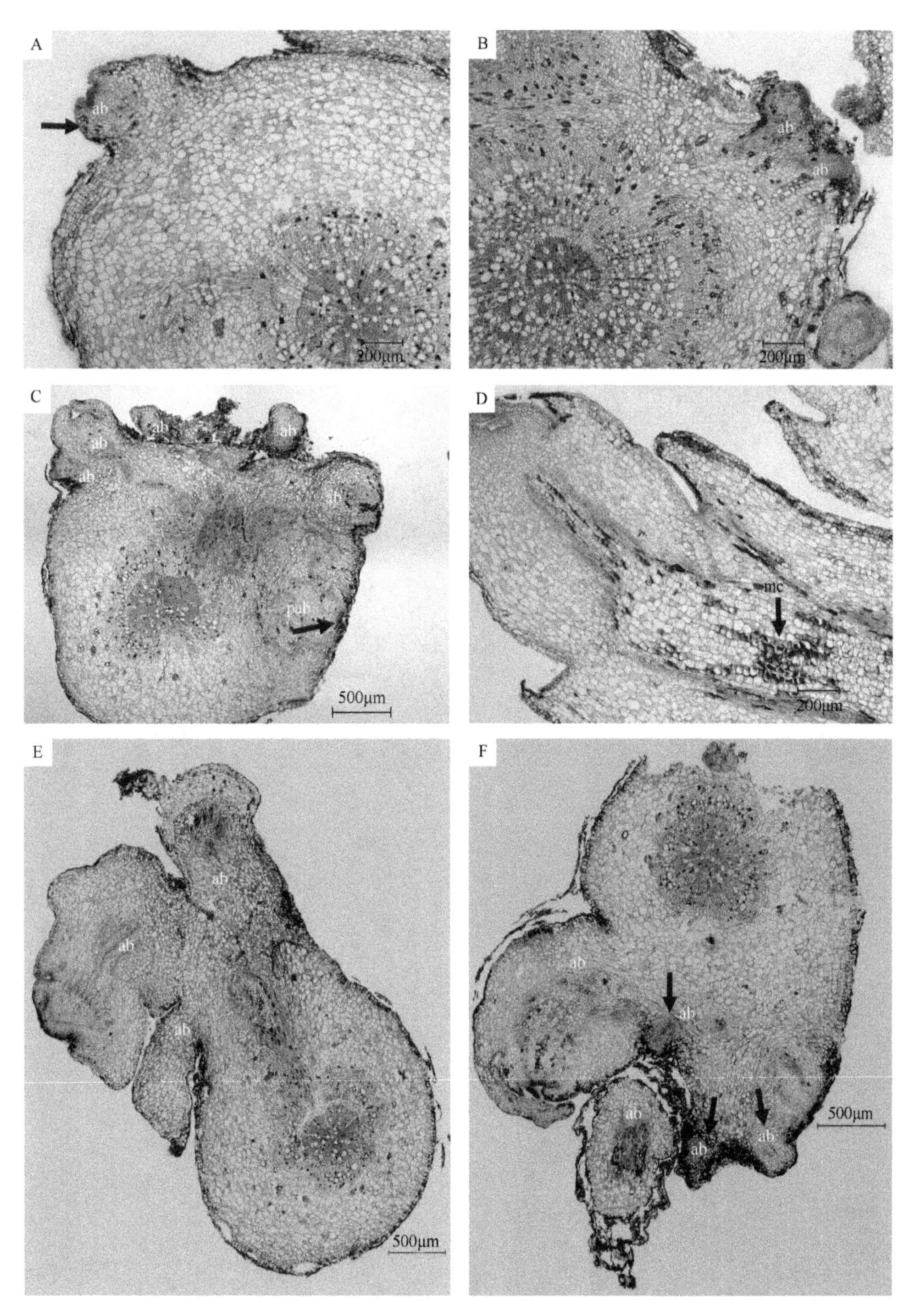

图 10-2　胡杨横走侧根横切面和不定芽纵切面解剖特征（彩图见封底二维码）

A. 单点发生的不定芽（ab）形成突破周皮；B. 同时期形成的并生双芽（ab）；C. 不同时期多点发生的双芽（ab）、单芽（ab）及不定芽原基（pab）；D. 芽轴髓部的黏液细胞（mc）；E. 同时期单点发生的 3 个并生芽（ab）；F. 不同时期多点发生的不定芽（ab），其中包括同时期发生的不定芽（ab）；G. 单点发生的不定芽生长发育状况（ab）；H. 单点发生的并生双芽（ab），不定芽基部形成新的不定芽（ab），以及不定芽与横走侧根维管组织相连部分（vt）；I. 不同时期多点发生的不定芽，不定芽基部形成新的不定芽（ab），以及横走侧根上的次一级侧根（sbr）；J. 不同时期多点发生的不定芽；K. 多点不同时期形成的单芽（ab）

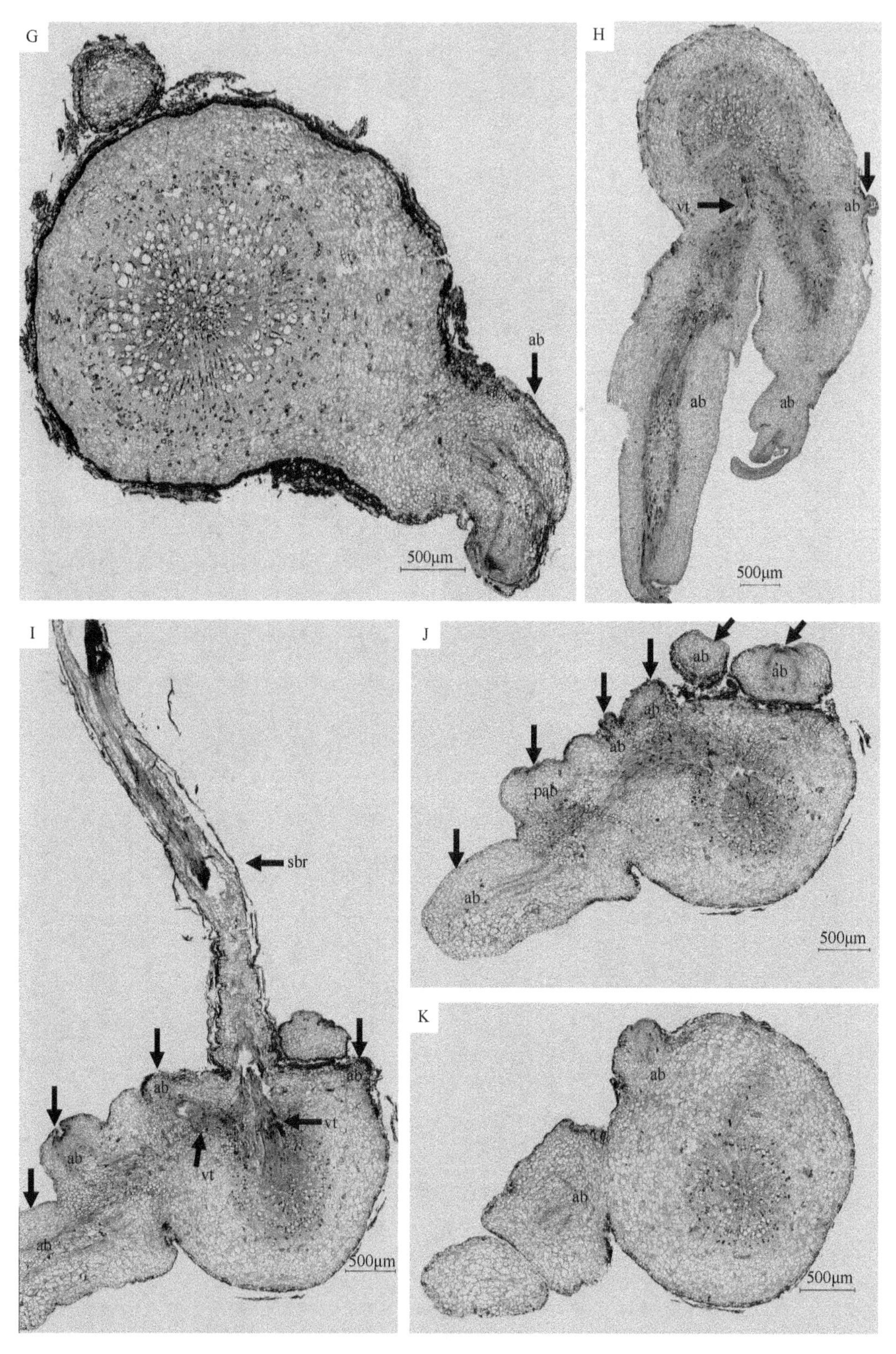

图 10-2 胡杨横走侧根横切面和不定芽纵切面解剖特征（彩图见封底二维码）（续）

察表明，不定芽原基分生组织细胞分裂形成叶原基和幼叶，同时芽轴逐渐伸长。伴随这一生长过程，芽轴的位置形成大量的薄壁细胞，不定芽芽轴因此呈现粗壮的肉质化状态。例如，直径为 2667μm 的横走侧根上形成的两个不定芽的芽轴基部直径分别为 1501μm 和 1250μm，分别约为该横走侧根直径的 56.28%和 46.87%；其芽长度分别达到 5000μm 和 4166μm，分别约为该横走侧根直径的 1.9 倍和 1.6 倍（图 10-2H），显示出不定芽快速生长发育的特点。

（2）不定芽上可以产生新的不定芽。新的不定芽起源于前期不定芽芽轴基部紧邻保护组织的薄壁细胞，通过薄壁细胞反分化形成外起源的不定芽原基，进而发育为不定芽上的次一级不定芽（图 10-2H、I）。

（3）不定芽的发生伴随大量薄壁细胞的产生和黏液细胞的出现。无论是单芽、双芽或多芽并生的方式，都具有相同的规律，即木栓形成层在形成不定芽原基的部位首先进行细胞分裂，形成大量新的栓内层薄壁细胞。在木栓形成层细胞分裂产生不定芽原基的阶段，不定芽原基周围的部分栓内层薄壁细胞黏液化（图 10-1f）。在不定芽生长发育过程中，其芽轴髓部和表皮有较多的黏液细胞存在（图 10-2D，图 10-2H）。

（4）不定芽、横走侧根及次一级侧根三者的维管组织是相互联系的（图 10-2H、I）。

10.5　灰杨横走侧根的形态特征

实地挖根调查表明，能够产生不定芽的灰杨横走侧根主要分布在距地面 5～30cm 的土层。其上着生较多的二级侧根（图 10-3A、B）。

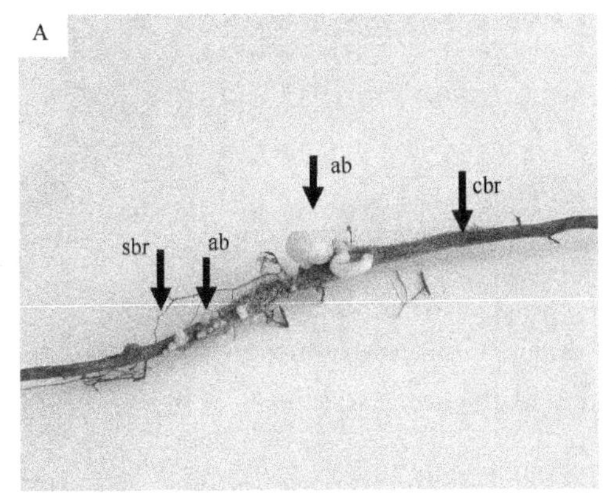

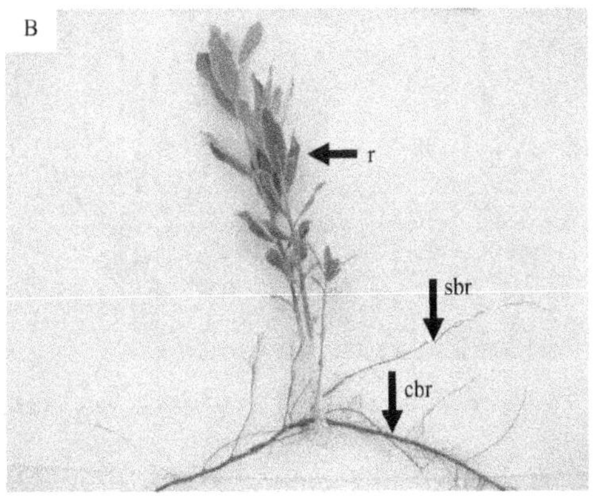

图 10-3　灰杨不定芽和克隆分株形态及横走侧根解剖特征（彩图见封底二维码）

A. 灰杨横走侧根（cbr）、次一级侧根（sbr）形态及单个或集聚丛生的不定芽（ab）；B. 灰杨横走侧根上形成的克隆分株（r）；C. 灰杨 3 年生横走侧根次生结构横切面，示周皮（p）、次生韧皮部（sph）、维管形成层（vc）、次生木质部（sxy）和中央四原型的初生木质部（pxy）；D. 灰杨横走侧根横切面，示木栓层（sl）、木栓形成层（cc）、栓内层（ph）、不定芽原基（pab）、黏液细胞（mc）；E. D 图不定芽原基部位放大；F. 灰杨横走侧根横切面，示单个不定芽形成突破周皮；G. 灰杨横走侧根横切面，示同时期形成的并生双芽（ab），以及不定芽（ab）与横走侧根上的次一级侧根（sbr）维管组织相连部分（vt）；H. 灰杨横走侧根横切面，示同时期先后多点发生的单芽（ab）和双芽（ab）

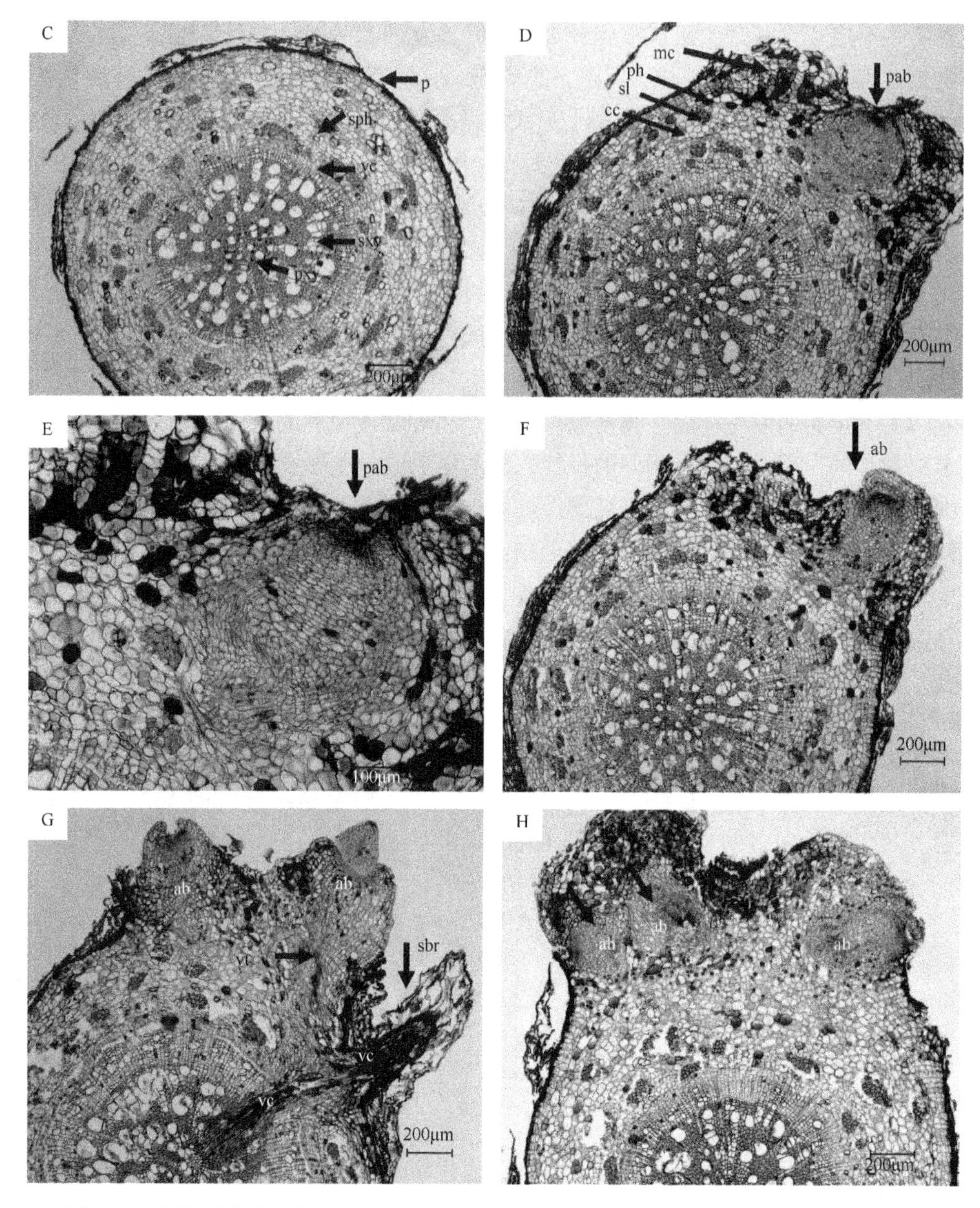

图 10-3　灰杨不定芽和克隆分株形态及横走侧根解剖特征（彩图见封底二维码）（续）

直径 0.15～0.27cm 的 2～3 年生灰杨横走侧根上均有不定芽发生，直径大于 1cm 的多年生横走侧根上亦有不定芽发生。横走侧根在无不定芽产生的根段直径较均匀；在产生不定芽的部位横走侧根直径增粗，不定芽密集分布的部位比不定芽单个分布的部位横走侧根直径增粗更为明显（图 10-3A）。

10.6　灰杨横走侧根的解剖结构特征

观察 28 份灰杨不同直径的横走侧根连续组织切片，根据解剖结构特征判断它们为

2～3 年生侧根。2～3 年生横走侧根横切面由外向内依次为周皮、次生维管组织和中央的初生木质部（图 10-3C）。

周皮包括木栓层、木栓形成层和栓内层。其中，木栓层细胞 1～2 层；木栓形成层细胞 2 层；栓内层由 2～4 层体积较大的薄壁细胞组成（图 10-3C）。

次生维管组织包括次生韧皮部、维管形成层和次生木质部（图 10-3C）。维管形成层为 2～3 层扁平细胞，其外侧的次生韧皮部组成分子有筛管、伴胞、韧皮薄壁细胞、韧皮纤维和韧皮射线。当年形成的筛管、伴胞结构清晰，分布在维管形成层附近；韧皮薄壁细胞体积较大、数量较多；韧皮纤维细胞壁尚未木质化，呈束状在次生韧皮部外方呈环状排列，韧皮射线由单列细胞组成，不明显。维管形成层内侧的次生木质部发达，在根中所占的比例较大。当年产生的次生木质部由导管、木薄壁细胞和木射线组成，其组成以导管分子数量占绝对优势，导管分子口径大小不一，但排列紧密；木射线数目较多，每条射线由单列薄壁细胞径向排列而成，十分清晰；木薄壁细胞较小，夹在导管分子之间。早期产生的次生木质部以木纤维细胞数量居多，且木纤维细胞壁尚未木质化（图 10-3C）。

根中央的初生木质部依然保留，为四原型（图 10-3C）。

横走侧根上不定芽产生或未产生的部位，都未观察到不定根的发生，但不定芽的维管组织和横走侧根及横走侧根上次一级侧根的维管组织是相联系的（图 10-3G）。

10.7　灰杨不定芽发生的形态解剖学特征

10.7.1　不定芽的形态及分布特点

挖根调查表明，灰杨横走侧根上不定芽的数量、大小及分布特征在同一部位或不同部位都有所不同。

（1）分布在横走侧根同一个部位的不定芽大小不一（图 10-3A），不定芽伸出地面后生长发育成的克隆分株也表现出个体大小上的差异（图 10-3B）；同一条横走侧根上的不同部位，不定芽、克隆分株的大小也有所不同。

（2）不定芽单个或多个集聚在一起从生分布于横走侧根上；不定芽间距离或远或近；从生在一起的不定芽可以分布在横走侧根的同一个侧面，或围绕侧根的圆周分布在不同侧面（图 10-3A）。

（3）突破横走侧根的保护组织之前，不定芽在横走侧根上呈现乳白色的斑点；突破横走侧根的保护组织在土壤中生长的阶段，不定芽呈现较为粗壮的肉质嫩芽（图 10-3A）。

（4）同一条横走侧根上的不同部位，不定芽的数量明显不同，有的部位仅有几个，有的部位多达十几个。

10.7.2　不定芽发生发育的解剖学特征

观察 28 份灰杨不同直径的横走侧根连续组织切片发现，不定芽的发生过程呈现如下结构特征。

（1）不定芽起源于横走侧根周皮中的木栓形成层（图 10-3D、E），属于外起源。木栓形成层通过细胞分裂活动形成不定芽原基，由不定芽原基细胞分裂和生长分化，不定芽形成并突破周皮，最终形成在横走侧根表面可观察到的不定芽（图 10-3A、F）。

（2）横走侧根上形成的不定芽具有单点发生或多点发生的特征。单点发生表现为横走侧根的不定芽在一个位点发生，可以是形成单个不定芽（图 10-3F，图 10-4B），也可以是双芽（图 10-3G）或多个芽丛生在一起（图 10-4E）；多点发生表现为横走侧根的不定芽在多个位点发生，发生在不同位点上的不定芽可以是单芽（图 10-4D）、双芽（图 10-4C）或多芽丛生在一起（图 10-3H）。

（3）不定芽的发生时期具有不确定性。在同一个位点，不定芽可以同时期（同一个生长季节）先后发生（图 10-3G、H），也可以在不同时期（不同的生长季节或不同的年份）发生（图 10-4E）；在不同位点上，不定芽在不同时期发生更为普遍（图 10-3H）。

10.7.3 不定芽的生长发育特点

灰杨不定芽的形成及生长发育规律包括以下 3 个方面。

（1）不定芽原基的活动遵循双子叶植物茎端分生组织的活动规律。从不定芽的纵剖面可以看出（图 10-4F），不定芽原基分生组织活动的结果一方面是不断形成叶原基和

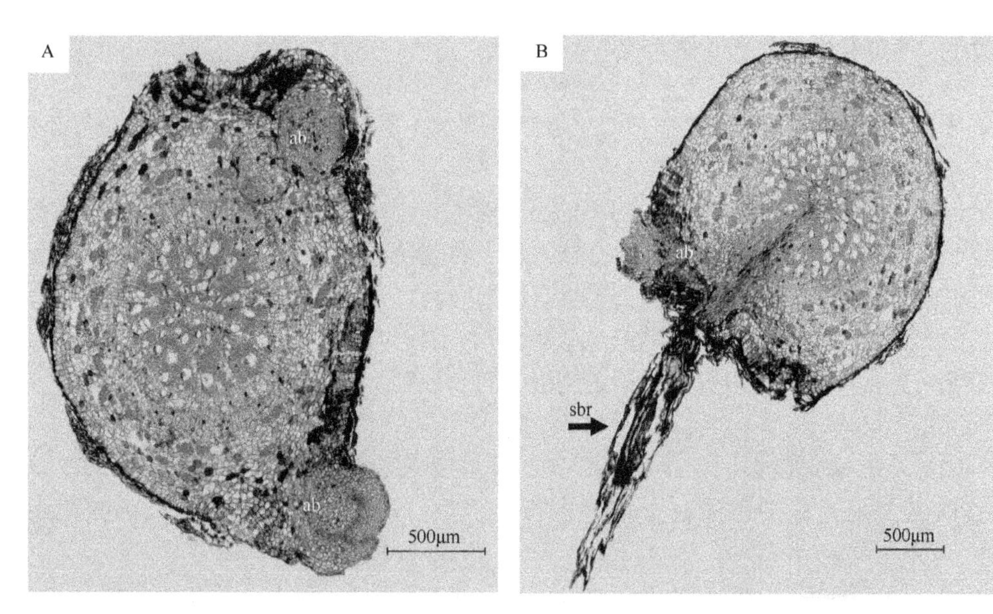

图 10-4 灰杨横走侧根横切面和不定芽纵切面解剖特征（彩图见封底二维码）

A. 不同时期多点发生的单个不定芽（ab）；B. 单点发生的不定芽（ab）和横走侧根上的次一级侧根（sbr）；C. 不同时期多点发生的并生不定芽和不定芽原基（pab）；D. 不同时期多点发生的单个不定芽（ab）和不定芽原基（pab）；E. 不同时期单点发生的不定芽（ab），以及不定芽基部形成的新的不定芽原基（pab）；F. 单点发生的不定芽生长发育状况（ab）

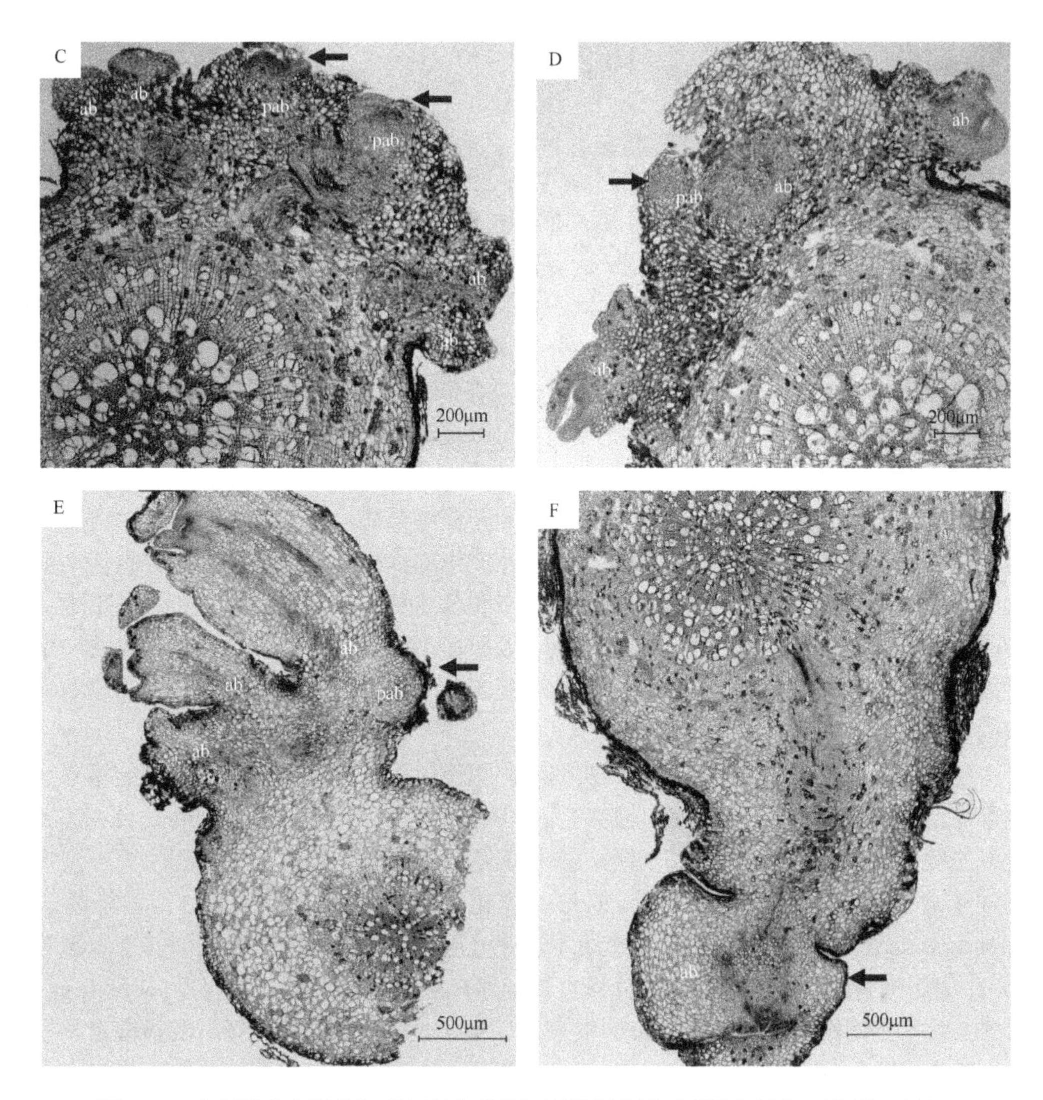

图 10-4　灰杨横走侧根横切面和不定芽纵切面解剖特征（彩图见封底二维码）（续）

幼叶，并使芽轴逐渐伸长；另一方面是产生大量的薄壁细胞，使不定芽芽轴呈现粗壮的肉质化状态。例如，直径 1500μm 的横走侧根上形成 3 个并生不定芽，其芽轴基部直径分别达 750μm、300μm 和 279μm（图 10-4E），显示出不定芽快速生长发育的特征。

（2）不定芽在生长发育过程中可以在其上形成新的不定芽。即由前期形成的不定芽芽轴基部紧邻保护组织的薄壁细胞反分化，形成新的外起源不定芽原基，进而发育为不定芽上次一级不定芽（图 10-4E）。

（3）不定芽的发生伴随大量薄壁细胞的产生和黏液细胞的出现。无论是单芽、双芽或多个芽丛生在一起发生，都有着相同规律，即木栓形成层在形成不定芽原基的部位首先进行细胞分裂，形成大量新的栓内层薄壁细胞。在木栓形成层活动产生不定芽原基的阶段，不定芽原基周围的部分栓内层薄壁细胞黏液化（图 10-3D，图 10-4B）。

10.8 讨　论

10.8.1 克隆繁殖器官的解剖学特征

与胡杨、灰杨垂直根的结构相比（李志军等，1996），胡杨、灰杨 2～3 年生横走侧根的解剖结构具有两个显著特点：一是周皮中栓内层较发达，由 6～8 层薄壁细胞组成；二是次生维管组织中维管射线组织和次生木质部很发达，早期形成的次生木质部以细胞壁尚未木质化的木纤维细胞数量居多。分析认为，胡杨、灰杨横走侧根中发达的维管射线组织和次生木质部为营养物质、水分的横向和纵向高效运输提供了保证；在初生木质部外围发育出具初生壁性质的发达厚壁组织，使横走侧根不但具有较好的韧性，易于在土壤中适应微环境的水分状况而扩展分布，而且也保证对周围导管分子的机械支持。除了次生韧皮部，发达的栓内层薄壁组织也成为营养物质和水分储存及横向运输的重要场所。特别是不定芽发生和形成阶段，在不定芽产生部位由木栓形成层细胞分裂活动形成大量新的栓内层薄壁细胞，这是不定芽产生部位横走侧根较粗的内在原因，为不定芽的形成和发育拓展营养物质和水分储存空间，以保证不定芽的发生发育对营养物质和水分的需求。胡杨、灰杨横走侧根的这种结构特征及其变化，构建了克隆繁殖所需要的营养结构基础，与克隆繁殖相适应。

已有的形态学研究表明，胡杨、灰杨克隆繁殖过程未见横走侧根上有不定根系（李志军等，2003a，2003b；王永斌和努尔巴依·阿布都沙力克，2007；Wiehle et al.，2009）。我们的解剖学研究进一步证实，胡杨、灰杨横走侧根在形成不定芽的过程中无不定根产生（李志军等，2011，2012），这也与田旋花（*Convolvulus arvensis*）、喜旱莲子草（*Alternanthera philoxeroides*）根上形成不定芽而不产生不定根的情况相似（李志军等，2002；娄远来等，2004）。胡杨克隆分株主要利用母株根系中水平延伸的根（Wiehle et al.，2009）及横走侧根上发达的次一级侧根来保证水分吸收和供给。胡杨、灰杨横走侧根结构上具有发达的木栓层薄壁细胞，以及横走侧根、次一级侧根和不定芽维管组织密切地联系在一起，使胡杨、灰杨克隆繁殖器官具备了能够快速进行克隆繁殖的结构基础。一旦环境条件适宜，胡杨、灰杨的横走侧根就表现出很强的克隆（根蘖）繁殖能力。

10.8.2 克隆繁殖的模式

有学者认为，胡杨的克隆方式为根茎型（张道远和王红玲，2005）。形态学和解剖学的研究共同证实，胡杨、灰杨克隆繁殖器官为横走侧根而非根茎，胡杨、灰杨克隆繁殖源于横走侧根上不定芽的发生和发育。不定芽起源于横走侧根周皮中的木栓形成层，木栓形成层细胞经过分裂活动形成不定芽原基，通过不定芽原基顶端分生组织的活动形成不定芽。由于不定芽原基顶端分生组织旺盛的分裂活动，不定芽呈现为粗壮的肉质不定芽，肉质不定芽伸出地面后在一个生长季可以生长发育为克隆分株幼苗，显示出不定芽生长快速的特征。尤为独特的是，不定芽在快速伸长生长的过程中，基部能够形成新的不定芽并发育为新的分株苗，这一点完全不同于由顶端分生组织细胞分裂活动形成的分枝。上述两种不定芽发生方式是克隆分株密集丛生、克隆分株大小不一的原因之一，也体现了胡杨、灰杨的较强的克隆繁殖能力。

10.8.3　横走侧根上不定芽发生的生态适应策略

克隆植物生长所需资源在空间分布上的差异可对植株生长、发育和功能的表达产生影响，决定着植株产生克隆分株的数量（张玉芬和张大勇，2006）。本研究表明，不定芽或克隆分株单个、多个丛生分布于横走侧根上，横走侧根上不定芽的数量、大小及或远或近的空间分布特征在同一部位或不同部位都存在差异，不定芽伸出地面后生长发育形成的克隆分株也表现出个体大小上的差异。这种特征源于胡杨横走侧根上不定芽同步或非同步发生的时间特征、不定芽单点或多点发生的空间特征。不定芽发生的时空特征决定着不定芽和克隆分株数量、大小及空间分布格局，同时也决定了不定芽空间分布格局和数量特征的动态变化。分析认为，不定芽和克隆分株多种多样的空间格局和数量特征，归根结底是对异质性生境资源空间分布高度响应的结果。同一条横走侧根，只有处在土壤水、肥、光热条件适宜区域的根段能够同期或者先后形成大量的不定芽，甚至在同一个部位可以连年发生不定芽，实现大量的克隆繁殖；而那些处在土壤微环境水、肥、光热条件贫乏区域的根段，难以产生不定芽，或通过单点、多点发生形成少量的单芽，说明胡杨、灰杨像其他克隆植物一样，在异质性生境中可以通过选择性地放置供养点（获取主要资源的克隆分株），进而利用有利的生境斑块和避免不利生境斑块，进行克隆生长和克隆繁殖，具有适应环境变化的克隆繁殖模式和响应异质性生境的自我调控机制。

本研究还发现，在胡杨横走侧根的木栓形成层产生不定芽原基的阶段，横走侧根部分栓内层薄壁细胞黏液化；在不定芽生长发育过程中，不定芽的芽轴髓部和表皮存在较多的黏液细胞。陈庆诚等（1961）用组织化学方法确定了花棒、骆驼刺等植物茎叶中存在的黏液物质为树胶，树胶通过提高渗透压进而提高植物的保水性与吸水力。我们分析认为，在木栓层下发生的不定芽突破木栓层后应对的是干旱的土壤环境，不定芽周围大量黏液细胞的存在，增大了细胞的保水能力，这种伴随不定芽发生和生长出现的黏液细胞可能是不定芽形成过程中对土壤干旱逆境的响应。

参 考 文 献

陈庆诚, 孙仰文, 张国梁. 1961. 疏勒河中、下游植物群落优势种生态-形态、解剖特性的初步研究. 兰州大学学报, (3): 61-96.

李志军, 焦培培, 周正立, 等. 2011. 胡杨横走侧根及不定芽发生的形态解剖学研究. 北京林业大学学报, 33(5): 42-48.

李志军, 焦培培, 周正立, 等. 2012. 灰叶胡杨根蘖繁殖的形态解剖学特征. 植物学报, 47(2): 133-140.

李志军, 刘建平, 于军, 等. 2003a. 胡杨、灰叶胡杨生物生态学特性调查. 西北植物学报, 23(7): 1292-1296.

李志军, 吕春霞, 段黄金. 1996. 胡杨和灰叶胡杨营养器官的解剖学研究. 塔里木农垦大学学报, 8(2): 21-25.

李志军, 于军, 段黄金, 等. 2002. 田旋花营养器官及不定芽发生的解剖学研究. 武汉植物学研究, 20(3):

185-187.
李志军, 周正立, 于军, 等. 2003b. 胡杨、灰叶胡杨的营养繁殖特性. 见: 中国植物学会. 中国植物学会七十周年年会论文摘要汇编. 北京: 高等教育出版社: 179.
娄远来, 王庆亚, 邓渊钰, 等. 2004. 空心莲子草根中异常结构及不定芽的发育解剖学研究. 广西植物, 24(2): 125-127.
王永斌, 努尔巴依·阿布都沙力克. 2007. 胡杨(*Populus euphratica* Oliv.)根繁殖特征. 生态学杂志, 26(12): 1937-1941.
张道远, 王红玲. 2005. 荒漠区几种克隆植物生长构型的初步研究. 干旱区研究, 22(2): 220-223.
张玉芬, 张大勇. 2006. 克隆植物的无性与有性繁殖对策. 植物生态学报, 30(1): 174-183.
Alpert P. 1996. Nutrient sharing in natural clonal fragments of fragaria chiloensis. Journal of Ecology, 84(3): 395-406.
Wiehle M, Eusemann P, Thevs N, et al. 2009. Root suckering patterns in *Populus euphratica* (Euphrates poplar, Salicaceae). Trees: Structure and Function, 23(5): 991-1001.

第 11 章　克隆生长特征及动态变化规律

克隆器官根或根茎的生长特性和空间扩展格局是决定克隆分株种群空间分布范围的第一要素，而克隆器官上不定芽是否发生、发生后能否输出为地上克隆分株，却是决定克隆生长能否维持及克隆分株种群能否构建的关键因素。不定芽发生、不定芽生长为未出土克隆分株、未出土克隆分株形成出土克隆分株是胡杨、灰杨克隆生长的三个连续阶段。胡杨、灰杨不定芽发生具有同步或非同步的时间特征及单点或多点聚集的空间分布特征，这种特征使得胡杨克隆分株发生数量的增加及种群规模的扩大较为迅速（李志军等，2011，2012）。此过程中，胡杨克隆分株的密度、苗高和基径生长状况等也会受到林内不同林隙条件下土壤水分、光照等生态因子的影响（武逢平等，2008；曹德昌等，2009）。自然环境条件的变化可能会影响地下根克隆繁殖器官扩展与克隆分株发生之间的关系，植物能够适应这些变化，并且能在新生境中使种群的数量资源分配最大化。然而这些适应尚缺乏更多证据。

11.1　研 究 方 法

11.1.1　克隆分株数量调查

在塔里木河上游第一师十六团灰杨林，于 2014 年和 2015 年的 4～10 月每隔 20 天调查一次。以克隆分株为目标，在林内、林缘生境的每个样方中随机挖取 10 株克隆分株所在部位的横走侧根，包括左右延伸的近端根和远端根部分（方法同 9.1.2）。在第一师十六团、阿瓦提县、轮台县的每个样地随机选取 40 株克隆分株。

调查统计单位长度（2.5m）横走侧根不同根段区域不定芽、未出土克隆分株和出土克隆分株数量，计算各根段不定芽、未出土克隆分株和出土克隆分株数量占单位长度横走侧根不定芽、未出土克隆分株、出土克隆分株总数的百分比，以及不定芽向未出土克隆分株的转化率和未出土克隆分株向出土克隆分株的转化率。计算公式如下

$$\text{不定芽向未出土克隆分株的转化率（\%）} = \frac{\text{未出土克隆分株数量}}{\text{不定芽数量+未出土克隆分株数量}} \times 100\%$$

$$\text{未出土克隆分株向出土克隆分株的转化率（\%）} = \frac{\text{出土克隆分株数量}}{\text{未出土克隆分株数量+出土克隆分株数量}} \times 100\%$$

2014 年 4 月初次调查时，在上述两个生境的每个样方随机选取 30 株克隆分株并挂牌标记，每隔 20 天调查挂牌标记样株的株高、基径。计算克隆分株株高生长速率（HGR，单位 cm/d）及基径生长速率（BGR，单位 cm/d）。计算公式如下

$$\mathrm{HGR}=\mathrm{Gh}/T$$

$$BGR=Gr/T$$

式中，Gh 为每隔 T 天克隆分株株高生长量（cm）；T 为前后两次调查间隔天数（d）；Gr 为每隔 T 天克隆分株基径生长量（cm）。

11.1.2 数据处理

单因素方差分析不定芽数量、未出土克隆分株数量和出土克隆分株数量的差异。

11.2 不同生境条件下克隆生长的数量特征

调查单位长度横走侧根上不定芽、未出土克隆分株和出土克隆分株数量的结果显示（表 11-1～表 11-3），在各生境条件下，胡杨、灰杨不定芽、未出土克隆分株和出土克隆分株均表现为在横走侧根中间 50cm 根段数量最多，在 0～50cm 的近端根、远端根数量明显减少，在 50～100cm 远端根、近端根的数量更少或为零，它们的发生具有以已有克隆分株为中心向两端延伸发生分布的特征，反映了不定芽、不定芽转化为克隆分株的数量和空间分布范围与已有克隆分株的一种联系。

表 11-1 不定芽在各根段的百分比 （%）

研究区/样方编号	近端根 50～100cm	近端根 0～50cm	中间根 50cm	远端根 0～50cm	远端根 50～100cm
第一师十六团/A1	0	25	100	45	5
第一师十六团/A2	0	30	100	20	15
第一师十六团/A3	10	20	100	25	0
阿瓦提县/B1	0	0	0	0	0
阿瓦提县/B2	0	0	0	0	0
轮台县/C1	10	35	65	20	0
轮台县/C2	0	0	0	0	0

表 11-2 未出土克隆分株在各根段的百分比 （%）

研究区/样方编号	近端根 50～100cm	近端根 0～50cm	中间根 50cm	远端根 0～50cm	远端根 50～100cm
第一师十六团/A1	0	10	65	30	0
第一师十六团/A2	0	20	45	10	0
第一师十六团/A3	15	0	55	10	0
阿瓦提县/B1	0	0	0	0	0
阿瓦提县/B2	0	0	0	0	0
轮台县/C1	0	60	50	0	0
轮台县/C2	0	0	10	0	0

表 11-3 出土克隆分株在各根段的百分比 （%）

研究区/样方编号	近端根 50～100cm	近端根 0～50cm	中间根 50cm	远端根 0～50cm	远端根 50～100cm
第一师十六团/A1	0	0	100	15	0
第一师十六团/A2	0	5	100	5	0
第一师十六团/A3	0	5	100	5	0

续表

研究区/样方编号	近端根 50～100cm	近端根 0～50cm	中间根 50cm	远端根 0～50cm	远端根 50～100cm
阿瓦提县/B1	0	0	100	0	0
阿瓦提县/B2	0	0	100	0	0
轮台县/C1	0	60	100	0	0
轮台县/C2	0	0	100	0	0

从图 11-1 可以看出，3 个研究区中只有第一师十六团 3 个生境（A1、A2、A3）的灰杨和轮台县河道边生境（C1）的胡杨横走侧根上能产生不定芽，共同表现为不定芽、未出土克隆分株和出土克隆分株数量在中间 50cm 根段较多，近端根、远端根较少。第一师十六团 3 个生境相比较，中间 50cm 根段的不定芽、未出土克隆分株和出土克隆分株数量均为河道边（A1）＞距河道 200m 林内（A2）＞距河道 400m 林内（A3），即灰杨横走侧根中间 50cm 根段上不定芽、未出土克隆分株和出土克隆分株的数量距离河道越远数量越少。轮台县胡杨林两个生境相比较，仅河道边胡杨（C1）的横走侧根有不定芽的产生，未出土克隆分株和出土克隆分株的数量河道边远高于林内（C2）。在阿瓦提县胡杨灰杨混交林，胡杨和灰杨横走侧根上有出土克隆分株，但在克隆分株周围没有不定芽和未出土克隆分株，表明地下水位对不定芽的发生有影响。

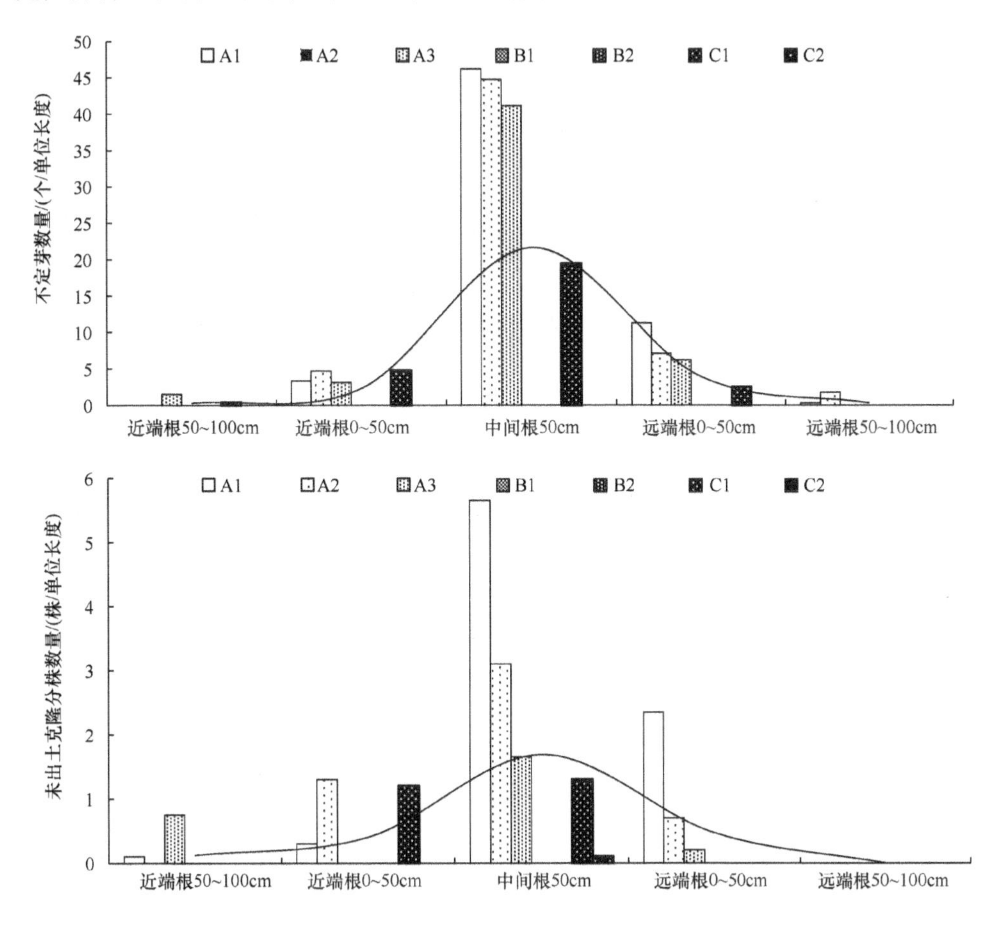

图 11-1　不同生境条件下横走侧根各根段不定芽、未出土克隆分株和出土克隆分株的数量

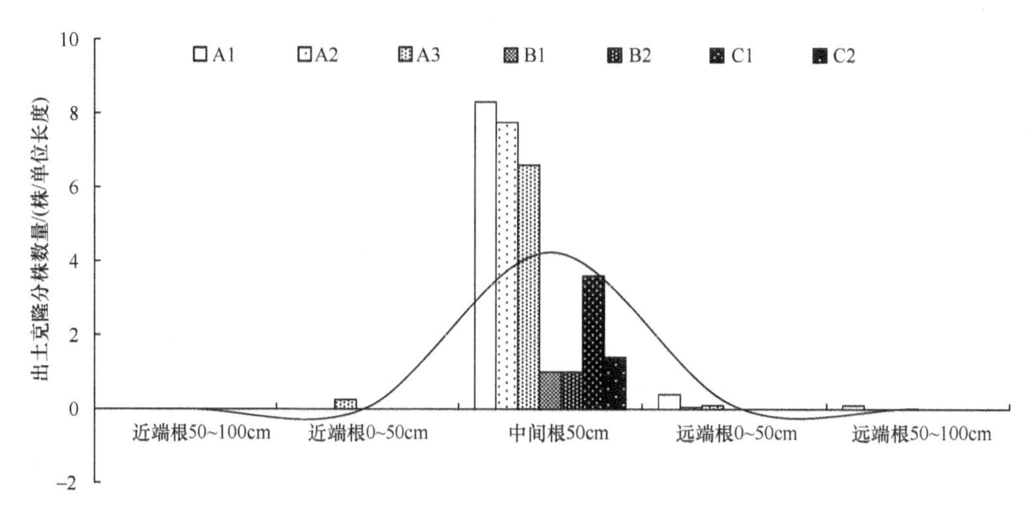

图 11-1 不同生境条件下横走侧根各根段不定芽、未出土克隆分株和出土克隆分株的数量（续）

表 11-4 显示，横走侧根上不定芽数量与出土克隆分株数量呈极显著正相关，未出土克隆分株数量与出土克隆分株数量呈显著正相关，说明不定芽、未出土克隆分株的数量都直接影响出土克隆分株的数量。

表 11-4 克隆生长指标之间的相关性分析

克隆生长指标	不定芽数量	出土克隆分株数量	未出土克隆分株数量
不定芽数量	1.00		
出土克隆分株数量	0.99**	1.00	
未出土克隆分株数量	0.79	0.85*	1.00

*表示差异显著（$P<0.05$），**表示差异极显著（$P<0.01$）

11.3 同一生境不同微环境条件下克隆生长的数量特征

调查灰杨单位长度（2.5m）横走侧根各根段区域不定芽、未出土克隆分株和出土克隆分株的数量，发现在同一年份不同生境（表 11-5，表 11-6）及不同年份同一生境（表 11-5，表 11-7），灰杨均表现为中间根不定芽分布数量最多，近端根、远端根不定芽分布数量表现为距中心根段越远数量越少，甚至没有不定芽分布。未出土克隆分株除了集中分布

表 11-5 2014 年 4～10 月林缘灰杨单位长度不定芽、未出土克隆分株和出土克隆分株数量

调查时间（月/日）	近端根 50～100cm			近端根 0～50cm			中间根 50cm			远端根 0～50cm			远端根 50～100cm		
	不定芽数量/个	未出土克隆分株数量/株	出土克隆分株数量/株	不定芽数量/个	未出土克隆分株数量/株	出土克隆分株数量/株	不定芽数量/个	未出土克隆分株数量/株	出土克隆分株数量/株	不定芽数量/个	未出土克隆分株数量/株	出土克隆分株数量/株	不定芽数量/个	未出土克隆分株数量/株	出土克隆分株数量/株
4/27	0	0	0	2.6	0.2	0	25.6	1.5	3.4	0	0	0	0	0	0
5/17	0	0	0	0	0	0	35	1.8	3.5	0	0	0	0	0	0
6/7	9.8	0	0	14.5	0.1	0	19.3	1.2	8.1	12.7	1	0	13.7	0	0

续表

调查时间（月/日）	近端根 50～100cm			近端根 0～50cm			中间根 50cm			远端根 0～50cm			远端根 50～100cm		
	不定芽数量/个	未出土克隆分株数量/株	出土克隆分株数量/株	不定芽数量/个	未出土克隆分株数量/株	出土克隆分株数量/株	不定芽数量/个	未出土克隆分株数量/株	出土克隆分株数量/株	不定芽数量/个	未出土克隆分株数量/株	出土克隆分株数量/株	不定芽数量/个	未出土克隆分株数量/株	出土克隆分株数量/株
6/29	2.3	0	0	1.5	0	0	7.7	0.4	6.8	1.9	0	0	2.9	0	0
7/16	0.1	0	0	0.4	0	0	12.5	0.8	3.8	0.6	0	0	0	0	0
8/5	0.2	0	0	1	0	0	27.8	0.7	6.1	0.8	0	0	0.2	0	0
9/1	0.3	0	0	1.3	0	0	18.4	0.8	6.2	1.1	0	0	0.2	0	0
9/30	0.3	0	0	0.1	0	0	6.6	0.7	5	0.3	0	0	0.5	0	0
10/21	0	0	0	0	0	0	0.5	0	4.8	0	0	0	0	0	0

表 11-6 2014 年 4～10 月林内灰杨单位长度不定芽、未出土克隆分株和出土克隆分株数量

调查时间（月/日）	近端根 50～100cm			近端根 0～50cm			中间根 50cm			远端根 0～50cm			远端根 50～100cm		
	不定芽数量/个	未出土克隆分株数量/株	出土克隆分株数量/株	不定芽数量/个	未出土克隆分株数量/株	出土克隆分株数量/株	不定芽数量/个	未出土克隆分株数量/株	出土克隆分株数量/株	不定芽数量/个	未出土克隆分株数量/株	出土克隆分株数量/株	不定芽数量/个	未出土克隆分株数量/株	出土克隆分株数量/株
4/27	0	0.2	0	0	0.2	0	7.4	1.1	2.3	0	0.2	0	0	0.2	0
5/17	0	0	0	0	0	0	12	1.1	2.6	0	0	0	0	0	0
6/7	4.1	0	0	8.5	0.1	0	21.6	1.1	6.1	5.2	0	0	3.2	0	0
6/29	3.4	0	0	8	0	0	21.3	1.4	6.2	8.6	0	0	3.7	0	0
7/16	1.8	0	0	0.4	0	0	7.9	0.6	3.8	0.2	0	0	0.2	0	0
8/5	1.1	0	0	2.6	0	0	19.1	0.8	5.6	2.4	0	0	5.9	0	0
9/1	0.1	0	0	3.5	0	0	14.9	0.3	5.6	1.3	0	0	0.5	0	0
9/30	0	0	0	0	0	0	6.6	0.2	3.9	0	0	0	0	0	0
10/21	0	0	0	0	0	0	0.4	0.2	3.8	0	0	0	0	0	0

表 11-7 2015 年 4～10 月林缘灰杨单位长度不定芽、未出土克隆分株和出土克隆分株数量

调查时间（月/日）	近端根 50～100cm			近端根 0～50cm			中间根 50cm			远端根 0～50cm			远端根 50～100cm		
	不定芽数量/个	未出土克隆分株数量/株	出土克隆分株数量/株	不定芽数量/个	未出土克隆分株数量/株	出土克隆分株数量/株	不定芽数量/个	未出土克隆分株数量/株	出土克隆分株数量/株	不定芽数量/个	未出土克隆分株数量/株	出土克隆分株数量/株	不定芽数量/个	未出土克隆分株数量/株	出土克隆分株数量/株
4/27	0	0	0	0.4	0	0	15.6	5.5	3.3	0.3	0	0	0.7	0	0
5/17	0	0	0	0	0	0	16.5	2.6	6.4	0	0	0	0	0	0
6/7	0	0	0	1.7	0	0	20.8	0.6	5.5	0	0	0	0	0	0
6/29	0	0	0	0.9	0.3	0	7.8	1.4	9.2	1.9	0.2	0	0	0	0
7/16	1.6	0.1	0	0	0	0	7.4	0.2	3.6	0	0	0	0	0	0
8/5	0.1	0	0	0.5	0	0	17.8	0.8	6.1	0.3	0	0	0	0	0
9/1	0	0	0	1.3	0	0	12.4	0.3	6.2	1.1	0	0	0.2	0	0
9/30	0.3	0	0	0.1	0	0	6.6	0.2	4.3	0.3	0	0	0.5	0	0

在中间 50cm 根段以外，仅有少量分布在近端根 0～50cm、远端根 0～50cm。出土克隆分株仅集中分布在中间 50cm 根段。说明灰杨不定芽、未出土克隆分株和出土克隆分株发生及数量多少与距离已出土克隆分株远近有一定的关系。

11.4 克隆生长随季节的变化

无论是同一年份的不同生境还是不同年份的同一生境，灰杨不定芽发生高峰在 6 月（图 11-2A、B），未出土克隆分株数量高峰出现在 4 月底至 5 月中旬（图 11-2C、D），出土克隆分株数量在 6 月有显著增加并达到生长季的最大值，随后保持在较高的水平，9 月下旬开始明显减少（图 11-2E、F）。

林缘、林内 2014 年同一时期相比较，不定芽数量在 6 月下旬至 9 月上旬及 10 月下旬林缘与林内无显著差异，其余时期林缘显著多于林内；未出土克隆分株数量在 6 月下旬林缘显著少于林内，7 月中旬至 8 月上旬及 10 月下旬林缘、林内无显著差异，其余时期林缘显著多于林内；出土克隆分株数量在 6 月下旬至 7 月上旬及 10 月下旬林缘与林内无显著差异，其余时期林缘显著多于林内（表 11-8）。

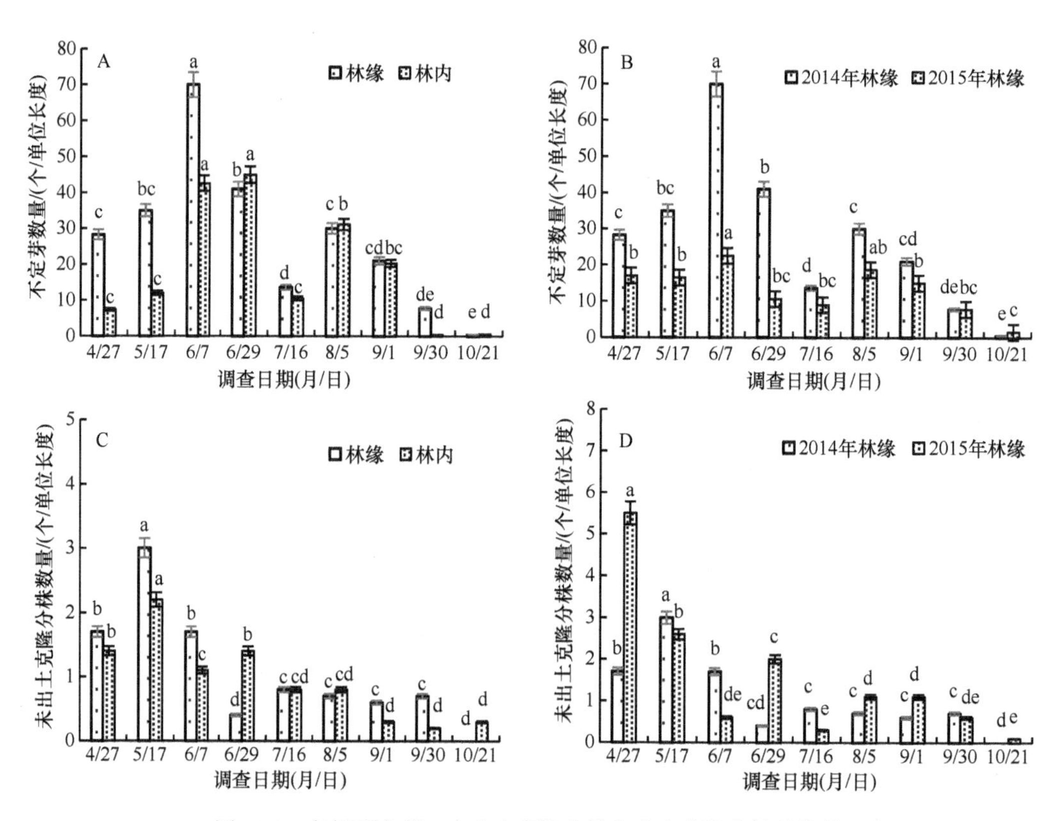

图 11-2 灰杨不定芽、未出土克隆分株和出土克隆分株的数量

A、C、E. 2014 年林缘、林内横走侧根；B、D、F. 2014～2015 年林缘横走侧根。同一生境或同一年份不同时期小写字母之间差异显著（$P<0.05$），本章下同

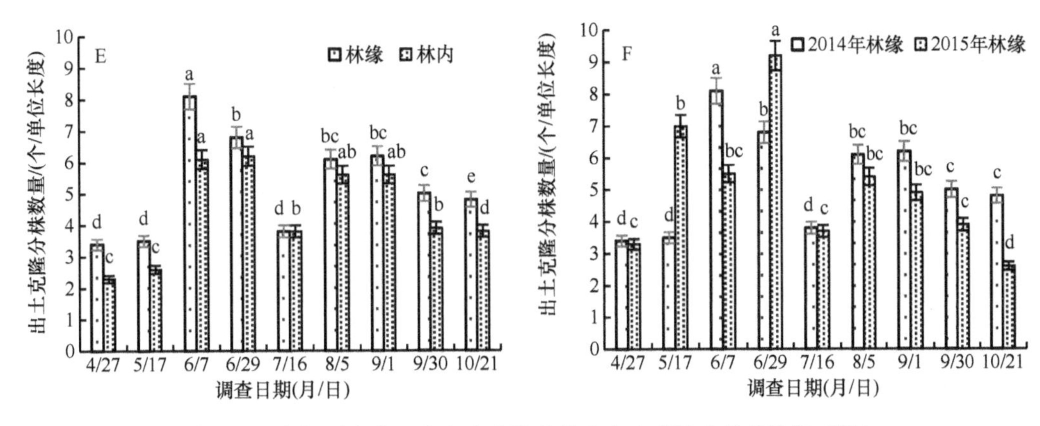

图 11-2　灰杨不定芽、未出土克隆分株和出土克隆分株的数量（续）

表 11-8　2014 年 4～10 月灰杨林缘、林内单位长度不定芽、未出土克隆分株和出土克隆分株数量比较

调查时间（月/日）	不定芽数量/个		未出土克隆分株数量/株		出土克隆分株数量/株	
	林缘	林内	林缘	林内	林缘	林内
4/27	28.2±1.16 a	7.4±0.26 b	1.7±0.008 a	1.4±0.007 b	3.4±0.009 a	2.3±0.007 b
5/17	35±1.39 a	12±0.39 b	3±0.03 a	2.2±0.009 b	3.5±0.008 a	2.6±0.008 b
6/7	70±3.02 a	42.6±2.63 b	1.7±0.02 a	1.1±0.008 b	8.1±0.04 a	6.1±0.03 b
6/29	41±1.87 a	45±1.92 a	0.4±0.007 b	1.4±0.01 a	6.8±0.03 a	6.2±0.035 a
7/16	13.6±0.98 a	10.5±0.38 a	0.8±0.005 a	0.8±0.004 a	3.8±0.01 a	3.8±0.01 a
8/5	30±1.88 a	31.1±1.95 a	0.7±0.004 a	0.8±0.005 a	6.1±0.008 a	5.6±0.008 b
9/1	21±1.01 a	20.3±1.16 a	0.6±0.005 a	0.3±0.004 b	6.2±0.01 a	5.6±0.01 b
9/30	7.8±0.45 a	0.4±0.09 b	0.7±0.005 a	0.2±0.004 b	5.0±0.007 a	3.9±0.006 b
10/21	0.5±0.01 a	0.6±0.01 a	0.3±0.001 a	0.3±0.002 a	0.8±0.004 a	0.6±0.003 a

注：每组克隆生长指标同一行林缘、林内不同小写字母之间差异显著（$P<0.05$）

林缘不同年份的同一时期相比较，不定芽数量在 4 月下旬至 9 月上旬 2014 年显著高于 2015 年；未出土克隆分株数量是 6 月上旬、7 月中旬 2014 年显著高于 2015 年，4 月下旬、6 月下旬及 9 月上旬 2014 年显著低于 2015 年；出土克隆分株数量则是 5 月中旬、6 月下旬及 10 月下旬 2014 年显著低于 2015 年，6 月上旬、9 月上旬及 9 月下旬 2014 年显著高于 2015 年（表 11-9）。

表 11-9　2014～2015 年 4～10 月灰杨林缘单位长度不定芽、未出土克隆分株和出土克隆分株数量比较

调查时间（月/日）	不定芽数量/个		未出土克隆分株数量/株		出土克隆分株数量/株	
	2014 年林缘	2015 年林缘	2014 年林缘	2015 年林缘	2014 年林缘	2015 年林缘
4/27	28.2±1.16 a	17±1.06 b	1.7±0.008 b	5.5±0.02 a	3.4±0.009 a	3.3±0.02 a
5/17	35±1.39 a	16.5±1.37 b	3±0.03 a	2.6±0.06 a	3.5±0.008 b	7±0.015 a
6/7	70±3.02 a	22.5±3.15 b	1.7±0.02 a	0.6±0.06 b	8.1±0.04 a	5.5±0.05 b
6/29	41±1.87 a	10.6±1.76 b	0.4±0.007 b	2±0.06 a	6.8±0.03 b	9.2±0.04 a

续表

调查时间（月/日）	不定芽数量/个		未出土克隆分株数量/株		出土克隆分株数量/株	
	2014 年林缘	2015 年林缘	2014 年林缘	2015 年林缘	2014 年林缘	2015 年林缘
7/16	13.6±0.98 a	9±1.01 b	0.8±0.005 a	0.3±0.04 b	3.8±0.01 a	3.7±0.02 a
8/5	30±1.88 a	18.7±1.95 b	0.7±0.004 a	1.1±0.02 a	6.1±0.008 a	5.4±0.009 a
9/1	21±1.01 a	15±1.23 b	0.6±0.005 b	1.1±0.02 a	6.2±0.01 a	4.9±0.01 b
9/30	7.8±0.45 a	7.8±0.57 a	0.7±0.005 a	0.6±0.02 a	5.0±0.007 a	3.9±0.005 b
10/21	0.5±0.01 a	1.5±0.08 a	0.3±0.001 a	0.1±0.008 a	0.8±0.004 b	2.6±0.003 a

注：每组克隆生长指标同一行 2014 年、2015 年不同小写字母之间差异显著（$P<0.05$）

统计分析表明，灰杨不定芽向未出土克隆分株的转化率较低，未出土克隆分株向出土克隆分株的转化率较高。2014 年林缘、2014 年林内、2015 年林缘单位长度（2.5m）横走侧根上不定芽的数量分别平均为 24.17 个、18.88 个、30.73 个，未出土克隆分株数量分别平均为 1.07 个、0.94 个和 5.06 个，出土克隆分株数量分别平均为 5.3 个、4.4 个和 5.74 个，单位长度横走侧根上不定芽转化为未出土克隆分株的转化率分别为 4.2%、4.7%和 14.1%，未出土克隆分株转化为出土克隆分株的转化率分别为 83.2%、82.4%和 53.1%。结果表明，克隆繁殖成功的风险主要在不定芽向未出土克隆分株的转化过程。

11.5 克隆分株株高和基径生长随季节的变化

灰杨出土克隆分株株高和基径生长随季节变化。图 11-3 显示，无论是同一年份的不同生境还是不同年份的同一生境，4～6 月是克隆分株株高累计生长量、生长速率快速增加的时期，7～10 月克隆分株株高生长量增加较少、生长速率逐渐降低；基径的累计生长量在 4～10 月呈直线式增加的趋势，基径生长速率在 4～6 月增加较快，7～10 月则逐渐降低。

林缘、林内 2014 年同一时期相比较，克隆分株株高生长速率除了 4 月下旬和 10 月下旬林缘显著高于林内，其余时期林缘、林内差异不显著；克隆分株基径生长速率除了 9 月上旬林缘、林内差异不显著外，8 月上旬及 10 月下旬林缘显著低于林内，4 月下旬至 7 月中旬、9 月下旬林缘显著高于林内（表 11-10）。

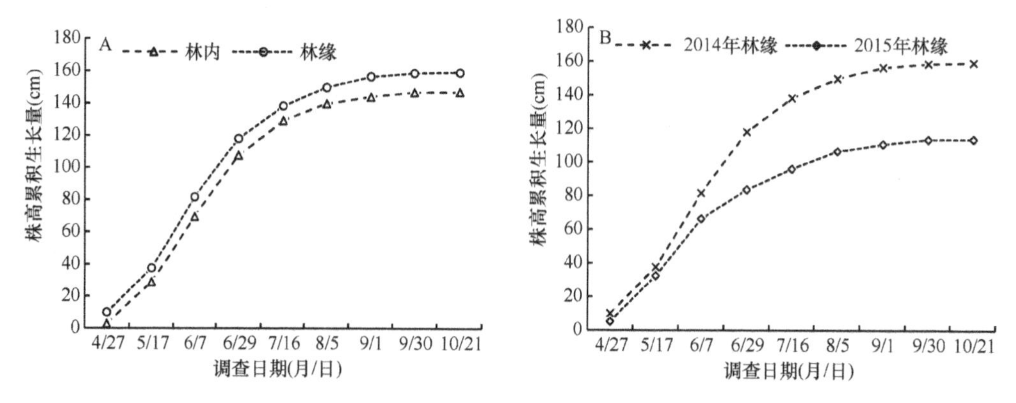

图 11-3 灰杨克隆分株株高和基径生长随季节的变化

A、C、E、G. 2014 年林缘、林内克隆分株；B、D、F、H. 2014～2015 年林缘克隆分株

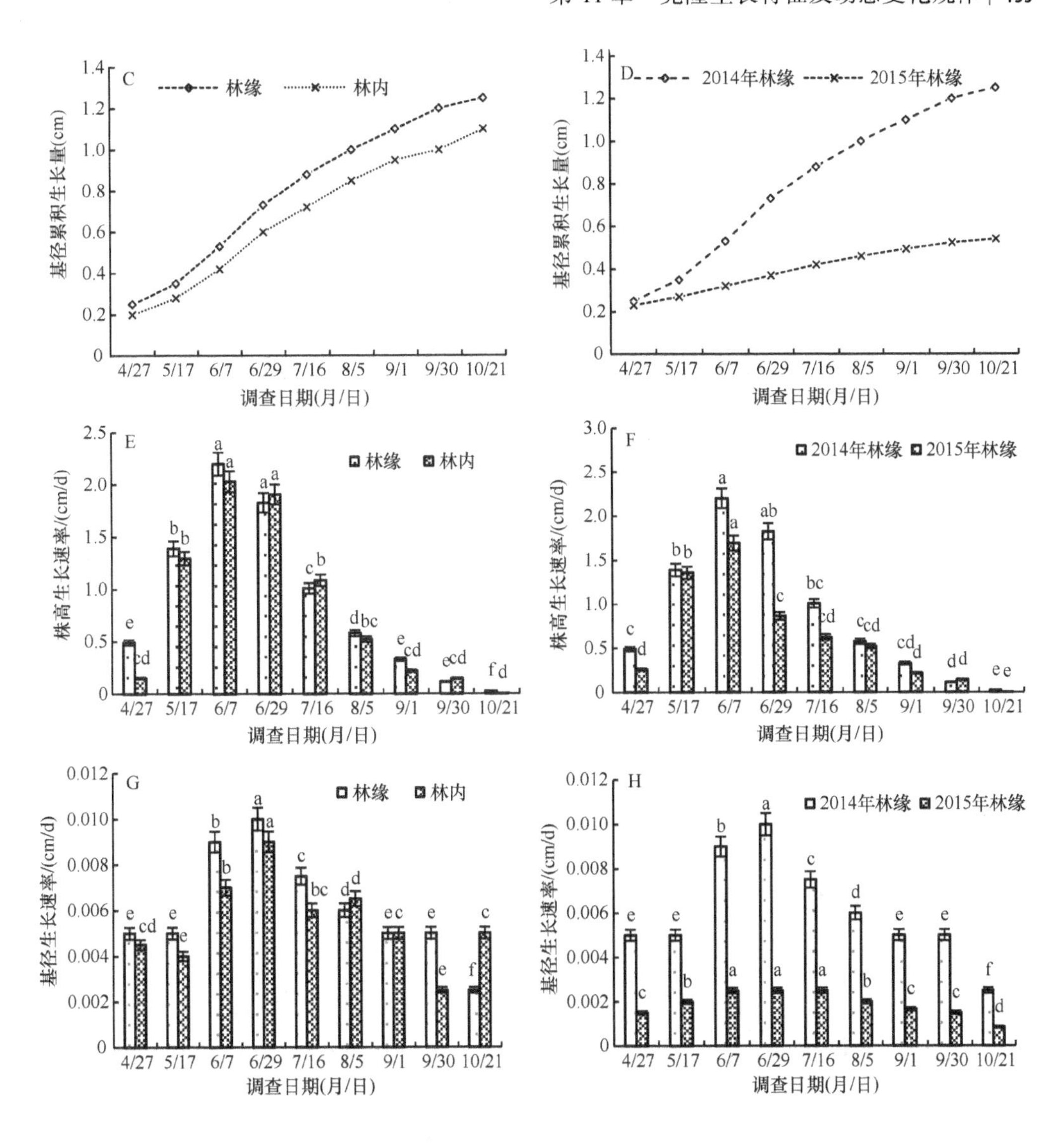

图 11-3　灰杨克隆分株株高和基径生长随季节的变化（续）

表 11-10　2014 年 4～10 月灰杨林缘、林内克隆分株株高和基径生长速率比较

（单位：cm/d）

调查时间（月/日）	株高生长速率		基径生长速率	
	林缘	林内	林缘	林内
4/27	0.490±0.002 a	0.150±0.000 4 b	0.005±0.000 08 a	0.0045±0.000 02 b
5/17	1.390±0.001 a	1.295±0.000 7 a	0.005±0.000 03 a	0.004±0.000 06 b
6/7	2.200±0.003 a	2.028±0.000 5 a	0.009±0.000 02 a	0.007±0.000 06 b
6/29	1.827±0.002 a	1.905±0.003 a	0.010±0.000 07 a	0.009±0.000 06 b
7/16	1.008±0.000 8 a	1.085±0.004 a	0.008±0.000 05 a	0.006±0.000 04 b
8/5	0.577±0.0004 a	0.520±0.000 5 a	0.006±0.000 04 b	0.007±0.000 02 a
9/1	0.328±0.000 4 a	0.217±0.000 3 a	0.005±0.000 05 a	0.005±0.000 02 a
9/30	0.113±0.000 2 a	0.143±0.000 5 a	0.005±0.000 05 a	0.003±0.000 02 b
10/21	0.025±0.000 1 a	0.005±0.000 1 b	0.003±0.000 01 b	0.005±0.000 08 a

注：每组克隆生长指标同一行林缘、林内不同小写字母之间差异显著（$P<0.05$）

林缘不同年份同一时期相比较，克隆分株株高生长速率在 6 月上旬、7 月中旬至 9 月上旬 2014 年显著高于 2015 年，其余时期克隆分株株高生长速率在年份间无显著差异；克隆分株基径生长速率在各个时期均是 2014 年显著高于 2015 年（表 11-11）。

表 11-11　2014～2015 年 4～10 月灰杨林缘克隆分株株高和基径生长速率比较

（单位：cm/d）

调查时间（月/日）	株高生长速率		基径生长速率	
	2014 年林缘	2015 年林缘	2014 年林缘	2015 年林缘
4/27	0.490±0.002 a	0.260±1.06 a	0.005±0.000 08 a	0.001 5±0.000 02 b
5/17	1.390±0.001 a	1.360±1.37 a	0.005±0.000 03 a	0.002 0±0.000 06 b
6/7	2.200±0.003 a	1.695±3.15 b	0.009±0.000 02 a	0.002 5±0.000 06 b
6/29	1.827±0.002 a	0.865±1.76 b	0.010±0.000 07 a	0.002 5±0.000 06 b
7/16	1.008±0.000 8 a	0.625±1.01 b	0.008±0.000 05 a	0.002 5±0.000 04 b
8/5	0.577±0.000 4 a	0.520±1.95 a	0.006±0.000 04 a	0.002 0±0.000 02 b
9/1	0.328±0.0004 a	0.217±1.23 b	0.005±0.00005 a	0.0017±0.00002 b
9/30	0.113±0.0002 a	0.143±0.57 a	0.005±0.00005 a	0.0015±0.00002 b
10/21	0.025±0.0001 a	0.025±0.08 a	0.003±0.00001 a	0.0008±0.0008 b

注：每组克隆生长指标同一行 2014 年、2015 年不同小写字母之间差异显著（$P<0.05$）

11.6　讨　　论

11.6.1　不定芽的空间分布与繁殖成功率的关系

有研究报道，胡杨、灰杨萌蘖根上产生的不定芽通常环状不均匀地分布，部分芽点相互重叠的现象也十分普遍，只要环境条件适宜，这些芽点均可发育为不定芽，这是胡杨、灰杨克隆分株多呈丛状分布的内在原因，也反映出胡杨、灰杨具有较强根蘖繁殖能力的属性（李志军等，2003，2011，2012）。本研究发现，在克隆分株所在部位的中间 50cm 根段不定芽占比最高，在近端根和远端根 0～50cm 不定芽占比明显降低，在近端根和远端根 50～100cm 不定芽占比更低或为零，不定芽表现为以克隆分株为中心向两端延伸发生的分布特征（Zheng et al.，2016；郑亚琼等，2016）。依据我们的研究结果，灰杨不定芽围绕克隆分株集中发生的特征与前期形成的克隆分株（根蘖苗）将光合产物优先运输和积累在其着生部位附近有关，这可能是灰杨克隆分株所在根段不定芽发生及转化为克隆分株成功率最高的重要原因之一。

前期克隆分株的存在和生长发育对于后期新一轮不定芽的发生、未出土克隆分株转化为出土克隆分株具有重要的生理整合意义。有研究表明，地上分蘖的变化最终是由芽库决定的，它们之间存在一个正相关关系（Hartnett et al.，2006）。我们的研究也得到类似的结果，灰杨横走侧根上不定芽数量与出土克隆分株数量呈极显著正相关，未出土克隆分株数量与出土克隆分株数量呈显著正相关，表明不定芽、未出土克隆分株的数量都直接影响出土克隆分株的数量。

11.6.2　不定芽向出土克隆分株的转化在克隆分株种群构建中的贡献

克隆器官空间扩展格局决定未来克隆分株种群空间分布范围，克隆器官上不定芽能否发生及发生后转化为克隆分株的强度是决定未来克隆分株种群密度的关键因素。研究表明，在一个生长季，灰杨克隆分株种群密度可以达 50 丛/25m^2。灰杨横走侧根上不定芽数量多，但不定芽向未出土克隆分株的转化率较低，未出土克隆分株向出土克隆分株的转化率较高，说明灰杨以横走侧根上不定芽数量多为优势来弥补不定芽向未出土克隆分株转化率低的不足，显示了灰杨以不定芽数量多为优势来确保形成更多未出土克隆分株的克隆繁殖策略，这可能与养分分配和竞争有关。

11.6.3　已出土克隆分株在分株种群构建中的贡献

灰杨不定芽、未出土克隆分株和出土克隆分株具有围绕已有克隆分株 50cm 范围集中发生、分布的格局特征。可能是已出土克隆分株产生的光合产物在其着生部位的横走侧根附近积累和运输，形成不定芽以克隆分株为中心（发生居多）向两端延伸发生的格局。分析认为，已出土克隆分株养分就近运输和分配在当年不定芽的发生、未出土克隆分株和出土克隆分株的形成过程中扮演着重要角色，对维持下一年芽库的不定芽数量具有重要作用。不定芽、未出土克隆分株和出土克隆分株围绕已出土克隆分株 50cm 范围集中发生分布，是灰杨保证克隆繁殖成功的重要策略。

参 考 文 献

曹德昌, 李景文, 陈维强, 等. 2009. 额济纳绿洲不同林隙胡杨根蘖的发生特征. 生态学报, 29(4): 1954-1961.

李志军, 焦培培, 周正立, 等. 2011. 胡杨横走侧根及不定芽发生的形态解剖学研究. 北京林业大学学报, 33(5): 42-48.

李志军, 焦培培, 周正立, 等. 2012 . 灰叶胡杨根蘖繁殖的形态解剖学特征. 植物学报, 47(2): 133-140.

李志军, 刘建平, 于军, 等. 2003. 胡杨、灰叶胡杨生物生态学特性调查. 西北植物学报, 23(7): 1292-1296.

王永斌, 努尔巴依•阿布都沙力克. 2007. 胡杨(*Populus euphratica* Oliv.)根繁殖特征. 生态学杂志, 26(12): 1937-1941.

武逢平, 李俊清, 李景文, 等. 2008. 胡杨(*Populus euphratica*)在额济纳绿洲三种生境内的克隆繁殖特性. 生态学报, 28(10): 4703-4709.

郑亚琼, 张肖, 梁继业, 等. 2016. 濒危物种胡杨和灰叶胡杨的克隆生长特征. 生态学报, 36(5): 1331-1341.

Hartnett D C, Setshogo M P, Dalgleish H J. 2006. Bud banks of perennial savanna grasses in Botswana. African Journal of Ecology, 44: 256-263.

Wiehle M, Eusemann P, Thevs N, et al. 2009. Root suckering patterns in *Populus euphratica* (Euphrates poplar, Salicaceae). Trees: Structure and Function, 23(5): 991-1001.

Zheng Y Q, Jiao P P, Zhao Z S, et al. 2016. Clonal growth of *Populus pruinosa* Schrenk and its role in the regeneration of riparian forests. Ecological Engineering, 94: 380-392.

第 12 章　克隆生长与内外因子的关系

克隆植物在克隆生长过程中必然会受到环境因子的影响。在内蒙古额济纳绿洲的河岸沙丘地和林下的胡杨根蘖苗（克隆分株）密度明显比林间水漫空地少，证实了光因素和土壤条件（水分和养分）是造成这种差异的主要原因（武逢平，2008）。土壤结构对胡杨克隆分株苗的发生有重要影响。由水平根发生的芽形成新株需穿过一定厚度的土壤才能产生分株，如果土层结构紧实，则不易形成分株；反之，如果土壤疏松，则有利于分株苗形成（张昊，2007）。有研究表明，土壤含水量 15%为胡杨根蘖萌发的最适水分环境（井家林等，2013），在远离河道且长期得不到洪水漫溢的林地，灰杨克隆生长也只能在土壤含水量高于 15%的条件下才能够实现（郑亚琼等，2016）。随着土壤含水量的升高，灰杨不定芽、未出土克隆分株和出土克隆分株数量呈极显著增加，表明土壤含水量是影响灰杨克隆生长的重要因子（Zheng et al.，2016）。胡杨根蘖幼苗的密度、苗高和基径生长状况等也受到林内不同林隙条件下土壤水分、光照等生态因子的影响（武逢平等，2008；曹德昌等，2009）。胡杨、灰杨克隆生长过程如何适应环境条件的变化，且在生境中使种群的数量资源分配最大化，是一个值得探讨的问题。本研究探讨土壤理化因子、气象因子、克隆繁殖器官横走侧根养分含量的动态变化，以及这些因子与克隆分株发生数量间的关系，以期揭示胡杨、灰杨克隆生长对环境因子和内在因子变化的适应策略。

12.1　研 究 方 法

2014 年和 2015 年的 4～10 月，在塔里木河上游第一师十六团灰杨林林缘和林内样方每隔 20 天调查一次克隆生长指标，并采集根样和土样。

12.1.1　土壤理化因子的测定

在样方内挖 1m×1m 的土壤剖面 10 个，在距地面 20cm、40cm、60cm 深处采集土样。土样分为 3 份，一份用于测定土壤含水量，一份用于测定土壤容重、孔隙度和田间持水量；一份用于测定土壤有机质及速效养分含量。

土壤含水量测定采用烘干法（鲍士旦，2000），土壤容重、孔隙度和田间持水量采用环刀取样进行室内测定（北京林学院，1982），土壤 pH 采用电位计测定，土壤可溶性盐含量采用重量法测定，土壤有机质含量采用重铬酸钾外加热法测定（文启孝， 1984），土壤碱解氮含量采用碱解扩散法测定（鲍士旦，2000），土壤速效磷含量采用碳酸氢钠法测定（鲍士旦，2000），土壤速效钾含量采用醋酸铵-火焰光度计法测定（鲍士旦，2000）。各指标计算公式如下

$$土壤含水量（\%）=\frac{烘干前铝盒及土样质量-烘干后铝盒及土样质量}{烘干后铝盒及土样质量-烘干空铝盒质量}\times 100\%$$

$$土壤容重（g/cm^3）=\frac{环刀内干土重(g)}{环刀容积(100cm^3)}$$

$$土壤孔隙度=（1-\frac{土壤容重}{2.65}）\times 100\%$$

$$田间持水量=\frac{(湿土重-干土重)\times 100}{干土重}$$

12.1.2　横走侧根养分含量的测定

在采集土样的同时采集各根段样品，带回室内清洗处理后置于 80℃烘箱内烘 24 小时至恒重，过筛（筛孔直径 0.25mm）备用。样品经浓 H_2SO_4 和氧化剂 H_2O_2 消煮，采用蒸馏法测定全氮含量，钒钼黄比色法测定全磷含量，火焰光度法测定全钾含量。有机碳含量采用烘箱加热法测定，可溶性糖含量采用蒽酮比色法测定。

12.1.3　气象因子调查

2014 年和 2015 年的 4～10 月日平均气温、日平均地表温度气象数据来源于研究区所在地阿拉尔市气象局。

12.1.4　数据处理

单因素方差分析不定芽数量、未出土克隆分株数量和出土克隆分株数量的差异。

12.2　克隆生长与土壤物理因子的关系

在 4～10 月，土壤物理因子无论是同一年份不同生境还是不同年份同一生境，其随季节变化趋势基本一致（图 12-1）。

图 12-1A、B 显示，2014 年林缘、林内的土壤含水量均表现为在 4 月下旬至 6 月下旬呈增加趋势，7 月中旬明显降低；洪水漫溢后的 8 月上旬土壤含水量较 7 月中旬显著增加，随后至 10 月下旬呈降低趋势。2014 年林缘、林内同期相比较，除 7 月中旬和 10 月下旬林内土壤含水量高于林缘外，其余时期均是林缘土壤含水量高于林内；2014 年与 2015 年林缘同期相比较，除 4 月下旬和 10 月下旬 2015 年林缘土壤含水量高于 2014 年林缘外，其余时期均是 2014 年林缘土壤含水量高于 2015 年林缘。

图 12-1C、D 显示，2014 年林缘 7 月中旬与 10 月下旬的土壤容重没有显著差异，但 7 月中旬显著高于其余时期，10 月下旬土壤容重与除 4 月下旬和 9 月下旬之外的其余时期差异显著；2014 年林内 7 月中旬与 4 月下旬的土壤容重没有显著差异，这两个时期的土壤容重均显著高于其余时期。2015 年林缘的土壤容重在 4 月下旬至 7 月中旬及 9 月

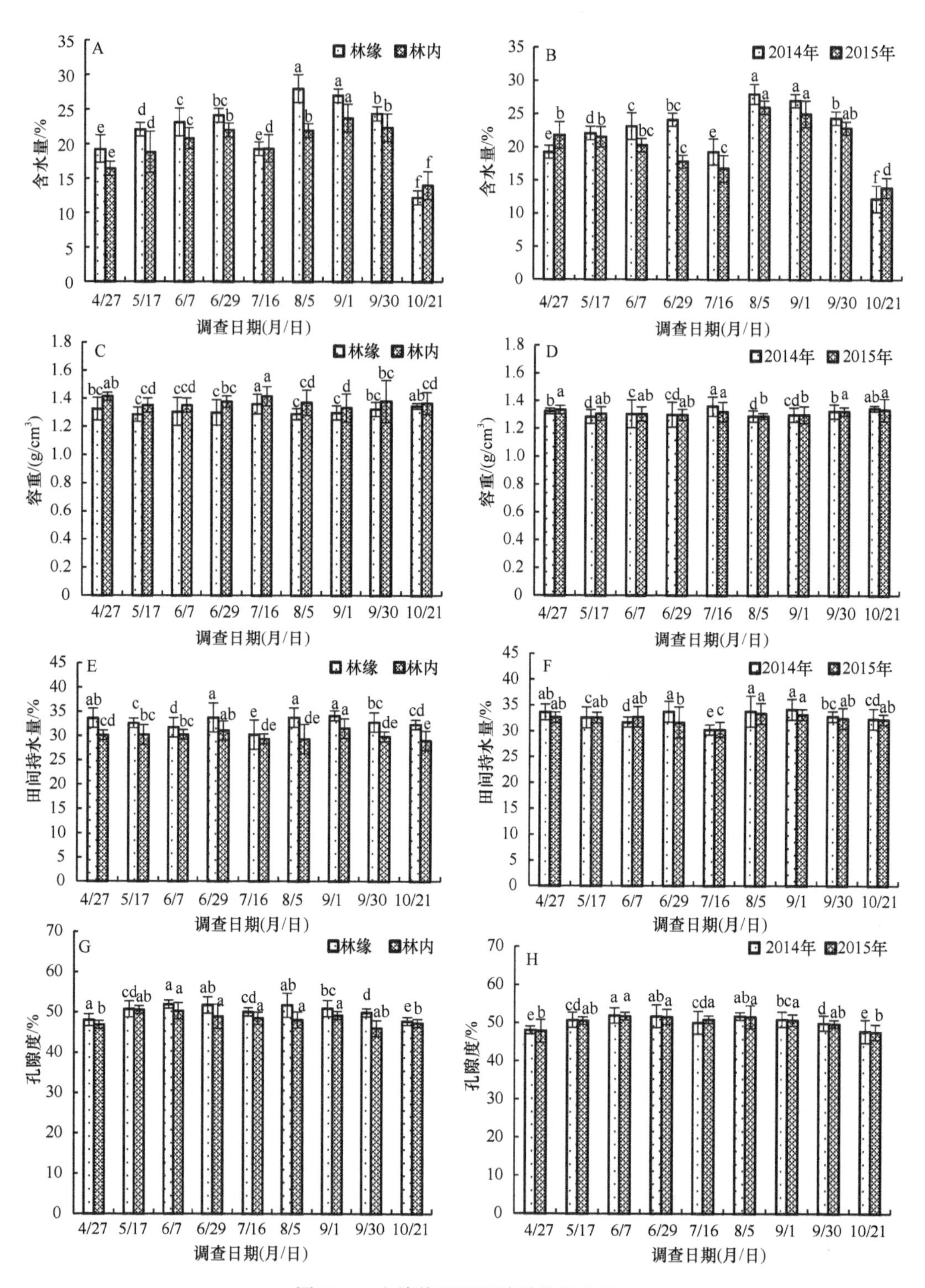

图 12-1 土壤物理因子随季节的变化

A. 2014 年 4～10 月林缘、林内土壤含水量；B. 2014 年和 2015 年的 4～10 月林缘土壤含水量；C. 2014 年 4～10 月林缘、林内土壤容重；D. 2014 年和 2015 年的 4～10 月林缘土壤容重；E. 2014 年 4～10 月林缘、林内田间持水量；F. 2014 年和 2015 年的 4～10 月林缘田间持水量；G. 2014 年 4～10 月林缘、林内土壤孔隙度；H. 2014 年和 2015 年的 4～10 月林缘土壤孔隙度。同一生境或同一年份各时期不同小写字母之间差异显著（P<0.05）

下旬至 10 月下旬的各时期没有差异，8 月上旬、9 月上旬显著低于其余各时期。2014 年林缘、林内同期相比，林内土壤容重高于林缘；2014 年与 2015 年林缘同期相比，基本上是 2015 年林缘土壤容重高于 2014 年林缘。

图 12-1E、1F 显示，2014 年林缘、林内的田间持水量均表现为在 4 月下旬至 7 月中旬呈降低趋势，8 月上旬田间持水量比 7 月中旬有所升高，随后至 10 月下旬田间持水量呈降低趋势。2015 年林缘的田间持水量也是 4 月下旬至 7 月中旬呈降低趋势，8 月上旬田间持水量比 7 月中旬有显著升高，但 8 月上旬至 10 下旬各时期田间持水量基本保持不变。2014 年林缘、林内同期相比，林缘田间持水量高于林内；2014 年与 2015 年林缘同期相比，除了 5 月上旬、6 月上旬及 7 月上旬，其余时期的田间持水量均是 2014 年林缘高于 2015 年林缘。

图 12-1G～H 显示，2014 年林缘、林内及 2015 年林缘的土壤孔隙度基本呈先升高后降低的趋势。2014 年林缘、林内同期相比，除了 5 月上旬林缘、林内土壤孔隙度基本相同外，其余时期的土壤孔隙度均是林缘高于林内；2014 年与 2015 年林缘同期相比，除了 7 月中旬 2015 年林缘高于 2014 年林缘外，其余时期的土壤孔隙度均是 2014 年林缘高于 2015 年林缘。

将灰杨克隆生长指标参数（第 11 章）与土壤物理因子进行相关性分析（表 12-1）。结果显示，林内、林缘洪水漫溢前的 4～7 月及洪水漫溢后的 8～10 月灰杨克隆生长指标参数与土壤物理因子的相关性有所不同。

表 12-1　灰杨克隆生长指标参数与土壤物理因子的相关性分析

克隆生长指标	时间	2014 年林缘				2014 年林内				2015 年林缘			
		土壤含水量	土壤容重	土壤孔隙度	田间持水量	土壤含水量	土壤容重	土壤孔隙度	田间持水量	土壤含水量	土壤容重	土壤孔隙度	田间持水量
克隆分株株高	4～7 月	0.92*	–0.41	–0.59	0.98**	0.95*	–0.74	0.76	0.53	–0.10	–0.59	0.81	0.24
	8～10 月	0.77	–0.91*	0.81	0.90*	0.59	–0.07	0.38	0.03	0.80	–0.92*	0.90*	0.90*
克隆分株基径	4～7 月	0.71	0.06	0.19	0.59	0.68	0.04	–0.06	0.54	–0.77	–0.90*	0.98**	–0.45
	8～10 月	0.2	–0.46	0.46	0.44	–0.28	–0.58	0.82	0.04	0.97**	–0.97**	0.99**	0.90*
不定芽数量	4～7 月	0.57	0.06	–0.8	0.71	0.94*	–0.36	0.37	0.67	0.58	0.37	0	0.89*
	8～10 月	0.85	–0.96**	0.89*	0.95*	0.53	–0.43	0.72	0.25	0.92*	–0.99**	0.98**	0.98**
未出土克隆分株数量	4～7 月	–0.40	–0.32	–0.49	–0.23	–0.27	–0.28	0.33	–0.15	0.51	0.81	–0.97**	0.14
	8～10 月	0.96**	–0.86	0.67	0.89*	0.14	0.07	0.35	–0.33	0.96*	–0.98**	0.97**	0.95*
出土克隆分株数量	4～7 月	0.76	0.05	–0.43	0.79	0.92*	–0.34	0.35	0.64	–0.80	–0.94*	0.75	–0.79
	8～10 月	0.68	–0.83	0.95*	0.79	0.64	–0.66	0.84	0.52	0.96*	–0.99**	0.99**	0.96**

*表示差异显著（$P<0.05$）；**表示差异极显著（$P<0.01$），本章下同

2014 年 8～10 月，林缘的不定芽数量与土壤容重呈极显著负相关、与土壤孔隙度和田间持水量呈显著正相关；未出土克隆分株数量与土壤含水量、田间持水量分别呈极显著、显著正相关；出土克隆分株数量与土壤孔隙度呈显著正相关；克隆分株株高在 4～7 月与土壤含水量、田间持水量分别呈显著、极显著正相关，在 8～10 月与土壤容重呈显著负相关，与田间持水量呈显著正相关。

2015 年 8～10 月，林缘不定芽数量、未出土克隆分株数量、出土克隆分株数量及分株基径均与土壤容重呈极显著负相关，与土壤孔隙度及田间持水量呈极显著或显著正相关，与土壤含水量呈极显著或显著正相关；克隆分株株高与土壤容重呈显著负相关，与土壤孔隙度和田间持水量呈显著正相关。2015 年 4～7 月，林缘不定芽数量与田间持水量和土壤孔隙度呈显著正相关，8～10 月不定芽数量与土壤孔隙度及田间持水量呈显著正相关，与土壤容重呈极显著负相关；未出土克隆分株数量与土壤孔隙度呈极显著正相关，出土克隆分株数量与土壤容重呈极显著负相关，分株基径与土壤容重呈极显著负相关，与土壤孔隙度呈极显著正相关。

12.3 克隆生长与土壤化学因子的关系

图 12-2 A、B 显示，2014 年林缘、林内土壤有机质含量均呈现 4 月下旬至 6 月下旬升高、7 月中旬至 10 月下旬降低的趋势。2015 年林缘土壤有机质含量在 4 月下旬至 6 月上旬呈升高趋势，6 月下旬至 10 月下旬呈降低趋势，4 月下旬至 6 月上旬显著高于除 9 月上旬之外的其他时期。

图 12-2C、D 显示，2014 年林缘土壤 pH 在 4 月下旬至 8 月上旬呈降低趋势，随后至 10 月下旬呈升高趋势；2014 年林内土壤 pH 从 4 月下旬至 7 月中旬呈降低趋势，随后至 10 月下旬呈升高趋势。2015 年林缘土壤 pH 在 4 月下旬至 7 月中旬呈降低趋势，8 月上旬显著降低，随后至 10 月下旬呈升高趋势。

图 12-2E、F 显示，2014 年林缘、林内土壤全盐含量呈现 4 月下旬至 7 月中旬降低、8 月上旬至 10 月下旬升高的趋势。2015 年林缘土壤全盐含量在 4 月下旬至 7 月中旬基本保持不变，8 月上旬显著降低，8 月上旬至 10 月下旬呈升高趋势。

图 12-2G、H 显示，2014 年林缘、林内土壤碱解氮含量在 5 月中旬至 6 月上旬较 4 月下旬显著升高，随后至 10 月下旬呈降低趋势。2015 年林缘土壤碱解氮含量则是 6 月上旬较 4 月下旬、5 月中旬显著升高，随后至 10 月下旬呈降低趋势。

图 12-2I、J 显示，2014 年林缘、林内土壤速效磷含量表现为 5 月中旬比 4 月下旬显著升高，随后至 8 月上旬呈降低趋势，9 月上旬至 10 月下旬呈升高趋势。2015 年林缘土壤速效磷含量在 6 月上旬较 4 月下旬、5 月中旬显著升高，随后至 8 月上旬呈降低趋势，9 月上旬至 10 月下旬呈升高趋势。

图 12-2K、L 显示，2014 年林缘、2014 年林内及 2015 年林缘土壤速效钾含量在 4 月下旬至 6 月下旬各时期均无显著差异，在 7 月中旬显著降低，随后至 10 月下旬呈升高的趋势。

将灰杨克隆生长指标参数与土壤化学因子进行相关性分析（表 12-2）。结果显示，2014 年林内在 8～10 月，克隆分株株高与土壤有机质含量呈极显著正相关，与土壤全盐含量呈极显著负相关；不定芽数量与土壤有机质含量呈显著正相关，与土壤全盐和速效钾含量分别呈显著、极显著负相关；未出土克隆分株数量与土壤有机质含量呈显著正相

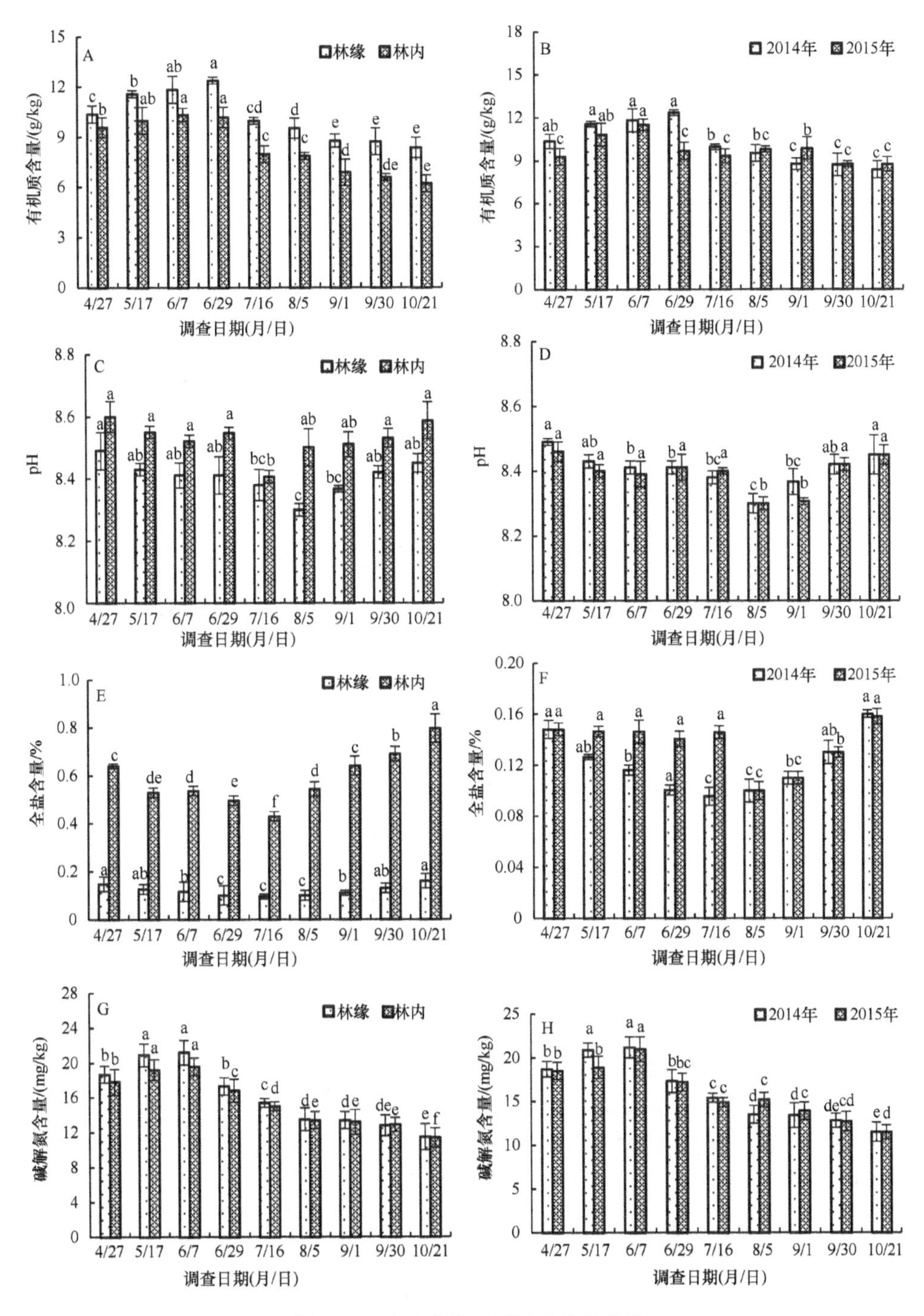

图 12-2　土壤化学因子随季节的变化

A. 2014 年 4～10 月林缘、林内土壤有机质含量；B. 2014 年和 2015 年的 4～10 月林缘土壤有机质含量；C. 2014 年 4～10 月林缘、林内土壤 pH；D. 2014 年和 2015 年的 4～10 月林缘土壤 pH；E. 2014 年 4～10 月林缘、林内土壤全盐含量；F. 2014 年和 2015 年的 4～10 月林缘土壤全盐含量；G. 2014 年 4～10 月林缘、林内土壤碱解氮含量；H. 2014 年和 2015 年的 4～10 月林缘土壤碱解氮含量；I. 2014 年 4～10 月林缘、林内土壤速效磷含量；J. 2014 年和 2015 年的 4～10 月林缘土壤速效磷含量；K. 2014 年 4～10 月林缘、林内土壤速效钾含量；L. 2014 年和 2015 年的 4～10 月林缘土壤速效钾含量。同一生境或同一年份各时期不同小写字母之间差异显著（$P<0.05$）

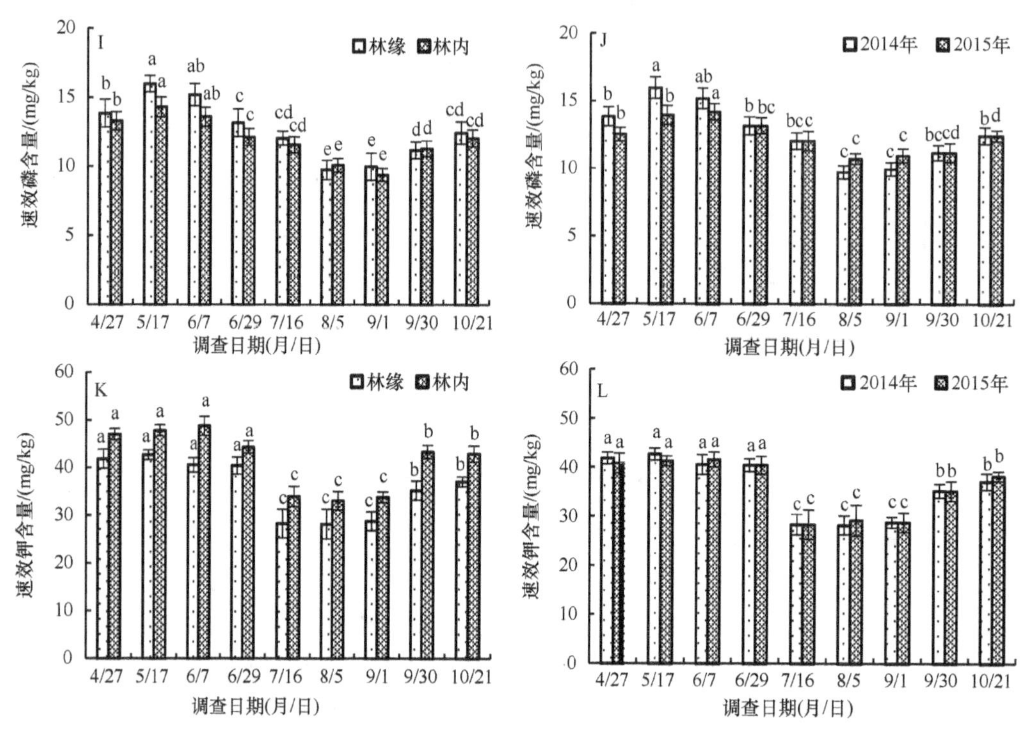

图 12-2　土壤化学因子随季节的变化（续）

关；出土克隆分株数量与土壤速效磷、速效钾含量分别呈显著、极显著负相关。在 4～7 月，克隆分株株高与土壤 pH、全盐含量呈显著负相关，与土壤有机质含量呈极显著正相关。

2014 年林缘在 8～10 月，克隆分株株高与土壤有机质含量呈显著正相关，与土壤全盐、速效磷、速效钾含量呈显著负相关，与土壤 pH 呈极显著负相关；不定芽数量与土壤有机质、碱解氮含量呈显著正相关，与土壤全盐、速效磷和速效钾含量及 pH 呈极显著负相关；未出土克隆分株数量与土壤碱解氮含量呈显著正相关；出土克隆分株数量与土壤速效钾含量呈极显著负相关。在 4～7 月，克隆分株株高与土壤有机质呈显著正相关，与土壤 pH 呈极显著负相关；克隆分株基径与土壤速效钾含量呈显著负相关；未出土克隆分株数量与土壤速效磷含量呈显著正相关；出土克隆分株数量与土壤速效钾含量呈极显著负相关。

2015 年林缘在 8～10 月，克隆分株株高与土壤碱解氮含量呈极显著正相关，与土壤全盐含量呈显著负相关；克隆分株基径与土壤碱解氮含量呈极显著正相关，与土壤全盐和速效磷含量呈极显著负相关，与土壤速效钾含量呈显著负相关；不定芽数量与土壤碱解氮含量呈极显著正相关，与土壤有机质含量呈显著正相关，与土壤全盐和速效钾含量及 pH 呈极显著负相关，与土壤速效磷含量呈显著负相关；未出土克隆分株数量与土壤有机质、碱解氮含量呈极显著正相关，与土壤全盐和速效钾含量及 pH 呈极显著负相关，与土壤速效磷含量呈显著负相关；出土克隆分株数量与土壤碱解氮含量呈极显著正相

表 12-2　灰杨克隆生长指标参数与土壤化学因子的相关性分析

克隆生长指标	时间	2014 年林缘						2014 年林内						2015 年林缘					
		有机质含量	pH	全盐含量	碱解氮含量	速效磷含量	速效钾含量	有机质含量	pH	全盐含量	碱解氮含量	速效磷含量	速效钾含量	有机质含量	pH	全盐含量	碱解氮含量	速效磷含量	速效钾含量
克隆分株株高	4～7 月	0.89^{*}	-0.96^{**}	−0.82	0.27	0.19	−0.62	0.99^{**}	-0.94^{*}	-0.90^{*}	0.18	−0.22	−0.07	0.97^{**}	-0.95^{*}	0.19	0.67	0.99^{**}	0.74
	8～10 月	0.95^{*}	-0.99^{**}	-0.91^{*}	0.83	-0.90^{*}	-0.93^{*}	0.99^{**}	−0.84	-0.97^{**}	0.8	−0.67	−0.81	0.77	−0.85	-0.89^{*}	0.97^{**}	−0.82	−0.81
克隆分株基径	4～7 月	0.69	−0.58	−0.83	−0.56	−0.67	-0.94^{*}	0.59	−0.41	−0.29	−0.29	−0.73	−0.30	0.54	−0.84	−0.52	0.18	0.61	0.10
	8～10 月	0.68	−0.75	−0.46	0.31	−0.47	−0.64	0.28	0.04	−0.14	−0.13	−0.33	−0.6	0.78	−0.88	-0.98^{**}	0.96^{**}	-0.98^{**}	-0.90^{*}
不定芽数量	4～7 月	0.50	−0.67	−0.43	0.50	0.27	−0.62	0.88	−0.73	−0.70	−0.14	−0.59	−0.28	0.69	−0.22	0.83	0.97^{**}	0.52	0.91^{*}
	8～10 月	0.91^{*}	-0.99^{**}	-0.96^{**}	0.90^{*}	-0.96^{**}	-0.97^{**}	0.92^{*}	−0.78	-0.90^{*}	0.72	−0.83	-0.97^{**}	0.92^{*}	-0.97^{**}	-0.99^{**}	0.99^{**}	-0.92^{*}	-0.97^{**}
未出土克隆分株数量	4～7 月	−0.39	0.22	0.59	0.79	0.90^{*}	0.86	−0.26	0.14	−0.17	0.17	0.55	0.04	−0.79	-0.95^{*}	0.22	−0.45	−0.84	−0.42
	8～10 月	0.69	−0.66	−0.86	0.91^{*}	−0.83	−0.66	0.91^{*}	−0.49	−0.75	0.43	−0.38	−0.68	0.91^{*}	-0.96^{**}	-0.99^{**}	0.94^{*}	-0.94^{*}	-0.99^{**}
出土克隆分株数量	4～7 月	0.70	−0.75	−0.73	0.03	−0.17	-0.90^{*}	0.87	−0.72	−0.66	−0.13	−0.59	−0.26	0.09	−0.60	−0.79	−0.46	0.29	−0.37
	8～10 月	0.65	−0.84	−0.83	0.77	−0.87	-0.96^{**}	0.80	−0.81	−0.84	0.76	-0.95^{*}	-0.99^{**}	0.88^{*}	-0.95^{*}	-0.99^{**}	0.98^{**}	-0.96^{*}	-0.96^{**}

关，与土壤有机质含量呈显著正相关，与土壤全盐、速效钾含量呈极显著负相关，与土壤pH、速效磷含量呈显著负相关。在4～7月，克隆分株株高与土壤有机质和速效磷含量呈极显著正相关，与土壤pH呈显著负相关；不定芽数量与土壤碱解氮含量呈极显著正相关，与土壤速效钾含量呈显著正相关；未出土克隆分株数量与土壤pH呈显著负相关。

图12-2和表12-2的结果表明，灰杨克隆生长指标参数的变化与洪水漫溢前后林缘、林内土壤化学因子的变化有关。总体上，洪水漫溢后的8～10月林地土壤化学因子的变化对灰杨克隆生长影响较大。

12.4 克隆生长与地表温度和气温的关系

2014年、2015年的地表温度和气温整体变化趋势一致，在4～7月呈升高趋势，7月达到最高，8～10月逐渐降低（图12-3）。

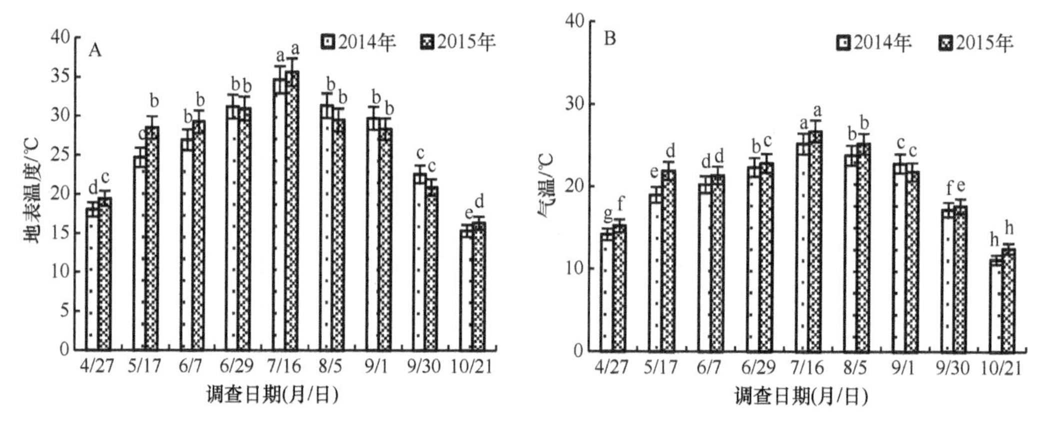

图12-3 2014年和2015年地表温度、气温随季节的变化

A. 地表温度变化；B. 气温变化。同一年份各时期不同小写字母之间差异显著（$P<0.05$）

气温表现为除9月初是2014年高于2015年，其余月份均是2014年低于2015年。

灰杨克隆生长指标参数与气象因子的相关性分析显示（表12-3），2014年林内在8～10月，不定芽数量、出土克隆分株数量均与地表温度、气温呈显著正相关；在4～7月克隆分株株高与地表温度、气温均呈显著正相关。2014年林缘在8～10月，不定芽数量与地表温度、气温分别呈极显著、显著正相关，克隆分株株高与地表温度、气温均呈显著正相关；在4～7月克隆分株株高与气温呈显著正相关。2015年林缘在8～10月，不定芽数量、未出土克隆分株数量和出土克隆分株数量均与地表温度、气温呈极显著正相关，克隆分株基径与地表温度、气温分别呈显著、极显著正相关，克隆分株株高与气温呈显著正相关；在4～7月，未出土克隆分株数量、克隆分株基径与地表温度呈显著正相关，出土克隆分株数量与气温呈显著正相关。

表 12-3　灰杨克隆生长指标参数与气象因子的相关性分析

克隆生长指标	时间	2014 年林缘		2014 年林内		2015 年林缘	
		地表温度	气温	地表温度	气温	地表温度	气温
克隆分株株高	4～7 月	0.86	0.89*	0.93*	0.95*	0.74	0.73
	8～10 月	0.91*	0.90*	0.87	0.86	0.87	0.94*
克隆分株基径	4～7 月	0.76	0.70	0.56	0.51	0.92*	0.87
	8～10 月	0.49	0.46	0.2	0.17	0.93*	0.98**
不定芽数量	4～7 月	0.48	0.52	0.87	0.85	–0.18	–0.22
	8～10 月	0.97**	0.96*	0.90*	0.88*	0.99**	0.98**
未出土克隆分株数量	4～7 月	–0.48	–0.40	–0.12	–0.07	0.90*	–0.86
	8～10 月	0.82	0.83	0.59	0.57	0.99**	0.97**
出土克隆分株数量	4～7 月	0.73	0.72	0.84	0.82	0.87	0.89*
	8～10 月	0.88	0.87	0.93*	0.92*	0.99**	0.99**

12.5　克隆分株种群密度与土壤理化因子的关系

以洪水漫溢前的 7 月底为时间节点，分析洪水漫溢前后灰杨克隆分株种群密度与土壤理化因子间的相关性。

在 2014 年林缘，洪水漫溢前的 4～7 月，克隆分株种群密度与土壤含水量、田间持水量及有机质含量呈极显著/显著正相关，与土壤 pH 和全盐含量分别呈显著、极显著负相关；洪水漫溢后的 8～10 月，克隆分株种群密度与土壤有机质含量呈显著正相关（表 12-4）。

表 12-4　灰杨克隆分株种群密度与土壤理化因子的相关性分析

分株种群密度	时间	土壤因子									
		含水量	容重	孔隙度	田间持水量	有机质含量	pH	全盐含量	碱解氮含量	速效磷含量	速效钾含量
2014 年林缘	4～7 月	0.98**	–0.39	–0.27	0.95*	0.96*	–0.94*	–0.96**	–0.08	–0.14	–0.75
	8～10 月	0.47	–0.63	0.40	0.65	0.93*	–0.86	–0.63	0.51	–0.58	–0.61
2014 年林内	4～7 月	0.99**	–0.55	0.58	0.71	0.94*	–0.83	–0.88*	–0.07	–0.46	–0.29
	8～10 月	0.21	0.19	0.21	–0.37	0.93*	–0.54	–0.79	0.50	–0.35	–0.62
2015 年林缘	4～7 月	0.90*	–0.88*	0.90*	–0.63	0.32	–0.69	–0.70	–0.02	0.40	–0.13
	8～10 月	0.60	0.80	0.76	0.83	0.72	–0.77	–0.75	0.89*	–0.63	–0.69

在 2014 年林内，洪水漫溢前的 4～7 月，克隆分株种群密度与土壤含水量、有机质含量分别呈极显著/显著正相关，与土壤全盐含量呈显著负相关；洪水漫溢后的 8～10 月，克隆分株种群密度与土壤有机质含量呈显著正相关（表 12-4）。

在 2015 年林缘，洪水漫溢前的 4～7 月，克隆分株种群密度与土壤含水量、孔隙度呈显著正相关，与土壤容重呈显著负相关；洪水漫溢后的 8～10 月，克隆分株种群密度与土壤碱解氮含量呈显著正相关（表 12-4）。

上述结果表明，灰杨克隆分株种群密度与生境土壤理化因子变化有密切关系。

12.6　克隆生长与横走侧根养分含量的关系

图 12-4A～C 显示，在 2014 年林缘、2014 年林内及 2015 年林缘，灰杨横走侧根各

根段全氮含量均在 4 月上旬至 6 月上旬呈升高趋势，从 6 月下旬至 10 月下旬呈降低的趋势。横走侧根各根段全氮含量在 4 下旬至 6 月上旬基本上高于 7～10 月。

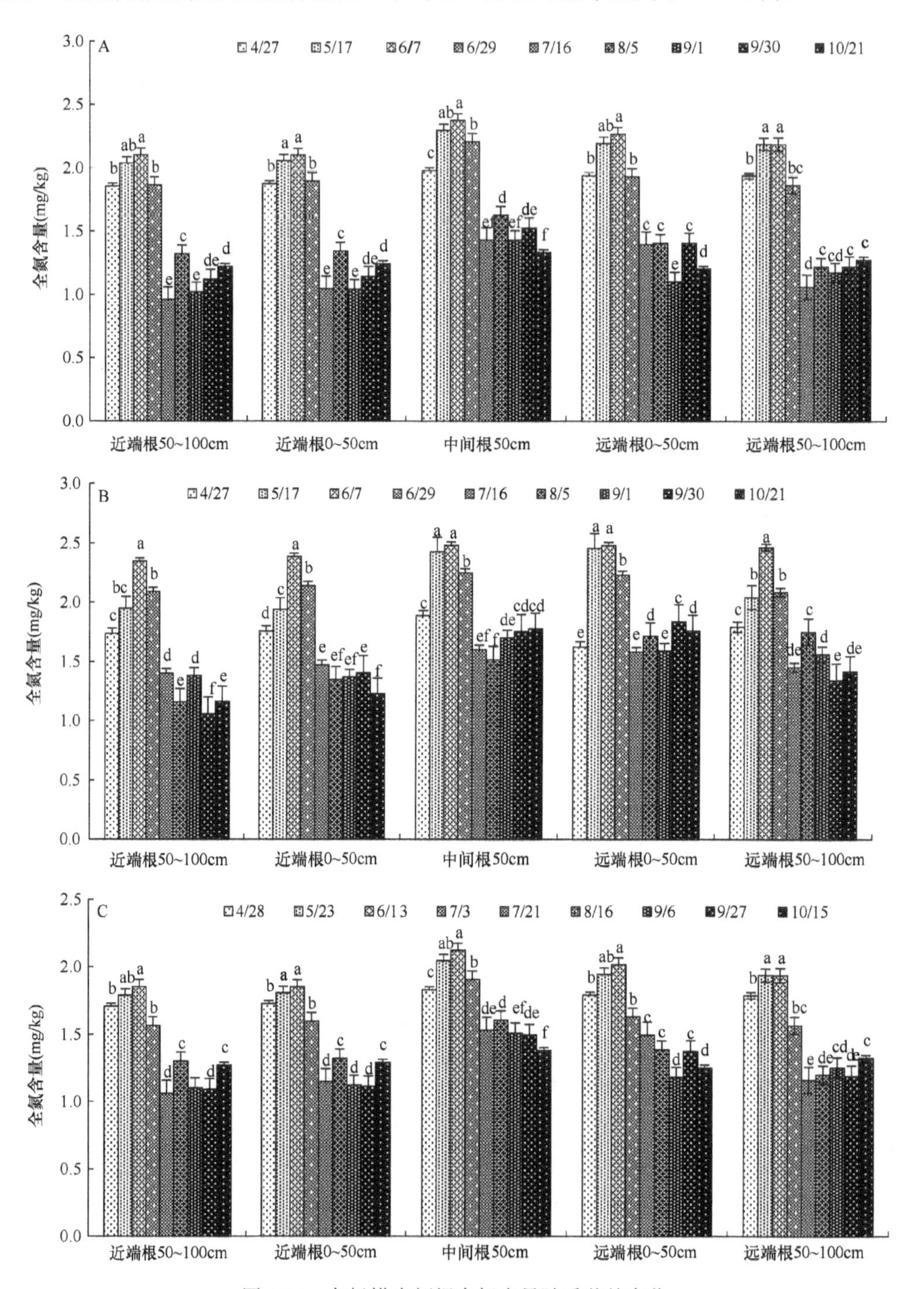

图 12-4 灰杨横走侧根全氮含量随季节的变化

A. 2014 年林缘；B. 2014 年林内；C. 2015 年林缘。图例数字代表日期（月/日）。柱子上方不同字母表示各指标参数同一根段不同时期间差异显著（$P<0.05$），本章下同

图 12-5A～C 显示，在 2014 年的林缘，灰杨横走侧根各根段全磷含量均在 5 月上旬至 6 月下旬处于最高水平，随后至 10 月下旬呈降低趋势。在 2014 年的林内，除了中间根 50cm，其余根段全磷含量在 4～10 月呈先升高后降低再升高的趋势。在 2015 年的林缘，各根段全磷含量在 4 月下旬至 6 月下旬呈升高趋势，在 7 下旬至 10 月下旬呈降低趋势。

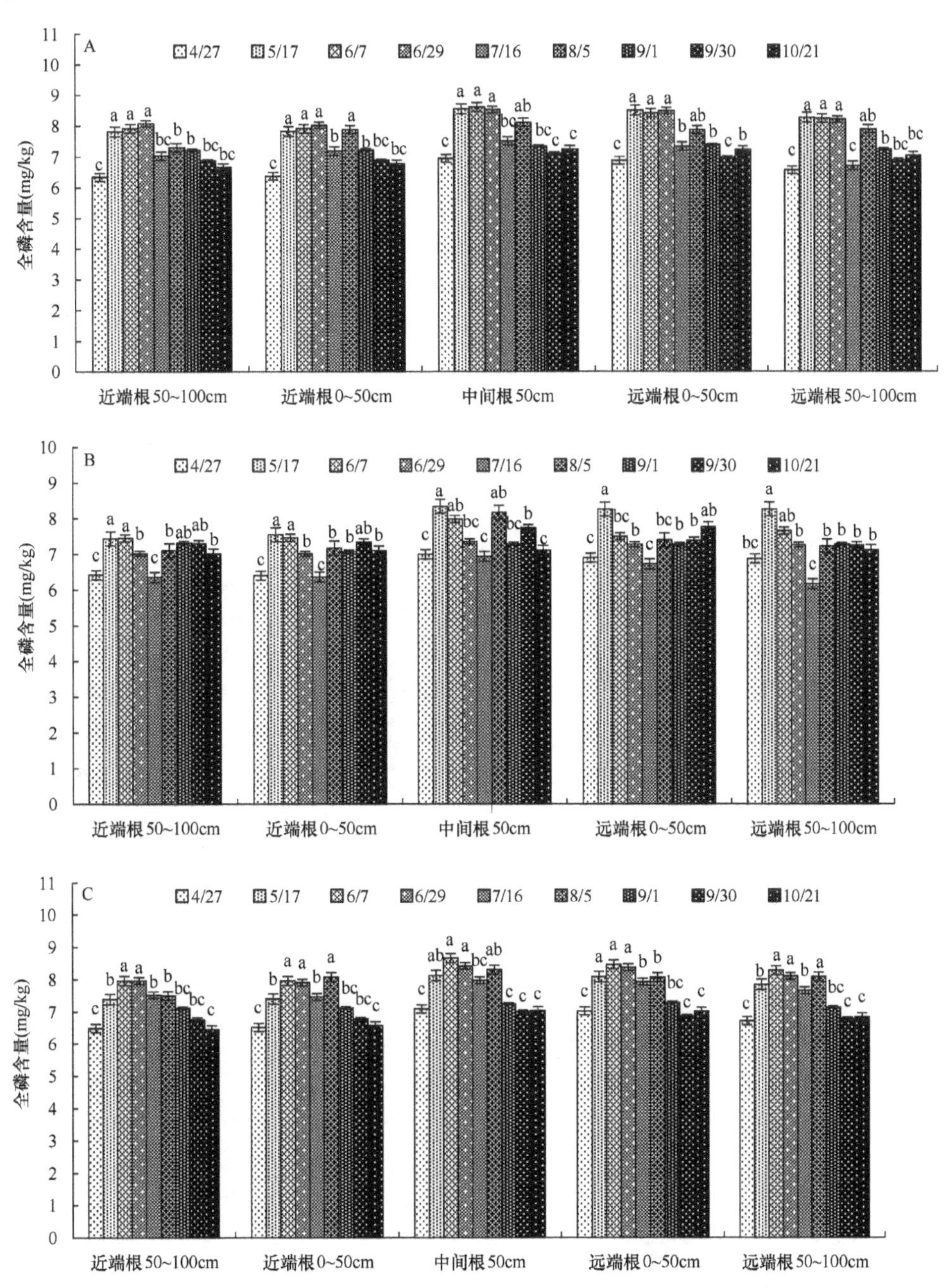

图 12-5　灰杨横走侧根全磷含量随季节的变化

A. 2014 年林缘；B. 2014 年林内；C. 2015 年林缘

图 12-6A～C 显示，2014 年林缘和 2015 年林缘各根段全钾含量在 4～10 月的变化趋势相同，表现为近端根 50～100cm、近端根 0～50cm 及中间根 50cm 全钾含量在 4～6 月

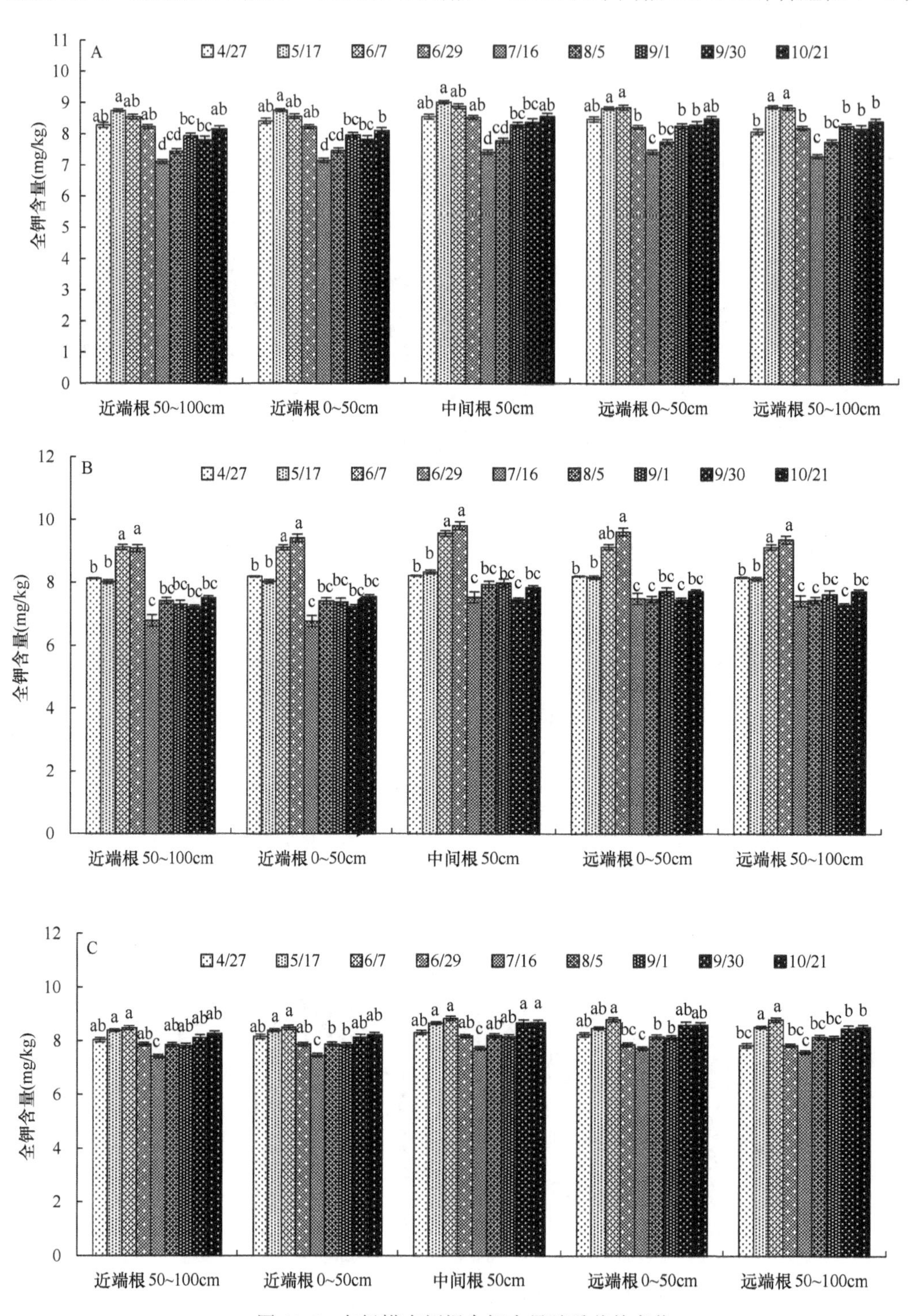

图 12-6 灰杨横走侧根全钾含量随季节的变化

A. 2014 年林缘；B. 2014 年林内；C. 2015 年林缘

基本保持一致并处于较高水平，7 月中旬有显著降低，随后至 10 月呈升高趋势；远端根 0～50cm 和远端根 50～100cm 全钾含量在 4～6 月呈升高再降低趋势，7～10 月均呈升高趋势。在 2014 年的林内，各根段全钾含量在 4 月下旬至 6 月下旬呈升高趋势，7 月中旬显著降低，并到 10 月下旬基本保持同一水平。

12.7　克隆生长与横走侧根有机碳含量、碳氮比和氮磷比的关系

图 12-7A～C 显示，在 2014 年的林缘、林内，灰杨横走侧根各根段有机碳含量在 4～10 月的变化规律一致，均表现为 4 月下旬至 6 月下旬呈现升高降低再升高的趋势，7 月中旬至 10 月下旬呈降低趋势。在 2015 年的林缘，各根段有机碳含量在 4 月下旬至 6 月

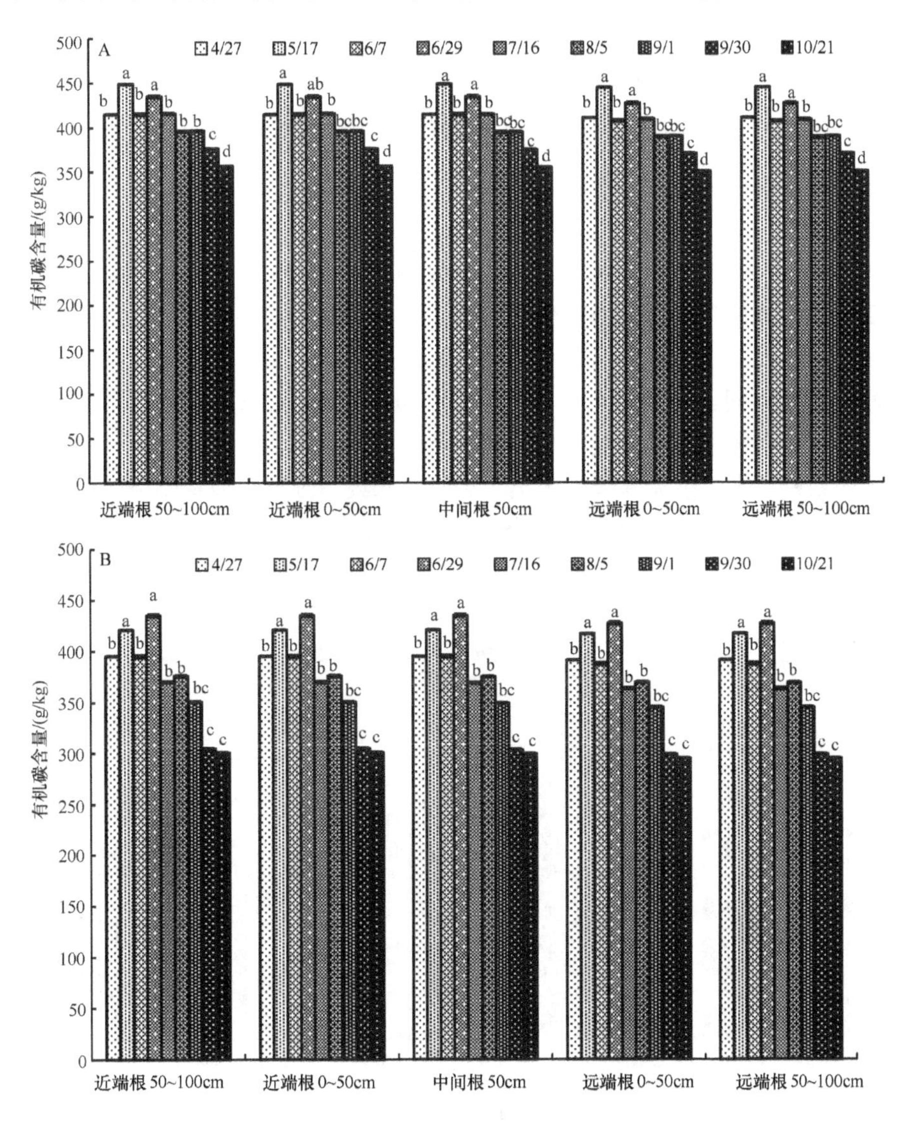

图 12-7　灰杨横走侧根有机碳含量随季节的变化

A. 2014 年林缘；B. 2014 年林内；C. 2015 年林缘

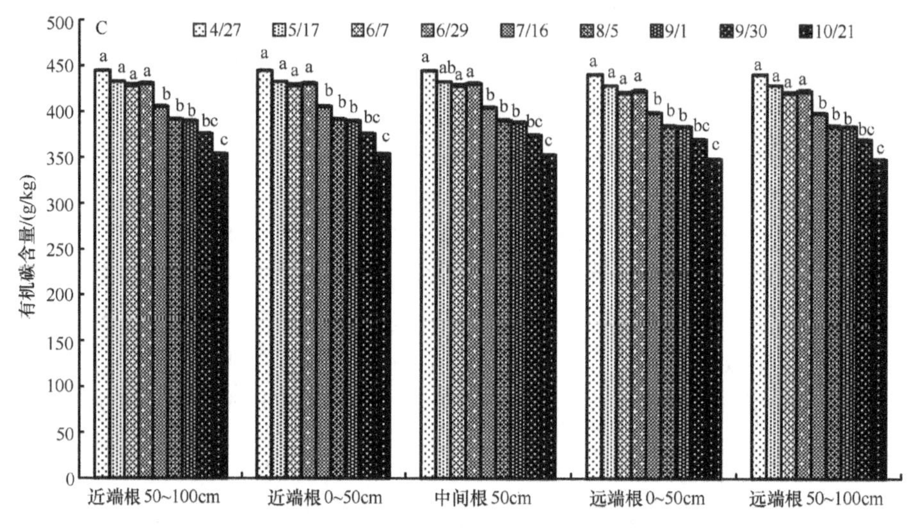

图 12-7　灰杨横走侧根有机碳含量随季节的变化（续）

下旬基本保持同一水平，在 7 月中旬至 10 月下旬呈降低趋势，并在 10 月下旬达到生长季的最低水平。

图 12-8A～C 显示，在 2014 年林缘、2014 年林内及 2015 年林缘，灰杨横走侧根各根段碳氮比均呈先降低后升高再降低的趋势。图 12-8D～F 显示，在 2014 年的林缘、林内，灰杨横走侧根各根段氮磷比基本呈现先降低后升高的趋势，各根段氮磷比降低至最低点的时期有所不同。在 2015 年林缘，除了中间根 50cm 氮磷比呈先升高后降低再升高的趋势外，其余各根段氮磷比均呈先升高再降低的趋势。

由于不定芽、未出土克隆分株和出土克隆分株集中分布在横走侧根中心根段（其余根段很少或为零），因此本研究对灰杨横走侧根中心根段不定芽、未出土克隆分株和出土克隆分株数量与养分含量进行了相关性分析。表 12-5 显示，2014 年林缘不定芽数量

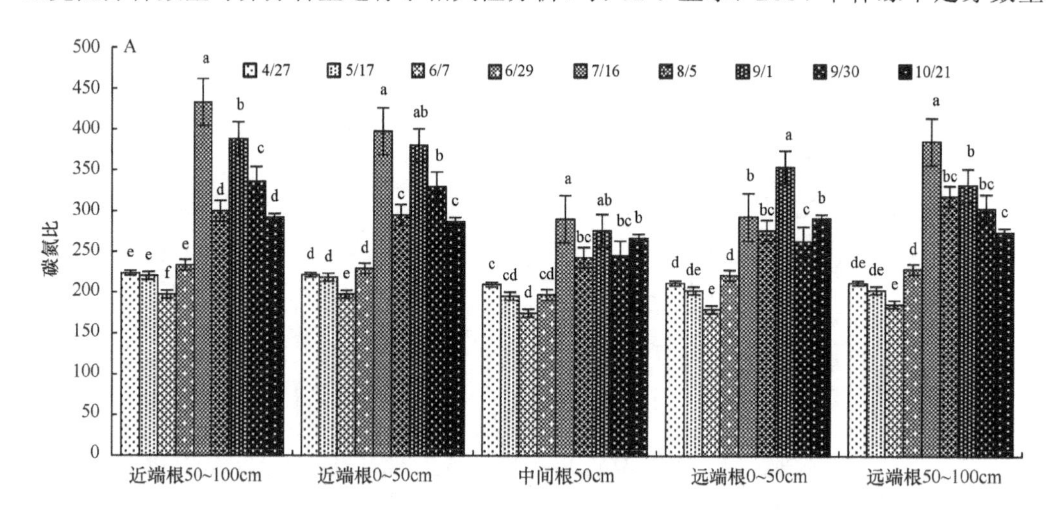

图 12-8　灰杨横走侧根碳氮比、氮磷比随季节的变化

A、D. 2014 年林缘；B、E. 2014 年林内；C、F. 2015 年林缘

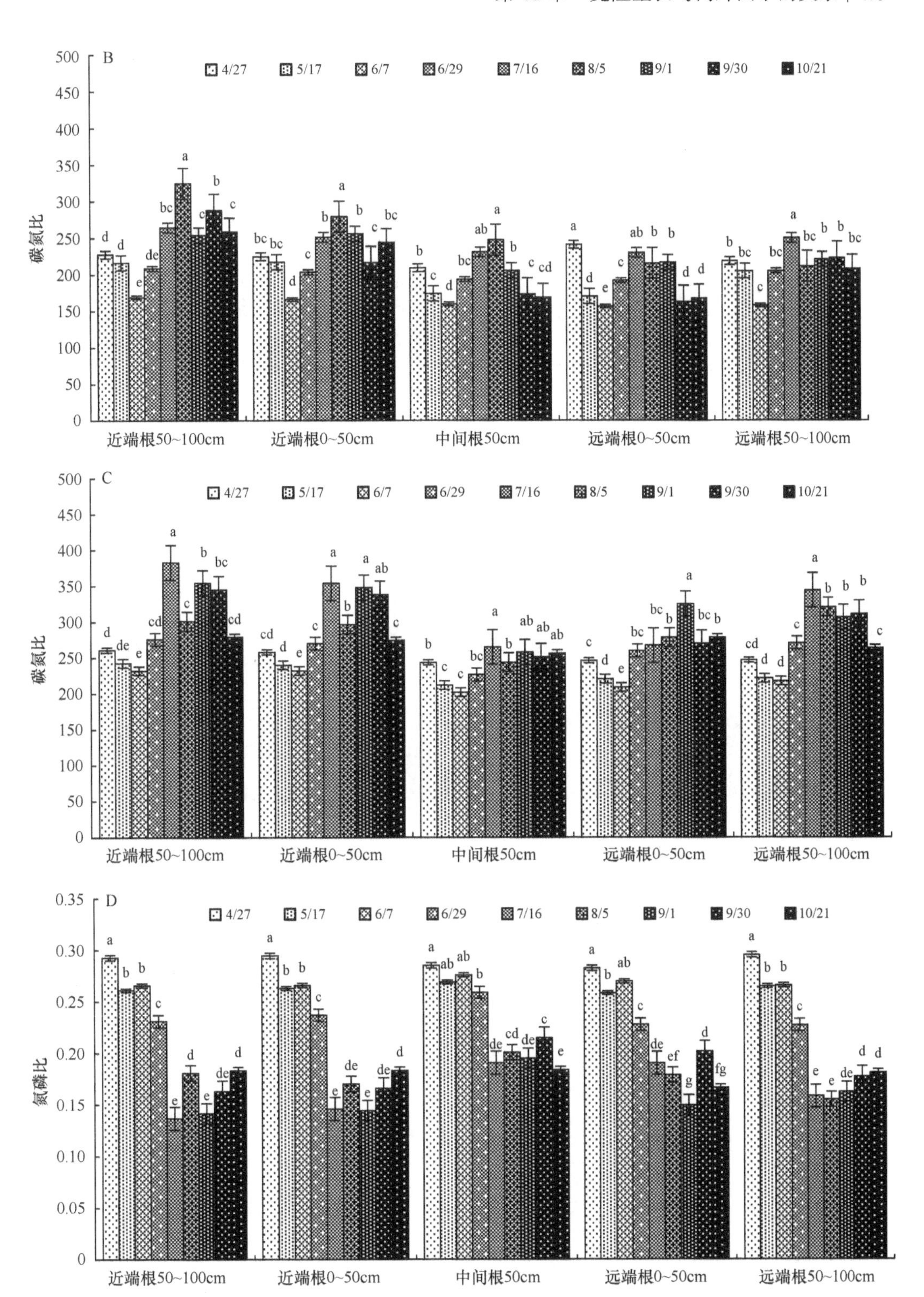

图 12-8　灰杨横走侧根碳氮比、氮磷比随季节的变化（续）

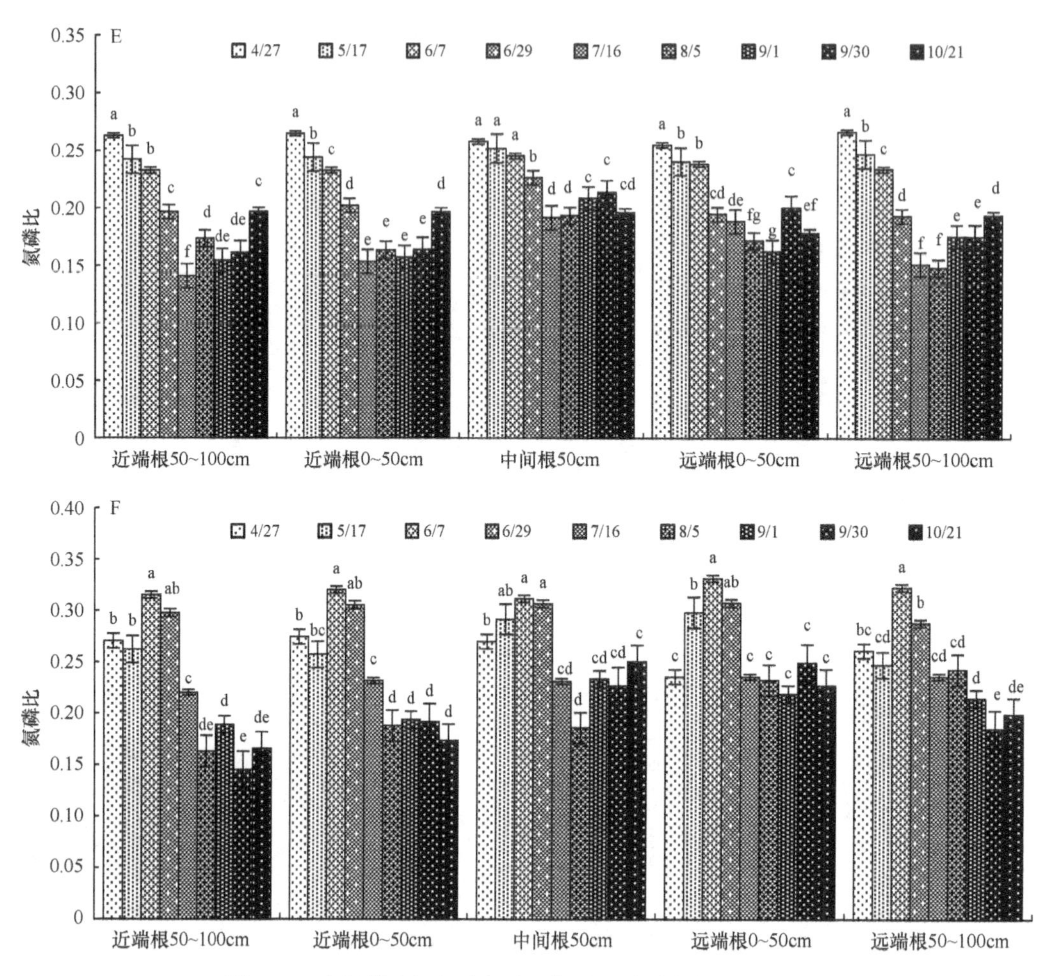

图 12-8 灰杨横走侧根碳氮比、氮磷比随季节的变化（续）

表 12-5 灰杨横走侧根中心根段不定芽、未出土克隆分株和出土克隆分株数量与养分含量的相关性分析

克隆生长指标	生境	全氮含量	全磷含量	全钾含量	有机碳含量	碳氮比	氮磷比
不定芽数量	2014 年林缘	0.81**	0.74*	0.48	0.62	−0.70*	0.66*
	2014 年林内	0.64*	0.23	0.75*	0.74*	−0.32	0.64*
	2015 年林缘	0.62	0.53	0.18	0.66*	−0.45	0.45
未出土克隆分株数量	2014 年林缘	0.72*	0.34	0.56	0.70*	−0.58	0.71*
	2014 年林内	0.64*	0.23	0.75*	0.65*	−0.33	0.71*
	2015 年林缘	0.53	−0.21	−0.05	0.71*	−0.40	0.73*
出土克隆分株数量	2014 年林缘	0.15	0.54	0.17	−0.12	−0.19	−0.06
	2014 年林内	0.22	0.17	0.42	0.12	−0.15	0.20
	2015 年林缘	0.46	0.73*	−0.05	0.51	−0.36	0.15

与全氮含量、全磷含量和氮磷比呈极显著/显著正相关，与碳氮比呈显著负相关；未出土克隆分株数量与全氮含量、有机碳含量和氮磷比呈显著正相关。2014 年林内不定芽数量与全氮含量、全钾含量、有机碳含量、氮磷比呈显著正相关，未出土克隆

分株数量与全氮含量、全钾含量、有机碳含量、氮磷比呈显著正相关。2015 年林缘不定芽数量与有机碳含量呈显著正相关，未出土克隆分株数量与有机碳含量、氮磷比呈显著正相关，出土克隆分株数量与全磷含量呈显著正相关。初步说明，不定芽数量、未出土克隆分株数量增加与横走侧根全氮、全磷、全钾和有机碳含量增加及氮磷比增大、碳氮比减小有密切关系，碳氮比增大对不定芽发生有抑制作用。

12.8　克隆生长与横走侧根可溶性糖含量的关系

图 12-9A、C、E 显示，在同一年份不同生境或不同年份同一生境，灰杨横走侧根各根段可溶性糖含量基本呈现 4 月至 6 月初降低，随后升高的趋势，并在 10 月达到生长季最大值的变化规律。图 12-9B、D、F 显示，各根段可溶性糖含量相比较，中心根段的可溶性糖含量显著高于近端根 50～100cm 的，中心根段与远端根可溶性糖含量无显著差异。

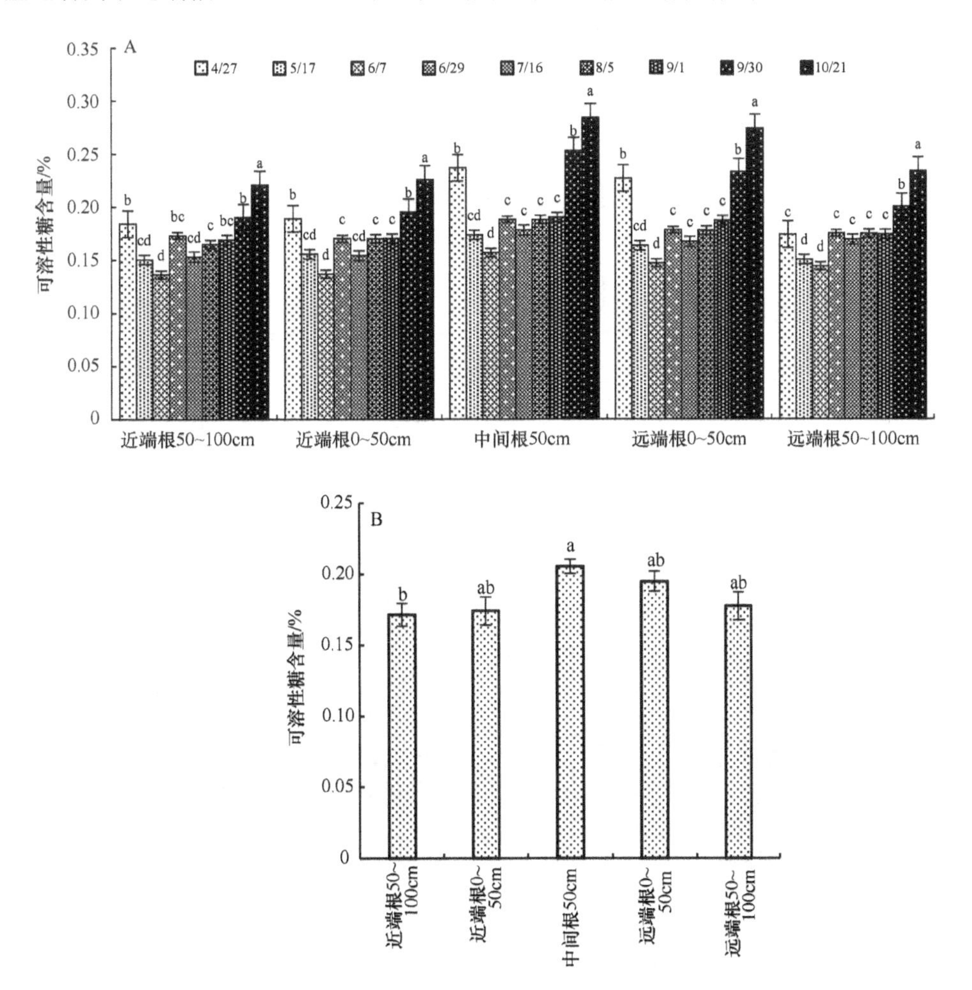

图 12-9　灰杨横走侧根可溶性糖含量随季节的变化

A. 2014 年林缘；B. 2014 年林缘各根段平均值；C. 2014 年林内；D. 2014 年林内各根段平均值；E. 2015 年林缘；F. 2015 年林缘各根段平均值。B、D、F 图各根段不同小写字母间差异显著（$P<0.05$）

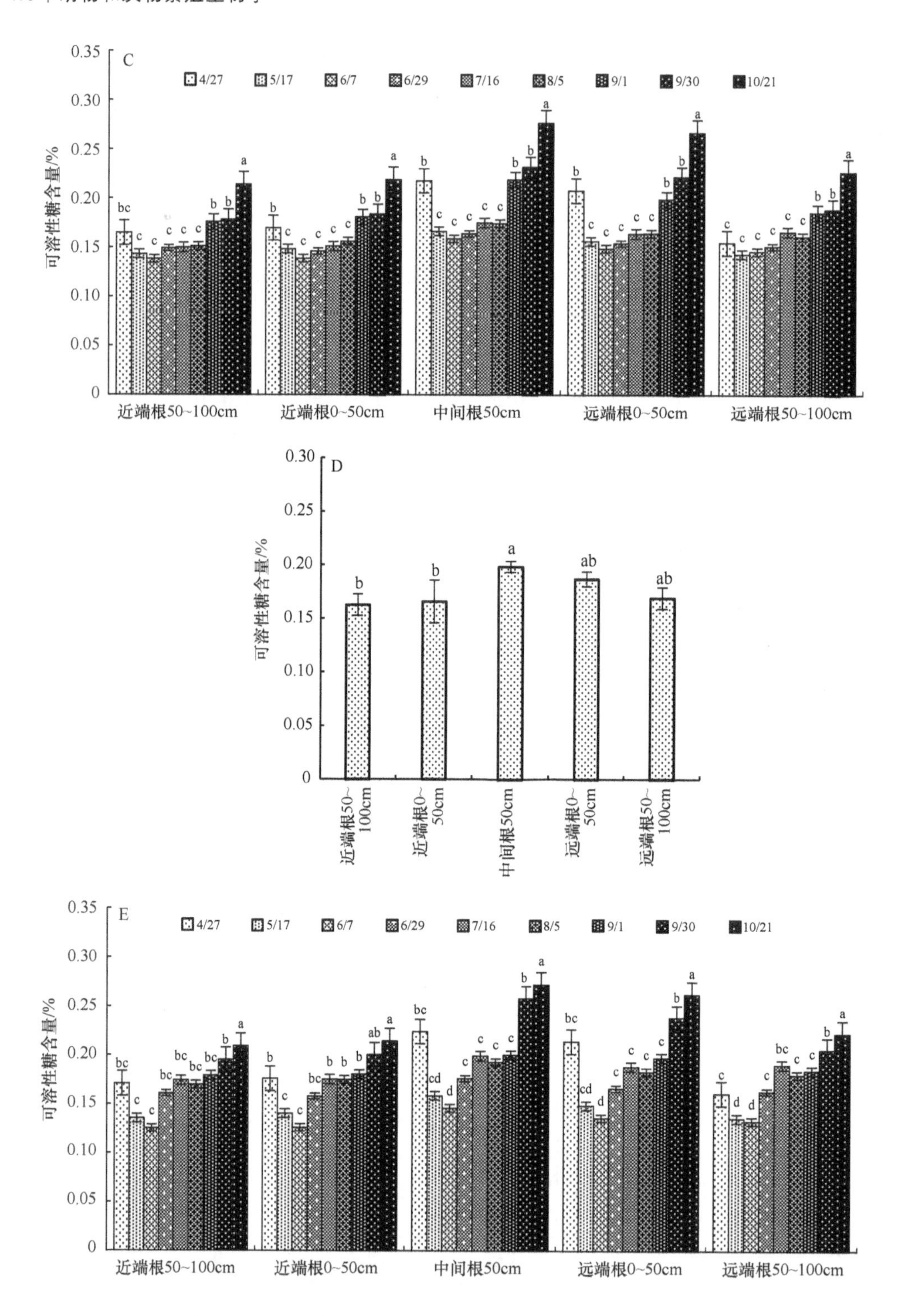

图 12-9 灰杨横走侧根可溶性糖含量随季节的变化（续）

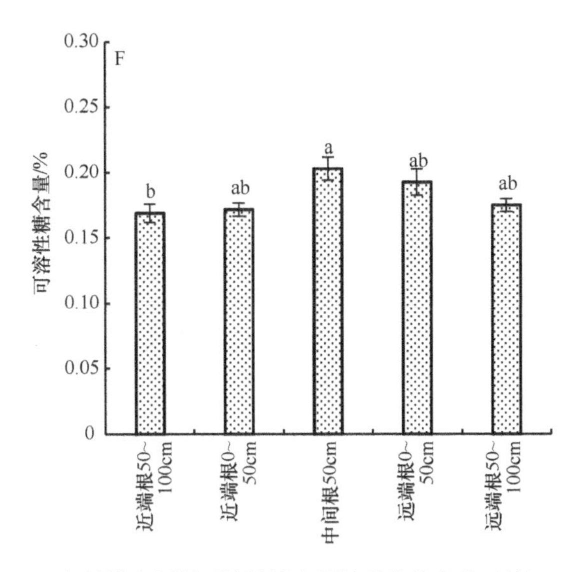

图 12-9 灰杨横走侧根可溶性糖含量随季节的变化（续）

对横走侧根中心根段的不定芽、未出土克隆分株和出土克隆分株数量与可溶性糖含量进行相关性分析（表 12-6）。2014 年林缘，不定芽数量与可溶性糖含量呈显著负相关。2014 年林内，不定芽数量、未出土克隆分株数量均与可溶性糖含量呈显著负相关。2015 年林缘，不定芽数量、出土克隆分株数量分别与可溶性糖含量呈极显著、显著负相关。

表 12-6 灰杨横走侧根中心根段不定芽、未出土克隆分株和出土克隆分株数量与可溶性糖含量的相关性分析

克隆生长指标	可溶性糖含量		
	2014 年林缘	2014 年林内	2015 年林缘
不定芽数量	−0.76*	−0.69*	−0.80**
未出土克隆分株数量	−0.54	−0.69*	−0.21
出土克隆分株数量	−0.28	−0.28	−0.67*

12.9 讨 论

12.9.1 土壤物理因子对克隆生长的影响

土壤水分是植物生长繁殖必需的资源之一，植物生长繁殖对水资源的有效性做出响应。在高土壤水分有效性条件下，克隆植物不仅子株密度大，而且个体形态也较大，克隆生长能力较强（贺斌等，2007），但也有随着土壤水分有效性的提高，克隆植物子株数量减少但个体增大的现象（刘庆和钟章成，1996）。我们的研究表明，洪水漫溢前后的林缘、林内土壤理化性质不同。相关性分析结果表明，在 2014 年林缘，洪水漫溢前的 4～7 月，土壤含水量、田间持水量的升高可促进克隆分株株高增加；洪水漫溢后的 8～10 月，土壤含水量、田间持水量、孔隙度的降低和土壤容重的升高会抑制克隆分株株高、不定芽数量、未出土克隆分株数量和出土克隆分株数量的增加。在 2014 年林内，洪水漫溢前的 4～7 月，土壤含水量增加可促进克隆分株株高、不定芽数量及出土克隆分株数量的增加。在 2015 年林缘，洪水漫溢前的 4～7 月，土壤孔隙度升高和土壤容重降低可促进可克隆分株基径及出土克隆分株数量增加；洪水漫溢后的 8～10 月，土壤含水量、孔隙度、田间持水量的降低和土壤容重的升高会抑制克隆分株株高和基径的生长，以及抑制不定芽、未出土克隆分株和出土克隆分株数量的增加。说明灰杨克隆生长的变化与洪水漫溢前后林缘、林内土壤物理因子的变化有关。总体上，洪水漫溢前生境质量高于洪水漫溢后，洪水漫溢后的 8～10 月林地土壤物理因子对灰杨克隆生长的抑制作用比洪水漫溢前更明显。

12.9.2 土壤化学因子对克隆生长的影响

随着土壤养分水平有效性的升高或降低，克隆植物个体大小、种群及其构件生物量、种群平均基径、种群平均高度、地上生物量分配会发生相应改变（单保庆等，2000；岳春雷等，2002；潘庆民等，2005）。在高质量生境（低盐分、高光照、高养分）中 *Scirpus olneyi* 的根茎分枝增多，产生较多短根茎型分株，分株的分布较密集；在低质量生境（高盐分、低光照、低养分）*Scirpus olneyi* 产生较多的长根茎的分株，分株密度较低（Ikegami et al.，2007）。我们的研究结果显示，林缘、林内土壤化学因子在洪水漫溢前后有变化。相关分析结果表明，在 2014 年林缘，洪水漫溢前的 4～7 月，土壤有机质和速效磷含量的升高、土壤 pH 的降低可促进未出土克隆分株数量及克隆分株株高的增加，而土壤速效钾含量高不利于克隆分株基径、出土克隆分株数量的增加；洪水漫溢后的 8～10 月，土壤有机质、碱解氮含量的降低，以及全盐、速效磷和速效钾含量及 pH 的升高，对林缘克隆分株株高、不定芽数量和未出土克隆分株数量的增加有抑制作用。在 2014 年林内，洪水漫溢前的 4～7 月，土壤有机质和全盐含量及 pH 的降低有利于克隆分株株高的增加；洪水漫溢后的 8～10 月，土壤有机质含量的降低及土壤全盐、速效磷和速效钾含量的升高不利于克隆分株株高、不定芽数量、未出土克隆分株数量和出土克隆分株数量的增加。在 2015 年林缘生境，洪水漫溢前的 4～7 月，土壤有机质、碱解氮、速效磷和速效钾含量及 pH 的降低不利于克隆分株株高、不定芽数量及未出土克隆分株数量的增加；洪水漫溢后的 8～10 月，土壤有机质、碱解氮含量的降低，以及土壤全盐、速效磷和速效钾含量及 pH 的升高，对克隆分株株高、基径、不定芽数量、未出土克隆分株数量和出土克隆分株数量的增加均有抑制作用。总体上，洪水漫溢后 8～10 月的林地土壤化学因子对灰杨克隆生长的抑制作用较洪水漫溢前明显。

12.9.3 土壤理化因子对克隆分株种群密度的影响

在异质生境中，种群倾向于在较高质量的斑块中投入较多的分株（Rolia and Retuerto，2006）。随土壤养分水平的增加，克隆植物繁殖器官的间隔子长度的降低，种群分株密度增加（罗学刚和董鸣，2001），分株个体也较大（Hodge，2004）。我们的研究表明，2014 年林缘，在洪水漫溢前的 4～7 月，土壤含水量、田间持水量及有机质含量的升高，以及土壤 pH、全盐含量的降低有利于克隆分株种群密度的增加；在洪水漫溢后的 8～10 月，土壤有机质含量的降低抑制了克隆分株种群密度的增加。2014 年林内，在洪水漫溢前的 4～7 月，土壤含水量、有机质含量的升高和土壤全盐含量的降低有利于克隆分株种群密度的增加；在洪水漫溢后的 8～10 月，土壤有机质含量的降低抑制了克隆分株种群密度的增加。2015 年林缘，在洪水漫溢前的 4～7 月，土壤含水量、孔隙度的升高和容重的降低促进了克隆分株种群密度的增加；在洪水漫溢后的 8～10 月，土壤碱解氮含量的降低抑制了克隆分株种群密度的增加。上述结果说明，灰杨克隆分株种群密度与生境土壤理化因子变化有密切关系。

12.9.4　横走侧根养分含量对克隆生长的影响

Tomlinson 和 O'Connor（2004）提出顶端优势的形式和机理，认为细胞分裂素的产生与根中 N 的含量有关，根中 N 含量控制着侧芽的生长和发育；芽的生长受到营养成分含量的影响。关于克隆器官自身养分含量对克隆繁殖影响的研究报道较少。我们对灰杨横走侧根中间 50cm 根段养分含量与不定芽数量、未出土克隆分株数量和出土克隆分株数量进行相关性分析发现，2014 年林缘横走侧根全氮和全磷含量及氮磷比的升高与碳氮比的降低有利于不定芽数量的增加；横走侧根全氮和有机碳含量及氮磷比的升高有利于未出土克隆分株数量的增加。2014 年林内横走侧根全氮含量、全钾含量、有机碳含量与氮磷比的升高可促进不定芽数量和未出土克隆分株数量的增加。2015 年林缘的横走侧根有机碳含量升高有利于不定芽数量、未出土克隆分株数量的增加，而横走侧根全磷含量的升高有利于出土克隆分株数量的增加，氮磷比升高则促进未出土克隆分株数量的增加。初步说明，横走侧根全氮、全磷、全钾和有机碳含量的增加及氮磷比的增大有利于不定芽、未出土克隆分株数量的增加，碳氮比的增大对不定芽的发生有抑制作用。

有研究报道，碳水化合物和 N 含量的变化与克隆植物（如根茎类禾草）的生长发育有较高的一致性（张继涛，2009）。我们的研究表明，不定芽、未出土克隆分株和出土克隆分株数量与横走侧根可溶性糖含量呈负相关关系，说明横走侧根可溶性糖含量影响灰杨不定芽发生数量及不定芽发育为未出土克隆分株和出土克隆分株的数量。不定芽在 4～6 月有较多的发生，该阶段正是横走侧根可溶性糖含量显著降低的时期，而不定芽发生数量逐渐减少至 10 月基本不发生的阶段正是可溶性糖含量逐渐升高并在 10 月达到生长季最大值的阶段。可溶性糖含量在 4～6 月降低，可能是为该阶段不定芽发生、发育及克隆分株生长提供物质基础；可溶性糖含量在 7～10 月逐渐升高，可能与不定芽发生数量较少，以及母株和克隆分株合成转运较多可溶性糖到横走侧根有关。横走侧根在 9～10 月有较多的可溶性糖积累，为下一生长季克隆繁殖做能量储备，同时对提高克隆分株的越冬抗寒能力起到重要的作用。

12.9.5　气象因子对灰杨克隆生长的影响

有研究报道，河岸地下水埋深、土壤含水量变化与上一年河道洪水量有直接的关系（Zhou et al.，2010）。有洪水漫溢的河岸，其地下水埋深、土壤含水量在下一个年度洪水再次来临前会呈现出沿河岸向河道的方向逐渐降低的变化规律（Xu et al.，2003）。我们的研究结果显示，在洪水到达塔里木河之前的 4～7 月，灰杨克隆生长主要依赖于上一年河岸洪水漫溢带来的土壤含水量增高，该时期地表温度、气温均逐渐增高，有利于灰杨不定芽、未出土克隆分株及出土克隆分株数量的增加；7 月底洪水到达塔里木河之后，洪水漫溢河岸林带使林地土壤得到水份补给，可以完全满足灰杨克隆生长对土壤水分的需求，但从 8 月开始地表温度、气温和土壤含水量逐渐降低，不定芽、未出土克隆分株、出土克隆分株数量会因地表温度、气温和土壤含水量的降低而减少（林缘与林内或林缘不同的年份克隆生长指标参数有所不同），不定芽数量的减少必然会影响不定芽向未出土克隆分株和出土克隆分株的转化，这也是分株种群密度、每丛分株数会在 4～7 月快速增加，而 8 月以后不再增加的一个重要原因。由此说明，每年洪水漫溢带来的河岸林土壤含水量变化影响灰杨克隆生长的同时，气温和地表温度的季节性变化也会对灰杨克隆生长产生重要影响。

参 考 文 献

鲍士旦. 2000. 土壤农化分析. 北京: 中国农业出版社: 23-35.

北京林学院. 1982. 土壤学（上册）. 北京: 中国林业出版社: 132-134.

曹德昌, 李景文, 陈维强, 等. 2009. 额济纳绿洲不同林隙胡杨根蘖的发生特征. 生态学报, 29(4): 1955-1961.

贺斌, 李根前, 高海银, 等. 2007. 不同土壤水分条件下中国沙棘克隆生长的对比研究. 云南大学学报(自然科学版), 29(1): 101-107.

李志军, 焦培培, 周正立, 等. 2011. 胡杨横走侧根及不定芽发生的形态解剖学研究. 北京林业大学学报, 33(5): 42-48.

李志军, 刘建平, 于军, 等. 2003. 胡杨、灰叶胡杨生物生态学特性调查. 西北植物学报, 23(7): 1292-1296.

刘庆, 钟章成. 1996. 斑苦竹无性系种群克隆生长格局动态研究. 应用生态学报, 7(3): 240-244.

罗学刚, 董鸣. 2001. 匍匐茎草本蛇莓克隆构型对土壤养分的可塑性反应. 生态学报, 21(12): 1957-1963.

潘庆民, 白永飞, 韩兴国, 等. 2005. 氮素对内蒙古典型草原羊草种群的影响. 植物生态学报, 29(2): 311-317.

阮成江, 李代琼. 1999. 半干旱黄土丘陵区沙棘林地土壤水分及其对沙棘生长影响研究. 水土保持通报, 19(5): 27-30.

单保庆, 杜国祯, 刘振恒. 2000. 不同养分条件下和不同生境类型中根茎草本黄帚橐吾的克隆生长. 植物生态学报, 24(1): 46-51.

文启孝. 1984. 土壤有机质研究法. 北京: 农业出版社: 316-318.

武逢平, 李俊清, 李景文, 等. 2008. 胡杨(*Populus euphratica*)在额济纳绿洲三种生境内的克隆繁殖特性. 生态学报, 28(10): 4703-4709.

岳春雷, 汪奎宏, 何奇江, 等. 2002. 不同氮素条件下雷竹克隆生长的比较研究. 竹子研究汇刊, 21(1): 38-45.

张昊. 2006. 额济纳绿洲胡杨种群生活史对策研究. 北京林业大学博士研究生学位论文.

张继涛. 2009. 羊草种群地下芽库各类型芽变化及与地上植株形成关系的研究. 东北师范大学博士研究生学位论文.

张明如, 翟明普, 尹昌君, 等. 2005. 火炬树克隆分株前后端水平侧根直径不对称性分析. 林业科学,

41(6): 65-72.

郑亚琼, 张肖, 梁继业, 等. 2016. 濒危物种胡杨和灰叶胡杨的克隆生长特征. 生态学报, 36(5): 1331-1341.

周斌, 徐海量, 熊黑钢. 2010. 河水漫溢对塔里木河下游土壤颗粒组成的影响. 水土保持学报, 24(04): 177-181.

Bell A D. 1984. Dynamic morphology: a contribution to plant population ecology. *In*: Dirzo R, Sarukhan J. Perspectives on Plant Population Ecology. Sinauer: Sunderland: 48-65.

Dong M. 1993. Morphological plasticity of the clonal herb in response to spatial shading. New Phytologist, 124(2): 291-230.

Hodge A. 2004. The plastic plant: root responses to heterogeneous supplies of nutrients. New Phytologist, 162, 9-24.

Ikegami M, Whigham D F, Werger M J A. 2007. Responses of rhizome length and ramet production to resource availability in the clonal sedge *Scirpus olneyi* A. Gray. Plant Ecology, 189: 247-259.

Martin W, Pascal E, Niels T, et al. 2009. Root suckering patterns in *Populus euphratica* (Euphrates poplar, Salicaceae). Trees-Structure and Function, 23(5): 991-1001.

Pan J J, Price J S. 2002. Fitness and evolution in clonal plants: the impact of clonal growth. Evolutionary Ecology, (15): 583-600.

Rolia S R, Retuerto R. 2006. Small-scale heterogeneity in soil quality influences photosynthetic efficiency and habitat selection in a clonal plant. Annals of Botany, 98(5): 1043-1052.

Tolnlinson K W, O'Connor T G. 2004. Control of tiller recruitment in bunchgrasses: uniting physiology and ecology. Functional Ecology, 18: 489-496.

Xu H L, Chen Y N, Ge Y. 2003. Effect of translating water on vegetation at the lower reaches of Tarim River. Environmental Science, 24(4): 18-22.

Zheng Y Q, Jiao P P, Zhao Z S, et al. 2016. Clonal growth of *Populus pruinosa* Schrenk and its role in the regeneration of riparian forests. Ecological Engineering, 94: 380-392.

Zhou B, Zhou H M, Hu S J, et al. 2010. Effect of river-flooding on soil physical-chemical properties and vegetation. Arid Land Geography, 33(3): 442-448.

第 13 章　克隆分株种群的空间分布格局

植物种群空间分布格局是指个体在群落中的空间分布状况，它是种群自身的特性、种间种内关系及与环境因素相互作用的结果，反映了种群的一种生态适应机制（Nishimura et al.，2002；曹国兴等，2003；程煜等，2003）。种群的空间格局不仅因种而异（宋萍等，2005；张文辉等，2005；周国英等，2006，赵峰侠和尹林克，2007），而且同一个种在不同发育阶段、不同生境条件、不同空间尺度下也有明显差异（Hedrick，1984；Pielou，1985；王本洋和余世孝，2005），因而种群空间分布格局通常是反映一定环境因子对个体行为、生存和生长的影响（洪伟等，1990）。种群空间分布格局不但会受生物学和生态学特性影响，也会受光照、气候、土壤等可利用资源和种群的小生境影响（张文辉等，2005）。本章针对胡杨、灰杨克隆分株种群空间分布格局与土壤水资源的关系进行了研究，揭示了克隆分株种群数量及空间分布格局对生境因子的适应策略。

13.1　研 究 方 法

13.1.1　样方设置

在塔里木河上游第一师十六团灰杨林的林缘（距河道 200m）、林内（距河道 400m）设置样地。其中，林缘样地在 2014 年和 2015 年的 7 月底均有洪水漫溢，林内样地无洪水漫溢但洪水漫溢期间地下水位明显抬升。林缘、林内样地各设置 3 个 30m×30m 的样方。

13.1.2　调查方法

采用相邻网格法，将 30m×30m 的样方分成 36 个 5m×5m 的小样方，在 5m×5m 取样尺度下进行调查。在 2014 年和 2015 年的 4～10 月每 20 天调查一次。调查内容如下。

（1）每丛克隆分株数：在 30m×30m 样方中随机选取 10 个克隆分株丛挂牌标记，定期调查统计每丛克隆分株数及每丛克隆分株数的增量。

（2）克隆分株种群密度：调查统计 5m×5m 样方（定义小样方 5m×5m 为单位面积）中克隆分株丛数，计算克隆分株种群密度。

克隆分株种群密度（丛/单位面积）=大样方克隆分株总丛数/36

（3）克隆分株空间定位：调查统计每个 5m×5m 样方内每丛克隆分株的空间位置（以西南角为坐标原点，以每个样方的一个边为 x 轴，垂直边为 y 轴，确定每丛克隆分株的空间坐标值）。

（4）在每个样方内挖 1m×1m 的土壤剖面 10 个，自下而上每 20cm 用环刀采集剖面土样。土样分为 3 份，一份用于测定土壤含水量，一份用于测定土壤容重、孔隙度和田间持水量，一份用于测定土壤有机质及速效养分含量。土壤含水量测定采用烘干法，土壤容重、孔隙度和田间持水量测定采用环刀法，土壤有机质含量测定采用重铬酸钾外加热法，土壤碱解氮含量测定采用碱解扩散法，土壤速效磷含量测定采用碳酸氢钠法，土壤速效钾含量测定采用醋酸铵-火焰光度计法。

13.1.3 数据处理

依据克隆分株个体空间坐标，使用 Excel 制作克隆分株实际空间分布图。

采用 5m×5m 相邻格子法统计数据，对 5m×5m 取样尺度上的灰杨克隆分株空间分布格局进行分析。种群空间分布格局采用偏离指数的 t 检验和 Morisita 指数的 F 检验（Morisita，1971）来判定。种群聚集强度采用负二项指数（K）、Cassie 指标（$1/K$）、Green 指数（GI）、Lloyd 平均拥挤度（m^*）、聚块性指数（PAI）比较判定。

种群空间分布格局主要判定公式如下。

（1）偏离指数（C）及其 t 检验

$$C=\frac{s^2}{\overline{y}}$$

式中，s^2 是种群多度的方差；$\overline{y}$ 是种群多度的平均值。$C>1$ 时，判定种群为集群分布；$C=1$ 时，判定种群为随机分布；$C<1$ 时，判定种群为均匀分布。

为检验 C 偏离 Poisson 分布的显著性，应进行 t 检验，其表达式为

$$t=\frac{C-1}{\sqrt{2/(n-1)}}$$

式中，n 是种群尺度的样方总数。

（2）Morisita 指数（I）及 F 检验

$$I=\frac{\sum y^2-\sum y}{(\sum y)^2-\sum y}\times n$$

式中，y 是样方的观测值。

$I>0$ 时，判定种群为集群分布；当 $I=0$ 时，判定种群为随机分布；当 $I<0$ 时，判定种群为均匀分布。

Morisita 指数用 F 检验，其表达式为

$$F=\frac{I\times\left(\sum y+1\right)+n-\sum y}{n-1}$$

种群聚集强度主要判定公式如下。

（1）负二项参数（K）

$$K=\frac{\overline{y}^2}{s^2-\overline{y}}$$

K 值用来度量种群聚集程度，K 值越接近 0，则聚集度越大；当 K 值趋于无穷大时（一般是 8 以上），则逼近 Poisson 分布；$K>0$ 时，判定种群为集群分布；$K<0$ 时，判定种群为均匀分布。

（2）Cassie 指标（CA）

$$CA=\frac{s^2-\overline{y}}{\overline{y}^2}=\frac{1}{K}$$

CA＞0 时，判定种群为集群分布；CA = 0，判定种群为随机分布；CA＜0，判定种群为均匀分布。

（3）Green 指数（GI）

$$\mathrm{GI}=\frac{\left(\frac{s^2}{\overline{y}}-1\right)}{n-1}$$

GI＞0 时，判定种群为集群分布；GI = 0 时，判定种群为随机分布；GI＜0 时，判定种群为均匀分布。

（4）Lloyd 的平均拥挤度（m^*）

$$m^*=\overline{y}+\left(\frac{s^2}{\overline{y}}-1\right)$$

m^*表示个体在一个样方中的平均邻居数，它反映了样方内个体间的拥挤程度，其值越大聚集程度就越大，说明个体受其他个体的拥挤效应越大。

（5）聚块性指标（PAI）

$$\mathrm{PAI}=1+\frac{1}{K}$$

PAI = 1 时，判定种群为随机分布；PAI＞1 时，判定种群为集群分布；PAI＜1 时，判定种群为均匀分布。其值越大，聚集性越强。

13.2 克隆分株种群密度随季节的变化

灰杨克隆分株种群数量变化反映在两个方面，一是每丛克隆分株数量的变化，二是以单位面积克隆分株丛数来计算的克隆分株种群密度的变化。图 13-1 显示，3 个生境克

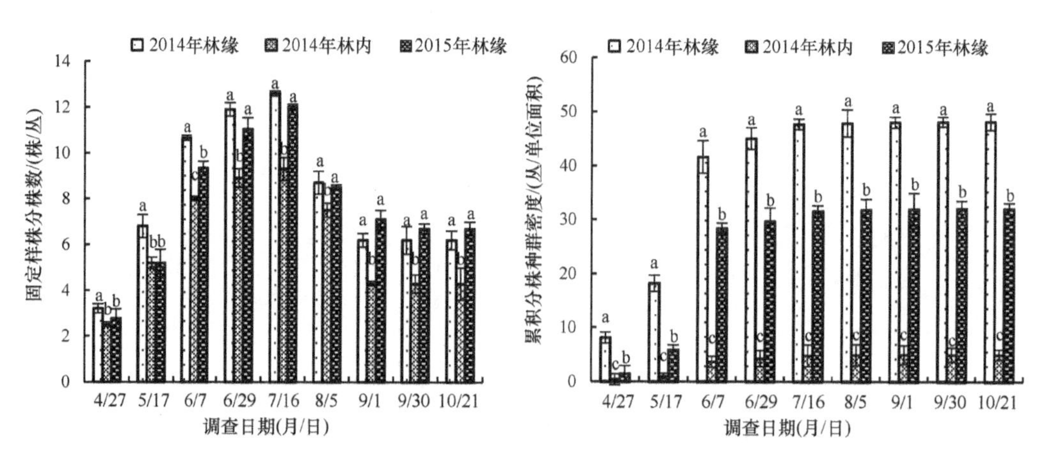

图 13-1　灰杨克隆分株种群密度随季节的变化

柱子上方不同字母表示同一时期 2014 林缘、2014 年林内及 2015 林缘指标参数间差异显著（$P<0.05$）

隆分株种群密度变化规律相似，均表现为 4 月至 6 月上旬克隆分株种群密度迅速增大，7 月达最大值后基本保持不变。2014 年林缘、林内同期比较，克隆分株种群密度林缘显著高于林内。林缘不同年份同期比较，克隆分株种群密度 2014 年显著高于 2015 年。这种差异可能来源于生境资源的差异。

13.3　克隆分株种群的空间分布格局

从各时期新增克隆分株株丛的分布散点图可以看出（图 13-2），2014 年林缘、林内及 2015 年林缘生境克隆分株株丛增量的变化规律相似，从 4 月至 6 月上旬克隆分株株丛数量增加较多，2014 年林缘、林内及 2015 年林缘 6 月上旬比 5 月上旬依次增加为 703 个、11 个和 676 个，随后净增的克隆分株株丛数量呈减少趋势。2014 年林缘、林内同期比较，克隆分株株丛的净增数量林缘明显高于林内；林缘 2014 年、2015 年同期比较，克隆分株株丛的净增数量 2014 年高于 2015 年（图 13-2）。

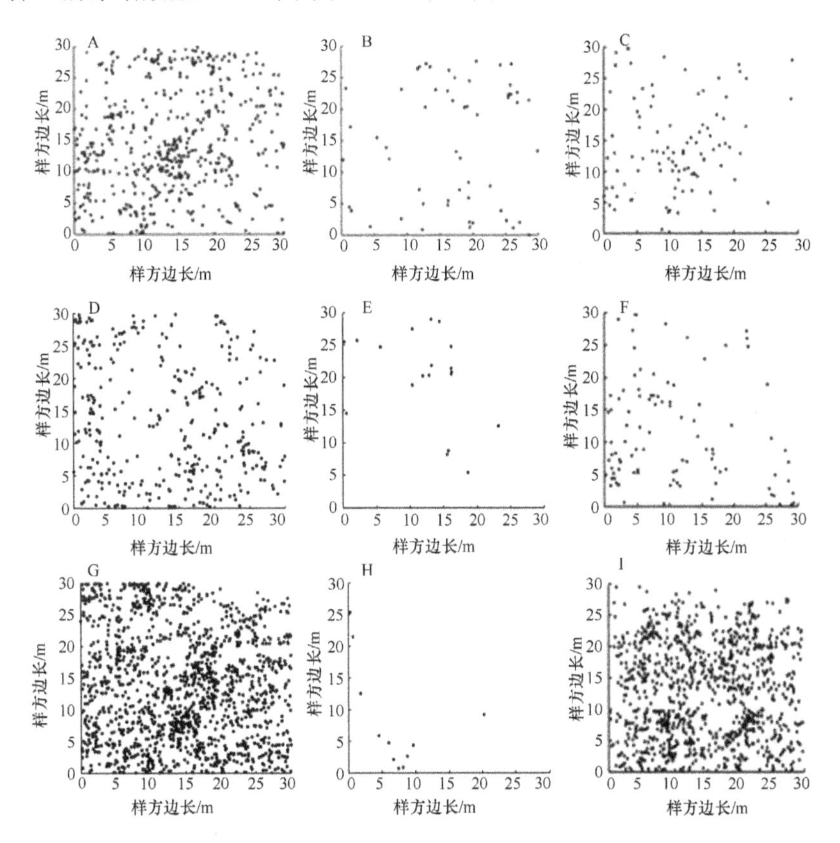

图 13-2　灰杨克隆分株株丛增量的实际空间分布图

A. 2014 年 4 月 27 日林缘；B. 2014 年 4 月 27 日林内；C. 2015 年 4 月 27 日林缘；D. 2014 年 5 月 14 日林缘；E. 2014 年 5 月 14 日林内；F. 2015 年 5 月 14 日林缘；G. 2014 年 6 月 7 日林缘；H. 2014 年 6 月 7 日林内；I. 2015 年 6 月 7 日林缘；J. 2014 年 6 月 29 日林缘；K. 2014 年 6 月 29 日林内；L. 2015 年 6 月 29 日林缘；M. 2014 年 7 月 16 日林缘；N. 2014 年 7 月 16 日林内；O. 2015 年 7 月 16 日林缘；P. 2014 年 8 月 5 日林缘；Q. 2014 年 8 月 5 日林内；R. 2015 年 8 月 5 日林缘；S. 2014 年 9 月 1 日林缘；T. 2014 年 9 月 1 日林内；U. 2015 年 9 月 1 日林缘；V. 2014 年 9 月 30 日林缘；W. 2014 年 9 月 30 日林内；X. 2015 年 9 月 30 日林缘

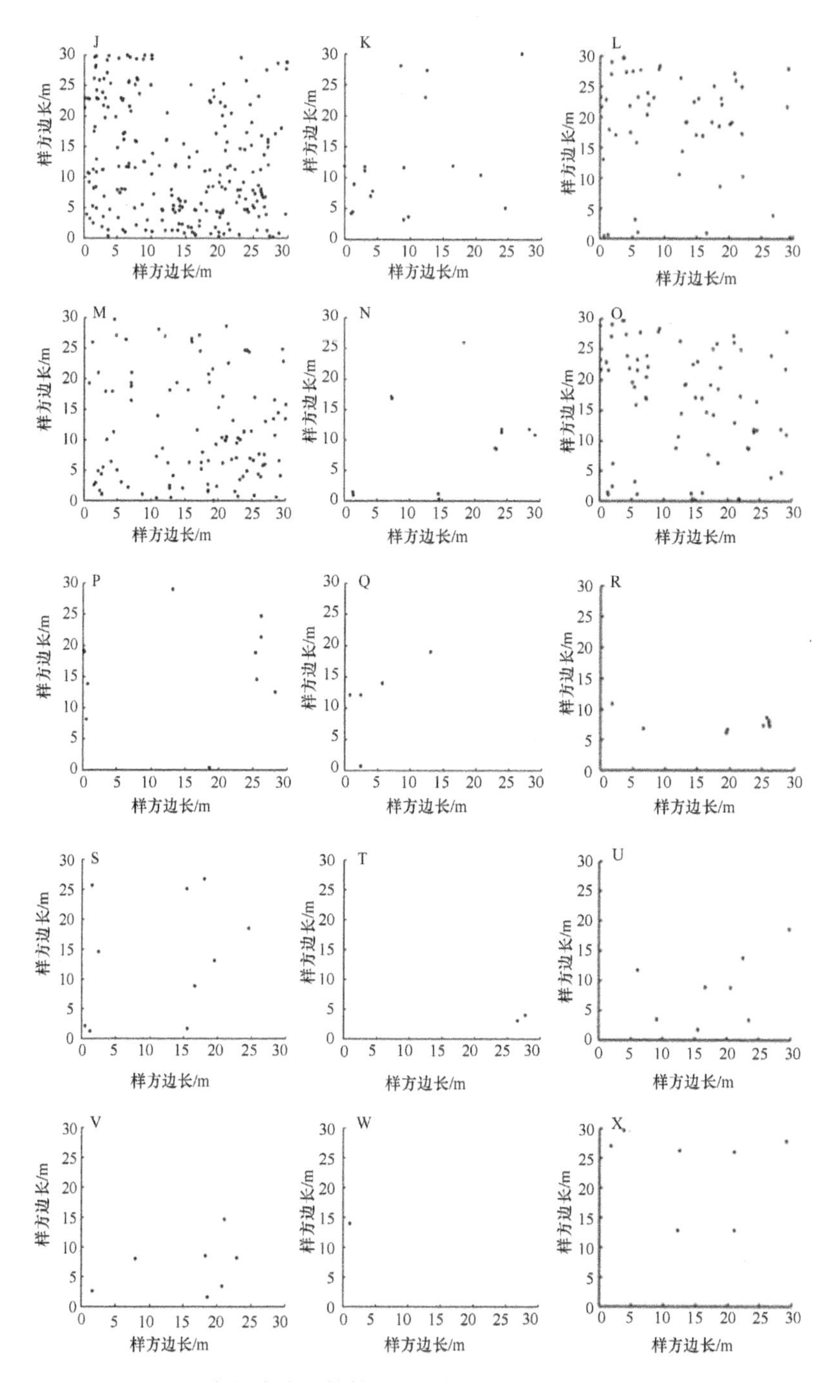

图 13-2 灰杨克隆分株株丛增量的实际空间分布图（续）

根据偏离系数的 t 检验和 Morisita 指数的 F 检验（Morisita，1971），对 5m×5m 取样尺度上灰杨克隆分株种群空间分布格局进行判定。表 13-1～表 13-3 的判定结果显示，偏离指数均大于 1，且都通过了 t 检验，Morisita 指数也均大于 1，都通过了 F 检验，Green 指数和 Cassie 指标均大于 0，聚块性指标均大于 1，即 3 种生境条件下，灰杨克隆分株

表 13-1　2014 年灰杨林缘克隆分株种群空间分布格局

指标 \ 时间（月/日）	4/27	5/17	6/7	6/29	7/16	8/5	9/1	9/30
偏离指数	7.10	5.55	10.25	3.45	2.26	1.29	1.07	1.02
t 检验	44.61	33.25	67.69	17.96	9.19	2.15	0.48	–0.62
Morisita 指数	1.50	1.48	1.46	1.40	1.41	1.39	1.39	1.39
F 检验	7.13	7.69	15.18	16.38	16.89	16.94	17.03	17.09
负二项参数	1.56	2.22	3.07	3.05	3.05	3.05	3.05	3.04
Cassie 指标	0.64	0.45	0.33	0.33	0.33	0.33	0.33	0.33
Green 指数	0.06	0.06	0.13	0.14	0.15	0.15	0.15	0.15
Lloyd 的平均拥挤度	15.63	21.44	57.60	62.25	64.29	64.54	64.79	64.94
聚块性指标	1.64	1.45	1.33	1.33	1.33	1.33	1.33	1.33
分布类型	C	C	C	C	C	C	C	C

注：C 代表集群分布，本章下同

表 13-2　2014 年灰杨林内克隆分株种群空间分布格局

指标 \ 时间（月/日）	4/27	5/17	6/7	6/29	7/16	8/5	9/1	9/30
偏离指数	2.31	2.56	2.66	2.71	2.93	2.91	2.92	2.91
t 检验	9.58	11.41	12.16	12.48	14.14	13.94	14.01	13.96
Morisita 指数	1.63	1.45	1.32	1.32	1.32	1.32	1.33	1.33
F 检验	2.34	2.59	2.69	2.73	2.96	2.93	2.94	2.93
负二项参数	2.00	2.06	2.18	2.46	2.45	2.56	2.56	2.58
Cassie 指标	0.50	0.49	0.46	0.41	0.41	0.39	0.39	0.39
Green 指数	0.01	0.01	0.02	0.02	0.02	0.02	0.02	0.02
Lloyd 的平均拥挤度	3.93	4.77	5.28	5.91	6.67	6.79	6.82	6.83
聚块性指标	1.50	1.49	1.46	1.41	1.41	1.39	1.39	1.39
分布类型	C	C	C	C	C	C	C	C

表 13-3　2015 年灰杨林缘克隆分株种群空间分布格局

指标 \ 时间（月/日）	4/27	5/17	6/7	6/29	7/16	8/5	9/1	9/30
偏离指数	4.29	4.68	18.84	19.44	19.50	19.29	19.24	19.17
t 检验	24.07	26.90	130.49	134.87	135.33	133.77	133.44	132.89
Morisita 指数	3.43	1.77	1.63	1.61	1.58	1.57	1.56	1.56
F 检验	4.35	4.71	18.87	19.47	19.53	19.32	19.27	19.20
负二项参数	0.41	1.29	1.58	1.62	1.72	1.75	1.76	1.77
Cassie 指标	2.43	0.78	0.63	0.62	0.58	0.57	0.57	0.56
Green 指数	0.03	0.03	0.17	0.17	0.17	0.17	0.17	0.17
Lloyd 的平均拥挤度	4.64	8.42	45.99	48.25	50.31	50.28	50.37	50.41
聚块性指标	3.43	1.78	1.63	1.62	1.58	1.57	1.57	1.56
分布类型	C	C	C	C	C	C	C	C

种群的空间分布格局均呈集群分布。

Morisita 指数不但可以较为准确地进行空间分布格局类型的判定，而且可以量化比较聚集强度。比较表 13-1～表 13-3 的 Morisita 指数可以看出，Morisita 指数均随着时间进程呈下降的趋势，说明克隆分株的聚集强度随时间进程呈减弱的趋势；3 个生境同期相比较，除 4 月 Morisita 指数 2014 年林内大于 2014 年林缘外，其余时期的 Morisita 指数均为 2015 年林缘＞2014 年林缘＞2014 年林内。不同生境克隆分株种群聚集强度的差异可能是生境因子差异的影响。

负二项参数可用于度量聚集程度，客观反映格局强度。负二项参数值越小，聚集强度越大。Lloyd 的平均拥挤度反映了样方内个体间的拥挤程度，其值越大聚集强度就越大，说明个体受其他个体的拥挤效应越大。表 13-1～表 13-3 显示，2014 年林缘、2014 年林内、2015 年林缘的负二项参数均是在 4 月值最小，表明 4 月下旬克隆分株暴发式发生带来最大的聚集强度，随时间进程负二项参数、Lloyd 的平均拥挤度由小增大，此后负二项参数、Lloyd 的平均拥挤度基本保持不变。

13.4 种群密度与聚集强度的关系

从图 13-3 可以看出，4 月下旬至 6 月上旬基本上是灰杨克隆分株种群密度、Morisita 指数、负二项参数、Lloyd 的平均拥挤度发生明显变化的阶段。克隆分株种群 Morisita 指数除了在 2014 年林缘基本没有变化以外，在 2014 年林内、2015 年林缘随时间呈降低

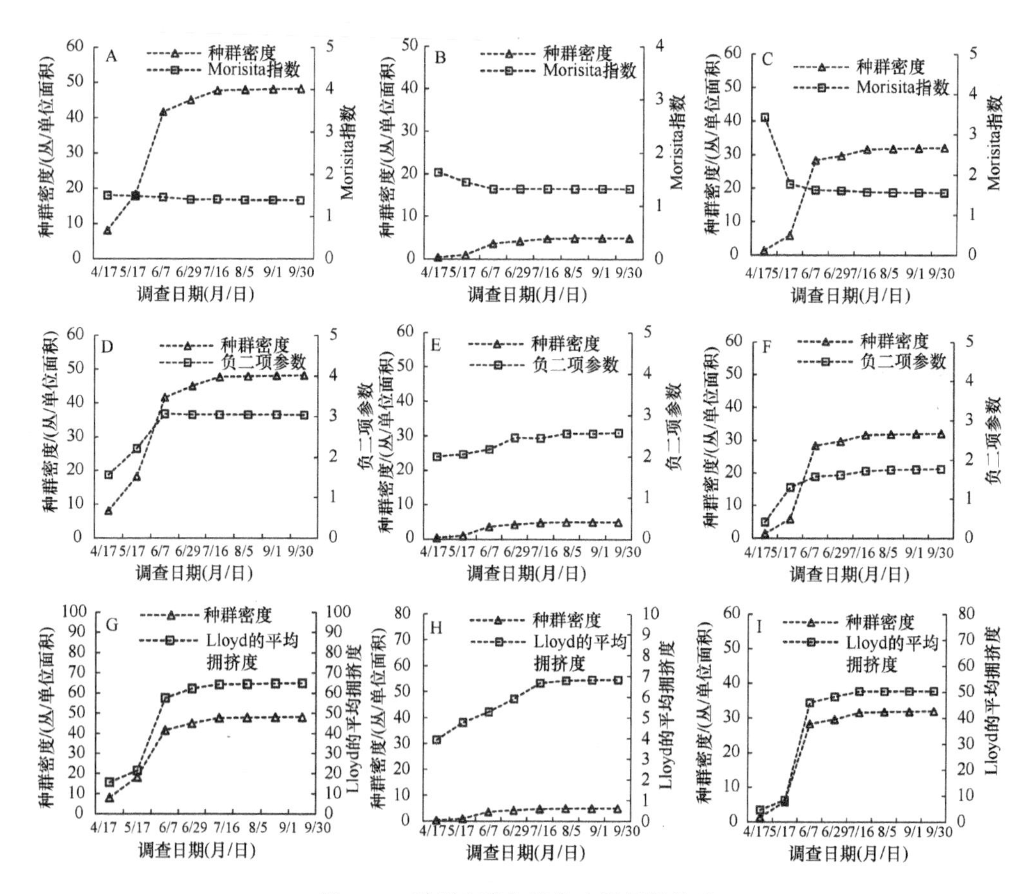

图 13-3 种群密度与聚集度指标的关系

A、D、G. 2014 年林缘；B、E、H. 2014 年林内；C、F、I. 2015 年林缘

的趋势，与克隆分株种群密度变化趋势相反；克隆分株种群负二项参数、Lloyd 的平均拥挤度在 2014 年林缘、2014 年林内及 2015 年林缘随时间的延长呈增大的趋势，与克隆分株种群密度变化趋势一致，说明灰杨克隆分株种群聚集强度的变化与克隆分株种群密度变化有关。

13.5　克隆分株种群空间分布格局的种间比较

以胡杨和灰杨克隆分株的坐标值，绘制个体分布散点图，得到胡杨和灰杨克隆分株种群个体实际空间分布图（图 13-4）。从图中可以看出，在同一研究区的两个物种间或不同研究区的同一物种间，它们的克隆分株种群数量及空间分布格局都存在差异。在第一师十六团灰杨种群的 3 个样方中，样方 3 的克隆分株分布较为密集，聚集强度较大，样方 3 的总株数达到了 369 株，样方 1 为 309 株，样方 2 为 269 株，其中克隆分株所占的比例分别为 97.56%、94.82%和 97.77%；在阿瓦提县的 3 个样方中，样方 5 的种群分布较为密集，聚集强度较大，样方 5 的总株数达到了 651 株，样方 4 为 471 株，样方 6 为 325 株，

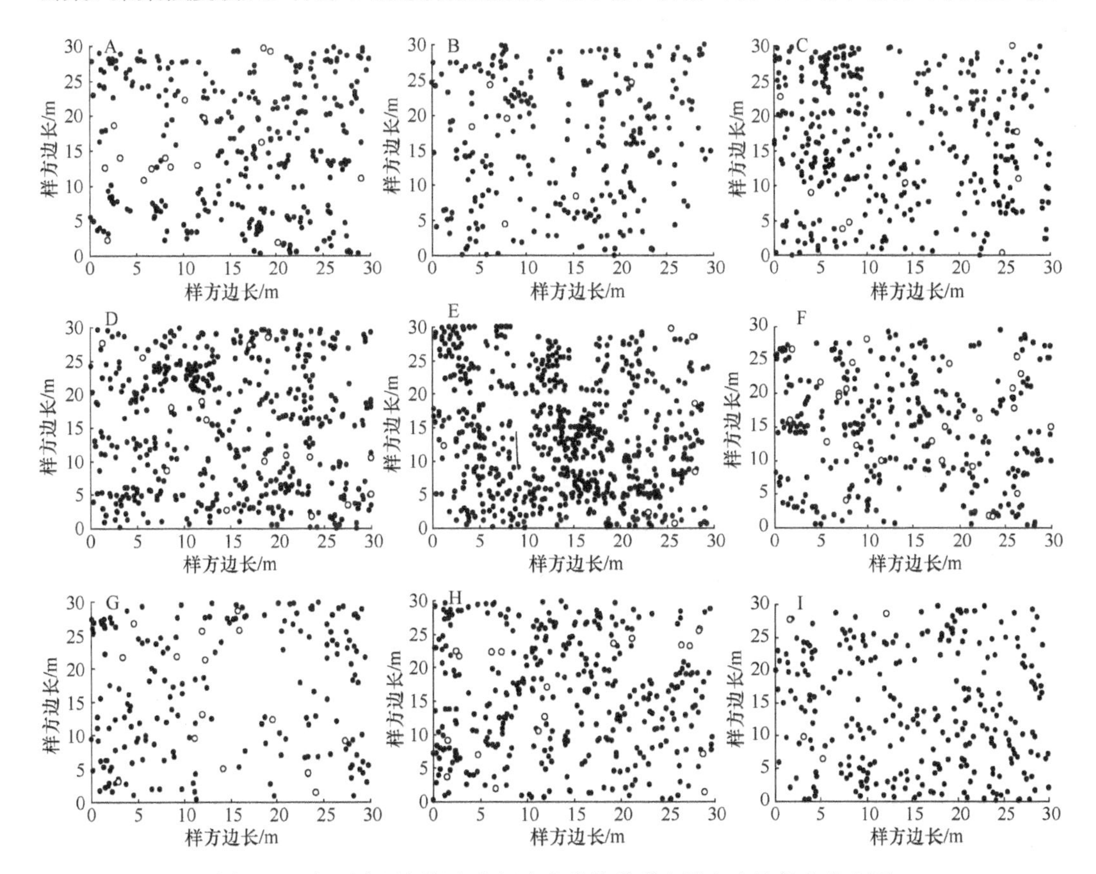

图 13-4　各研究区胡杨和灰杨克隆分株种群在样方内的散点分布图

A. 第一师十六团灰杨林样方 1；B. 第一师十六团灰杨林样方 2；C. 第一师十六团灰杨林样方 3；D. 阿瓦提县胡杨灰杨混交林样方 4；E. 阿瓦提县胡杨灰杨混交林样方 5；F. 阿瓦提县胡杨灰杨混交林样方 6；G. 轮台县胡杨林样方 7；H. 轮台县胡杨林样方 8；I. 轮台县胡杨林样方 9。图中的空心点代表的是胡杨和灰杨基株个体，实心点代表的是胡杨和灰杨克隆分株个体

其中克隆分株所占的比例分别为 98.94%、96.81%和 98.15%；在轮台县的 3 个样方中，样方 8 的种群分布较为密集，聚集强度较大，样方 8 的总株数达到了 369 株，样方 9 为 275 株，样方 7 为 198 株，其中克隆分株所占的比例分别为 94.85%、98.55%和 92.93%。

13.6 取样尺度对克隆分株种群空间分布格局的影响

种群分布格局与取样大小有关，只有通过不同尺度上的取样才能最后判定其真实属性。为进一步分析不同研究区胡杨和灰杨克隆分株种群空间分布格局，本研究将位于同一研究区的 3 个样方进行合并，利用可变尺度相邻网格法（Pielou，1985），对不同研究区胡杨和灰杨克隆分株种群的空间分布格局类型进行判定分析。从表 13-4 中可以看出，第一师十六团灰杨克隆分株种群的空间分布格局在各取样尺度下均表现为集群分布，负二项参数值随着取样尺度的增大而增大，Cassie 指标和聚块性指标参数值随着取样尺度的增大而减小，因此克隆分株种群的聚集强度随着取样尺度的增大而减小，负二项参数值在 5m×5m 的取样尺度上最小，Cassie 指标和聚块性指标参数值在 5m×5m 的取样尺度上最大，因此，聚集强度在 5m×5m 的取样尺度上最大。从表 13-5 可以看出，阿瓦提县胡杨和灰杨克隆分株种群的空间分布格局在各取样尺度下也均表现为集群分布，虽然负二项参数值没有表现出随着取样尺度变化有明显的变化，但在 5m×5m 的取样尺度上最小，Cassie 指标和聚块性指标参数值在 5m×5m 的取样尺度上最大，因此，聚集强度也是在 5m×5m 的取样尺度上最大。从表 13-6 可以看出，轮台县胡杨克隆分株种群的空间分布格局也均表现为集群分布，在 5m×5m 的取样尺度上负二项参数值最小，Cassie 指标和聚块性指标最大，因此，聚集强度也是在 5m×5m 的取样尺度上最大。

表 13-4　第一师十六团不同取样尺度下灰杨克隆分株种群空间分布格局

单元个数	108	54	36	27	18	12	6	3
取样尺度	5m×5m	5m×10m	5m×15m	10m×10m	10m×15m	15m×15m	15m×20m	20m×20m
偏离指数	3.13	3.90	3.88	5.21	5.53	4.95	5.06	5.49
t 检验	15.61	14.93	12.03	15.19	13.20	9.28	6.42	4.49
$t_{0.05}$ 检验	1.98	2.01	2.03	2.06	2.11	2.20	2.57	4.30
Morisita 指数	1.24	1.16	1.10	1.12	1.08	1.05	1.04	1.02
F 检验	3.16	3.94	3.94	5.30	5.65	5.15	5.47	6.51
$F_{0.05}$ 检验	1.25	1.35	1.46	1.52	1.65	1.79	2.22	3.00
负二项参数	4.17	6.14	9.36	8.36	11.67	20.25	23.58	32.94
Cassie 指标	0.24	0.16	0.11	0.12	0.09	0.05	0.04	0.03
Green 指数	0.02	0.05	0.08	0.16	0.27	0.36	0.81	2.25
Lloyd 的平均拥挤度	11.03	20.70	29.79	39.43	57.36	84.04	99.72	152.49
聚块性指标	0.24	0.16	0.11	0.12	0.09	0.05	0.04	0.03
分布类型	C	C	C	C	C	C	C	C

表 13-5　阿瓦提县不同取样尺度下胡杨和灰杨克隆分株种群空间分布格局

单元个数	108	54	36	27	18	12	6	3
取样尺度	5m×5m	5m×10m	5m×15m	10m×10m	10m×15m	15m×15m	15m×20m	20m×20m
偏离指数	4.41	5.67	8.53	8.36	13.68	17.68	22.14	48.11
t 检验	24.96	24.06	31.49	26.54	36.96	39.11	33.43	47.11
$t_{0.05}$ 检验	1.98	2.01	2.03	2.06	2.11	2.20	2.57	4.30
Morisita 指数	1.25	1.17	1.18	1.13	1.15	1.11	1.11	1.14
F 检验	4.44	5.72	8.60	8.45	13.81	15.72	22.59	49.25
$F_{0.05}$ 检验	1.25	1.35	1.46	1.52	1.65	1.79	2.22	3.00
负二项参数	3.91	5.72	5.32	7.26	6.32	7.21	7.80	4.81
Cassie 指标	0.26	0.17	0.19	0.14	0.16	0.14	0.13	0.21
Green 指数	0.03	0.09	0.22	0.28	0.75	1.52	4.23	23.56
Lloyd 的平均拥挤度	16.77	31.40	47.61	60.81	92.84	136.93	186.14	273.78
聚块性指标	1.26	1.17	1.19	1.14	1.16	1.14	1.13	1.21
分布类型	C	C	C	C	C	C	C	C

表 13-6　轮台县不同取样尺度下胡杨克隆分株种群空间分布格局

单元个数	108	54	36	27	18	12	6	3
取样尺度	5m×5m	5m×10m	5m×15m	10m×10m	10m×15m	15m×15m	15m×20m	20m×20m
偏离指数	2.38	2.77	3.32	3.88	4.93	6.20	11.55	18.34
t 检验	10.07	9.14	9.73	10.39	11.47	12.20	16.68	17.34
$t_{0.05}$ 检验	1.98	2.01	2.03	2.06	2.11	2.20	2.57	4.30
Morisita 指数	1.18	1.11	1.10	1.09	1.08	1.07	1.09	1.09
F 检验	2.40	2.82	3.39	3.97	5.06	6.40	11.98	19.44
$F_{0.05}$ 检验	1.25	1.35	1.46	1.52	1.65	1.79	2.22	3.00
负二项参数	5.55	8.61	9.86	10.60	11.65	13.22	8.83	7.21
Cassie 指标	0.18	0.12	0.10	0.09	0.09	0.08	0.11	0.14
Green 指数	0.01	0.03	0.07	0.11	0.23	0.47	2.11	8.67
Lloyd 的平均拥挤度	9.02	17.05	25.24	33.44	49.77	73.95	103.71	142.34
聚块性指标	1.18	1.12	1.10	1.09	1.09	1.08	1.11	1.14
分布类型	C	C	C	C	C	C	C	C

Morisita 指数不但可以较为准确地判定空间分布格局类型，而且可以量化比较聚集强度，是分析种群空间分布格局的一种较好的指数。因此，本节采用 Morisita 指数来分析胡杨和灰杨克隆分株密度与聚集强度的关系，第一师十六团灰杨克隆分株种群密度（图 13-5A）、阿瓦提县胡杨和灰杨克隆分株种群密度（图 13-5B）、轮台县胡杨克隆分株种群密度（图 13-5C）均随着取样面积的增大而增大，而 Morisita 指数均随着取样面积的增大呈现下降的趋势，因此聚集强度随着取样面积的增加呈现出减弱的趋势。

从不同研究区胡杨、灰杨克隆分株种群的格局规模分析（图 13-6），3 个研究区克隆分株种群区组的均值均随着取样面积的增大呈下降的趋势，即格局规模随着取样尺度的增加而降低，在 5m×5m 的取样尺度上均方值最大，斑块的格局规模为 5m×5m。比较 3 个不同的研究区格局规模可以看出，阿瓦提县胡杨和灰杨克隆分株种群的格局规模最大，轮台县胡杨克隆分株种群的格局规模次之，第一师十六团灰杨克隆分株种群格局规模最小。

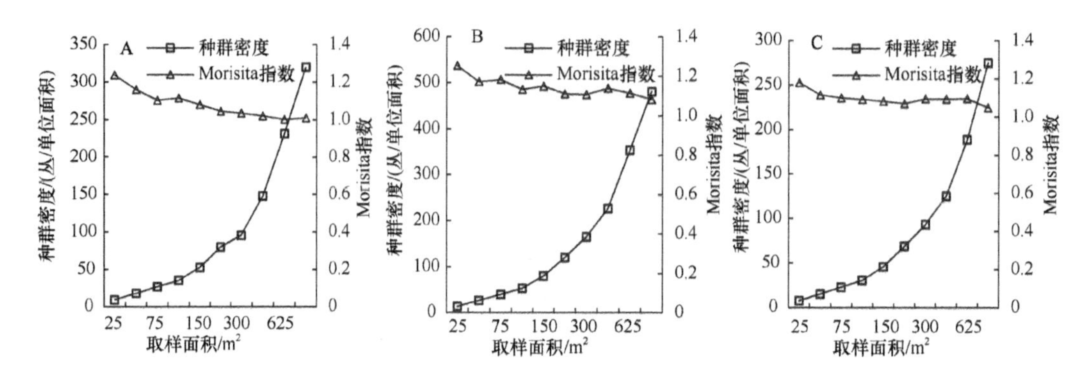

图 13-5　取样面积对灰杨克隆分株种群密度与 Morisita 指数的影响

A. 第一师十六团灰杨克隆分株种群；B. 阿瓦提县胡杨和灰杨克隆分株种群；C. 轮台县胡杨克隆分株种群

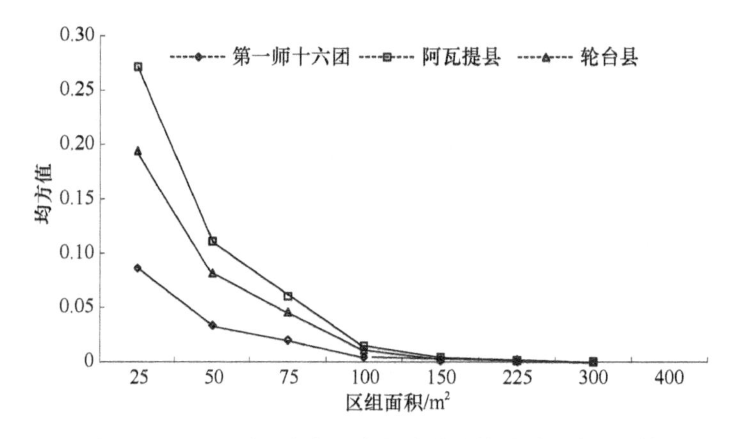

图 13-6　不同研究区胡杨和灰杨克隆分株种群的格局规模

13.7　讨　　论

13.7.1　灰杨克隆分株种群空间分布格局的变化规律

种群个体数、所处生境条件的异质性及种内和种间关系的变化等因素均可引起种群分布格局的变化，种群空间分布格局具有尺度依赖性（王本洋和余世孝，2005）。种群分布格局的研究不应该在单一随机性取样尺度上进行，集群性发生的真正尺度只能通过对同一种群进行多次不同大小样方的反复取样来判定（谢宗强等，1999）。种群聚集强度最大的尺度可能也是对种群更新最有利的面积，说明种群在该尺度下可以最大限度地发挥生存能力，占据生态空间，实现斑块状更新（侯向阳和韩进轩，1997）。

采用 8 种不同的取样尺度，研究了塔里木河上游、中游 3 个研究区胡杨、灰杨克隆分株的空间分布格局，发现它们在不同的生境均为集群分布，且聚集强度在 5m×5m 的取样尺度上最大。在 5m×5m 取样尺度下分析同一年份不同生境、不同年份同一生境灰杨克隆分株种群空间分布格局类型及随季节的变化规律。同一年份不同生境的灰杨克隆分株种群在各月份的空间分布均呈集群分布，与上述结果一致。分析认为，灰杨在不同生境下及生长季节的不同时期形成这种集群分布格局，主要是由灰杨自身克隆生长繁殖的生物学特性决定的。灰杨以横走侧根为克隆繁殖器官，在一条横走侧根上可以多处产生克隆分株株丛、每丛克隆分株数量多的特点（李志军等，2012；郑亚琼等，2013），再加上不同母株的横走侧根水平交织在一起，在环境适宜的条件下，多个母株的横走侧根会同时或先后产生克隆分株，因此灰杨克隆分株种群呈集群分布。负二项参数值用来表示种群的聚集强度，负二项参数值越接近 0 则聚集强度越大。2014 年林缘、林内的各个时期空间分布类型都是集群分布。依据负二项参数的变化判断，2015 年林缘各时期的聚集强度均高于 2014 年林缘，2014 年林缘聚集强度又高于 2014 年林内，在 4 月下旬至 6 月上旬聚集强度随克隆分株种群密度的增加而减小。这一结果与张绘芳和李霞（2006）对不同退化区胡杨空间分布格局的研究结果相类似。

13.7.2　生境因子对克隆分株种群空间分布格局的影响

干旱荒漠区植物的生长对地下水有很强的依赖性，地下水埋深是决定荒漠区植被分布、生长、种群演替及荒漠绿洲存亡的主导因子（王继和等，2004；赵文智和刘鹄，2006）。对塔里木河下游胡杨种群空间分布格局的研究表明，胡杨种群整体呈集群分布，且随着地下水位的不断下降，种群分布格局的聚集强度不断增强（张绘芳和李霞，2006；李吉玫等，2009）。不同生境中各发育阶段的胡杨种群分布格局不同，总体趋势表现为随着种群退化程度的加剧，幼苗和小树的分布格局逐渐由集群分布过渡为随机分布，而中龄和老龄则聚集度更加明显。这主要是由于该地区干旱的气候环境和强烈的蒸发，使得浅层土壤含水率非常低，无法满足种子萌发的条件，加之长期的断流造成地下水位很低，限制了胡杨根蘖繁殖，使种群的幼苗和小树（种子繁殖或克隆繁殖幼苗）逐渐减少，研究认为塔里木河下游胡杨种群结构与分布格局主要与胡杨生长繁殖的主要限制因子——地下水埋深及主要以根蘖繁殖有关（李吉玫等，2009；徐海量等，2004）。

我们研究发现，灰杨克隆分株种群聚集强度的变化与克隆分株种群密度变化有关。第十二章的研究结果也显示，土壤含水量、有机质含量、全盐含量、田间持水量、pH、孔隙度和容重是洪水漫溢前影响灰杨克隆分株种群密度的重要因子，土壤有机质及碱解氮含量是洪水漫溢后影响灰杨克隆分株种群密度的重要因子。土壤含水量通过影响不定芽、未出土克隆分株和出土克隆分株数量来影响灰杨克隆分株种群密度（郑亚琼等，2016），进而影响克隆分株种群聚集强度，说明灰杨克隆分株种群的分布格局除了受自身克隆繁殖特性的影响外，还明显受生境因子的影响。建议林业管理部门，充分利用季节性洪水资源，在洪水漫溢的林地采取围栏封育、引洪分流相结合的技术措施，控制林地洪水漫溢量和洪水漫溢持续时间，以减少对克隆分株种群密度及格局空间分布的影响，这对于有效利用季节性洪水资源以促进灰杨克隆繁殖更新具有重要意义。

参 考 文 献

曹国兴, 钟章成, 刘芸, 等. 2003. 缙云山川鄂连蕊茶种群空间分布格局研究. 生物学杂志, 20(1): 10-12.
程煜, 闫淑君, 洪伟, 等. 2003. 檫树群落主要树种分布格局及其动态分析. 植物资源与环境学报, 12(1): 32-37.
洪伟, 郑康宏, 龚其锦. 1990. 毛竹在杉木与毛竹混交林中的空间分布型的研究. 竹子研究汇刊, (2): 56-64.
侯向阳, 韩进轩. 1997. 长白山红松林主要树种空间格局的模拟分析. 植物生态学报, 21(3): 242-249.
李吉玫, 徐海量, 张青青, 等. 2009. 塔里木河下游荒漠河岸林不同退化区胡杨种群结构和空间分布格局研究. 中国沙漠, 29(5): 897-904.
李志军, 焦培培, 周正立, 等. 2012. 灰叶胡杨根蘖繁殖的形态解剖学特征. 植物学报, 47(2): 133-140.
宋萍, 洪伟, 吴承祯, 等. 2005. 珍稀濒危植物桫椤种群结构与动态研究. 应用生态学报, 16(3): 413-418.
王本洋, 余世孝. 2005. 种群分布格局的多尺度分析. 植物生态学报, 29(2): 235-241.
王继和, 马全林, 杨自辉, 等. 2004. 干旱区沙漠化土地逆转植被的时空格局及其机制研究. 中国沙漠, 24(6): 729-733.
谢宗强, 陈伟烈, 刘正宇, 等. 1999. 银杉种群的空间分布格局. 植物学报, 41(1): 95-101.
徐海量, 宋郁东, 王强, 等. 2004. 塔里木河中下游地区不同地下水位对植被的影响. 植物生态学报, 28(3): 400-405.
张绘芳, 李霞. 2006. 塔里木河下游胡杨种群空间分布格局分析. 西北植物学报, 26(10):2125-2130.
张文辉, 王延平, 康永祥, 等. 2005. 太白山太白红杉种群空间分布格局研究. 应用生态学报, 16(2): 207-212.
赵峰侠, 尹林克. 2007. 荒漠内陆河岸胡杨和多枝柽柳幼苗种群空间分布格局及种间关联性. 生态学杂志, 26(7): 972-977.
赵文智, 刘鹄. 2006. 荒漠区植被对地下水埋深响应研究进展. 生态学报, 26(8):2702- 2708.
赵正帅, 郑亚琼, 梁继业, 等. 2016. 塔里木河流域胡杨和灰叶胡杨克隆分株空间分布格局. 应用生态学报, 27(2): 403-411.
郑亚琼, 张肖, 梁继业, 等. 2016. 濒危物种胡杨和灰叶胡杨的克隆生长特征. 生态学报, 36(5): 1331-1341.
郑亚琼, 周正立, 李志军. 2013. 灰叶胡杨横走侧根空间分布与克隆繁殖的关系. 生态学杂志, 32(10): 2641-2646.
周国英, 陈桂琛, 韩友吉, 等. 2006. 青海湖地区盐地风毛菊群落优势种群分布格局研究. 中国生态农业学报, 14(4): 38-40.
Hedrick P W. 1984. Population biology. New York: Jones and Bartlett Publishers Inc: 85-106.
Morisita M. 1971. Composition of the I_δ Index. Researches in Population Ecology, 13: 1-27.
Nishimura N, Hara T, Miura M, et al. 2002. Tree competition and species coexistence in a warm-temperate old-growth evergreen broad-leaved forest in Japan. Plant Ecology, 164: 235-248.